深入浅出学习 CMOS 模拟集成电路

邹志革　编著

机 械 工 业 出 版 社

本书从 CMOS 集成电路中精选出 101 个知识点和典型电路，深入浅出地讲解了模拟集成电路的原理、设计方法和仿真方法，并采用北京华大九天软件有限公司的 Aether 全流程 EDA 平台完成了所有电路的仿真。为引导读者思考电路的工作原理，以及引导读者思考为了改善电路性能指标而如何改变电路的某些参数，本书在每个仿真电路后设置了若干个思考题。为方便读者自行仿真并验证这些问题，本书还提供了仿真电路图、关键仿真命令、仿真波形。仿真命令与常见的 Spice 仿真工具完全兼容，也便于读者使用非华大九天软件进行仿真。

全书分为 8 章，内容基本涵盖了国内普通高校模拟集成电路课程教学大纲的要求。第 1 章讲述 MOS 器件物理；第 2 章讲述单管放大器；第 3 章讲述差分放大器；第 4 章讲述电流源和电流镜；第 5 章讲述放大器的频率特性；第 6 章讲述二级放大器；第 7 章讲述基准电压源和电流源；第 8 章讲述了一个实际带隙基准源电路的设计和完整仿真。

本书可作为模拟集成电路经典教材的补充阅读材料和参考书，也可直接作为大学本科教材。（编辑信箱：jinacmp@ 163. com）

图书在版编目（CIP）数据

深入浅出学习 CMOS 模拟集成电路/邹志革编著. —北京：机械工业出版社，2018.6
ISBN 978-7-111-59275-4

Ⅰ. ①深… Ⅱ. ①邹… Ⅲ. ①CMOS 电路-高等学校-教材 Ⅳ. ①TN432

中国版本图书馆 CIP 数据核字（2018）第 038868 号

机械工业出版社（北京市百万庄大街 22 号 邮政编码 100037）
策划编辑：吉 玲 责任编辑：吉 玲 王 荣 王小东
责任校对：陈 越 封面设计：张 静
责任印制：张 博
三河市宏达印刷有限公司印刷
2018 年 6 月第 1 版第 1 次印刷
184mm×260mm · 18 印张 · 438 千字
标准书号：ISBN 978-7-111-59275-4
定价：43.00 元

前 言

目前，在模拟集成电路设计的教学中，国内高校使用的教材以国外引进为主。最常用的是美国 Razavi 教授的《Design of Analog CMOS Integrated Circuits》、Phillip E. Allen 教授的《CMOS Analog Circuit Design》、Paul R. Gray 教授的《Analysis and Design of Analog Integrated Circuits》或者其中文翻译版。这些教材系统性地介绍了模拟集成电路中的基本概念和相关知识，是全球公认的模拟集成电路领域最经典的三本教材。

国内也出现了不少模拟集成电路方面的参考书和教材，也有指导学生开展集成电路实践教学的参考书，但这类书更多的是纯粹介绍 EDA 工具。既能有效结合基础的理论教学，又能高效指导电路仿真的教材还很少见。本书从 CMOS 集成电路中精炼出 101 个知识点和典型电路，深入浅出地讲解了这些电路的原理、设计方法和仿真方法，并采用北京华大九天软件有限公司的 Aether 全流程 EDA 平台完成了所有电路的仿真。为了便于学生学习时将原理图与仿真图进行对照，原理图中的 MOS 管器件符号保留了仿真图中的画法。为引导读者思考电路的工作原理，以及引导读者思考为了改善电路性能指标而如何改变电路的某些参数，本书在每个仿真电路后设置了若干个思考题。为方便读者自行仿真并验证这些问题，本书还提供了仿真电路图、关键仿真命令、仿真波形。特别地，本书引导读者修改电路中的部分参数，观看仿真结果的变化，并和之前的仿真结果进行比较，更加有利于初学者掌握电路的基本原理。这对于无法完全用理论公式推导来指导设计的模拟集成电路而言，显得尤其有意义。

全书共 8 章，基本涵盖了国内普通高校模拟集成电路课程教学大纲的要求。第 1 章讲述 MOS 器件物理；第 2 章讲述单管放大器；第 3 章讲述差分放大器；第 4 章讲述电流源和电流镜；第 5 章讲述放大器的频率特性；第 6 章讲述二级放大器；第 7 章讲述基准电压源和电流源；第 8 章讲述一个实际的带隙基准源电路的设计和仿真。本书可作为前述经典教材的补充阅读材料和参考书，也可直接作为大学本科教材。

本书由华中科技大学光学与电子信息学院微电子工程系、华中科技大学武汉（国际）微电子学院超大规模集成电路与系统研究中心的邹志革副教授编著。华中科技大学武汉（国际）微电子学院执行院长邹雪城教授对本书的编写给予了非常多的关心和帮助，在全书思路、内容安排上都给出了诸多有益建议。硕士生徐文韬、古真、吴文海等人参与了书中案例的仿真和全书的核校工作。全书采用了北京华大九天软件有限公司的 Aether 全流程 EDA 平台，感谢总经理刘伟平先生、副总经理杨晓东先生及公司技术团队对本书的支持。在此对他们一并表示衷心的感谢！

当然，模拟集成电路博大精深，而且还在不断发展，新技术、新方法、新问题层出不穷，加之作者水平有限，书中难免出现不妥或者错误，真诚希望广大读者能批评指正，在此表示衷心感谢！

邹志革
于喻家山下

目录

第1章

MOS器件物理

1.1 MOS 管的 I/V 特性

1.1.1 特性描述

图 1-1 所示为常见 CMOS 工艺（P 型衬底 N 型阱，简称 P 衬 N 阱）中的 NMOS 管，若存在 0.1V 的漏源电压 V_{DS}，我们考虑栅源电压 V_G 从 0 上升到电源电压的情况。

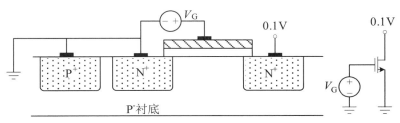

图 1-1　由栅源电压控制的 NMOS 管

由于栅和衬底形成一个电容，当 V_G 逐渐升高时，P 型衬底中的空穴被赶离栅极下方区域而留下负离子，以镜像栅极上的电荷，从而形成如图 1-2 所示的由负离子组成的耗尽层。耗尽层是指 PN 结中在漂移运动和扩散作用的双重影响下，载流子数量非常少的一个高电阻区域。例如，P 型区域本来的多子为空穴，少子为电子，是能导电的区域，通过外加电场使该区域变成

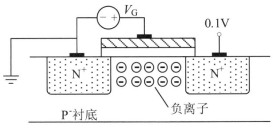

图 1-2　形成耗尽层的 NMOS 管

耗尽层后，P 型区域中的空穴被电子填充（即空穴被耗尽），从而不存在自由电子或者空穴。因此，耗尽层是高阻态。

随着 V_G 的进一步增加，氧化物与硅界面处的电势以及耗尽层宽度也会增加，形成了类似于两个电容串联的结构。这两个电容分别是栅氧化层电容 C_{ox} 和耗尽层电容 C_{dep}，如图 1-3 所示。

当 V_G 再升高，使得界面电势达到一个足够高的值后，P 型衬底和有源区中的电子被吸

引到靠近栅极，以镜像栅极上方的正电荷。因而在栅氧层下方形成了一个载流子沟道（即电子存在的区域），从而源和漏之间"导通"。这个过程如图1-4所示，形成的导电沟道被称为"反型层"。反型层的命名来源是，原来该区域（P型衬底）存在的多数载流子是空穴，现在变化为特性相反的电子了，从而该区域叫"反型层"。

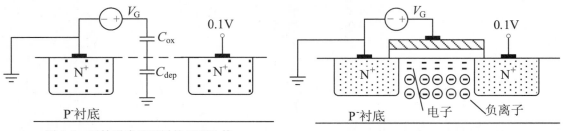

图 1-3　开始形成反型层的 NMOS 管　　　　图 1-4　形成反型层的 NMOS 管

刚刚形成反型层的栅源电压叫"阈值电压（V_{TH}）"。一般地，当栅源电压比阈值电压高时，MOS 管栅极下方才能形成叫作"反型层"的导通沟道，MOS 管导通。对于一个确定的 MOS 工艺，其 MOS 管阈值电压相对固定。

栅源电压高出阈值电压的部分，称之为"过驱动电压（Over-Drive Voltage）"V_{OD}，即定义为

$$V_{OD} = V_{GS} - V_{TH} \tag{1-1}$$

定义过驱动电压的原因是，栅源电压只有高过阈值电压的部分才会直接影响 MOS 管的电流，具体见式（1-2）和式（1-3）。这两个公式中，均出现了 $V_{GS}-V_{TH}$ 项。

当 NMOS 管的栅源电压 V_{GS} 大于阈值电压 V_{TH} 后，MOS 管处于导通状态。我们回顾一下不同漏源电压下 MOS 管的导通情况。

当 V_{DS} 电压比较低时，MOS 管工作在晶体管区（我们有时也称 MOS 管工作在线性区），其漏源电流与栅源电压和漏源电压均有关系。MOS 管工作在晶体管区的 I/V 特性为

$$I_D = \mu_n C_{ox} \frac{W}{L} \left[(V_{GS} - V_{TH}) V_{DS} - \frac{1}{2} V_{DS}^2 \right] \tag{1-2}$$

随着 V_{DS} 的增加，如果 V_{DS} 略大于 $V_{GS}-V_{TH}$，反型层将在漏端终止，我们称感应产生的导通沟道在漏端"夹断"。当 $V_{DS} > V_{GS}-V_{TH}$ 时，沟道不再连接，沟道的平均横向电场不再依赖于漏源电压，而是依赖于沟道上的电压 $V_{GS}-V_{TH}$。此时，MOS 管的漏源电流不再与漏源电压有关系，这种现象被称为夹断，MOS 管进入饱和区（我们有时也称 MOS 管工作在有源区）。MOS 管工作在饱和区的 I/V 特性为

$$I_D = \frac{1}{2} \mu_n C_{ox} \frac{W}{L} (V_{GS} - V_{TH})^2 \tag{1-3}$$

式（1-2）和式（1-3）是描述 MOS 工作特性最基本的公式，也是最简单的公式，我们称之为 MOS 管的一级模型。

本节将仿真某个特定尺寸 NMOS 管的 I/V 特性曲线，采用的仿真环境为北京华大九天软件有限公司的 Aether 平台，该平台与国际流行的 Cadence 公司的全定制 IC 设计平台具有很好的兼容性。仿真电路图如图1-5所示。为真实起见，本书选用了华润上华 $0.18\mu m$ CMOS 工艺模型。该模型为49级模型，复杂程度远超上述的一级模型。

为了同时观察 V_{DS} 对电流的影响，以及 V_{GS} 对电流的影响，可以同时对 V_{DS} 和 V_{GS} 进行直流扫描。

读者可以发现，虽然仿真使用了更加复杂的49级模型，但仿真波形很好地体现了一级模型式（1-2）表示的抛物线特性，以及式（1-3）表示的水平直线特性。

晶体管区的抛物线远离顶点（位于 $V_{DS} = V_{GS} - V_{TH}$ 处）处，可以近似为直线。

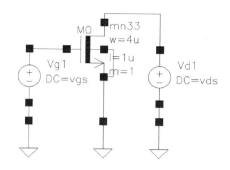

图 1-5　MOS 管的 I/V 特性曲线仿真电路图

这表示：一个二端口器件（漏端和源端），其电流与电压呈线性关系，则对外表现为一个线性电阻。饱和区为一条与横轴几乎无关的水平直线，表示该二端口器件为一个电流源。只是，该电流源受栅源电压控制，是一个"受控电流源"。

1.1.2　仿真波形

仿真波形如图 1-6 所示。仿真波形的查看可参考附录 A.5 节提到的办法。

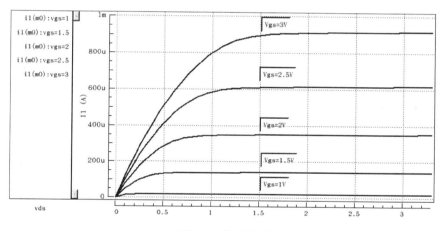

图 1-6　仿真波形

为满足不同读者对不同仿真平台的需求，此处给出基于 Hspice 格式的关键仿真命令：

```
VVd1 net2 0 DC vds
VVg1 net1 0 DC vgs
m0 net2 net1 0 0 mn33 L=1u W=4u M=1

.lib "/.../spice_model/hm1816m020233rfv12.lib" tt
.param vds='1'
.param vgs='1'
.op
.dc vds 0 3.3 0.05 sweep vgs 1 3 0.5
```

```
.temp 27
.probe DC i1(m0)
.end
```

1.1.3 互动与思考

读者可以自行调整 MOS 管参数，观察 I/V 特性曲线的变化趋势。

请读者思考：

1）在 I/V 特性曲线上如何区分 MOS 管工作在哪个区？

2）仿真中，如果 MOS 管的尺寸设置比该工艺的特征尺寸还小（例如，选用工艺为 180nm 工艺，但我们要仿的 MOS 管沟道长度小于 180nm），将会怎样？

3）如果将 NMOS 管更换为 PMOS 管，则波形会如何变化？

4）当 $V_{GS}<V_{TH}$ 时，MOS 管真的截止了吗？

1.2 MOS 管的跨导

1.2.1 特性描述

MOS 管是一个将输入的栅极电压转换为漏源电流的器件。如果一个 MOS 管能监测到输入栅极电压的微弱变化，并转变为显著的漏源电流作为输出，我们称该 MOS 具有较高的"灵敏度"。在将输入电压的变化转换为输出电流时，我们还希望该输出电流尽可能与输出电压无关。为此，工作在饱和区的 MOS 管，其输出电流基本不随输出电压的变化而变化，可以很好地起到上述"电压转换为电流"的作用。为评价 MOS 管的这个特性，定义 MOS 管的"跨导" g_m，即为输出电流的变化与输入电压的变化的比值，即

$$g_m = \frac{i_d}{v_{gs}} = \frac{\partial I_D}{\partial V_{GS}}\bigg|_{V_{DS}恒定} \tag{1-4}$$

将饱和区的 I/V 特性式（1-3）代入式（1-4），可得到跨导表达式的如下三种变形：

$$g_m = \mu_n C_{ox} \frac{W}{L}(V_{GS}-V_{TH}) = \mu_n C_{ox}\frac{W}{L}V_{OD}$$

$$= \sqrt{\mu_n C_{ox}\frac{W}{L}I_D} = \frac{2I_D}{V_{OD}} \tag{1-5}$$

式（1-5）表明，跨导 g_m 有多种不同的表达式。在不同情况下，选择不同的表达式，可以得到 g_m 与相关变量之间的关系。

例如，由 $g_m = \mu_n C_{ox}\frac{W}{L}V_{OD}$ 可知，在 MOS 管尺寸一定的情况下，其跨导 g_m 与过驱动电压 V_{OD} 成正比。又比如，在 MOS 管尺寸一定的情况下，其跨导与 MOS 管漏源电流的二次方根成正比，这是因为，MOS 管漏源电流与过驱动电压的二次方成正比。还有一种情况，若 MOS 管漏源电流恒定，则其跨导与过驱动电压成反比。如何能保证 MOS 管过驱动电压变化时而让漏源电流恒定呢？方法是改变 MOS 管的 W/L。这种情况无法做到连续的调节，但在电路设计中通常可以这样考虑。比如，有时候我们需要在电流恒定的时候减小 MOS 管的过

驱动电压，方法是选择更大的 W/L。

本节将仿真 MOS 管的跨导，观察其相对于栅源电压（过驱动电压）的关系，以及其相对于漏源电流的关系。仿真电路图如图 1-7 所示。

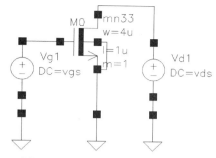

图 1-7　MOS 管跨导的仿真电路图

1.2.2　仿真波形

仿真波形如图 1-8 所示。

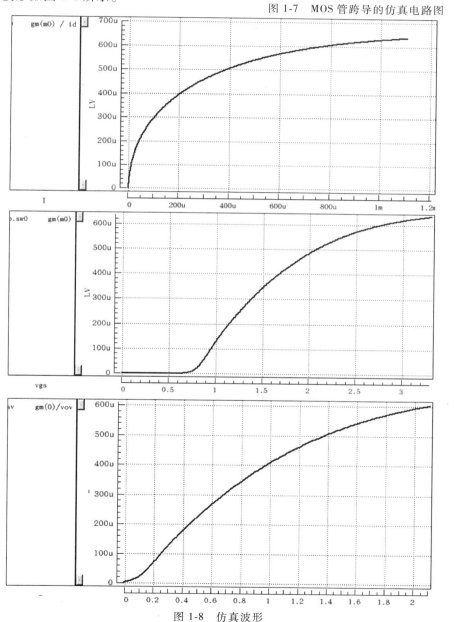

图 1-8　仿真波形

附 Hspice 关键仿真命令：

```
VVd1 net2 0 DC vds
VVg1 net1 0 DC vgs
m0 net2 net1 0 0 mn33 L=1u W=4u M=1

.lib "/.../spice_model/hm1816m020233rfv12.lib" tt
.param vds='3.3'
.param vgs='1'
.param vthr='0.7'
.op
.dc vgs 0 3.3 0.01
.temp 27
.probe DC Id=i(m0) gm(m0) vthr=vth(m0) vov=par("vgs-vthr")
.end
```

1.2.3　互动与思考

读者可以改变 MOS 管的 W/L，观察上述波形的变化情况。

请读者思考：

1）在什么情况下，可以在改变过驱动电压的情况下依然保证 MOS 管电流恒定？如何从电路上实现？

2）跨导是 MOS 管最重要的参数之一，能保证其相对恒定吗？

3）式（1-5）表示的跨导中，其中一个表达式显示跨导与过驱动电压成正比，另外一个表达式显示跨导与过驱动电压成反比。请问这个矛盾如何解释？

1.3　源极跟随器中的衬底偏置效益

1.3.1　特性描述

很多应用中，MOS 管的源和衬底接相同的电位，即 $V_{SB}=0$。然而，对于常见的 P 衬 N 阱标准 CMOS 工艺而言，NMOS 管是在 P 型衬底上实现的。所有的 P 衬均接最低电位 GND，即所有 NMOS 管的衬底 B 极接 GND，而 MOS 管的源极 S 则可能高于 GND。当 $V_{SB}>0$ 时，源极周围的耗尽区增加，耗尽区产生了越来越多的负电荷，会"抵制"从源端过来的电子，这需要更大的 V_{GS} 来补偿这个效应。这个效应通常被归纳为对 V_{TH} 的影响，被称为"衬底偏置效应"，也被称为"体效应"或"背栅效应（即衬底可以等效为另外一个可以对 MOS 管的电流进行控制的栅极，只是控制能力相对于真正的栅极要弱很多）"，此时阈值电压变为

$$V_{TH}=V_{TH0}+\gamma\left(\sqrt{2\varPhi_F+V_{SB}}-\sqrt{2\varPhi_F}\right) \tag{1-6}$$

式中，V_{TH0} 为不存在衬底偏置效应时的阈值电压；$\varPhi_F$ 为费米能势；γ 为 MOS 管体效应系数。

不考虑工艺角和温度带来的偏差，如果忽略衬底偏置效应，或者令 MOS 管的 $V_{SB}=0$，

则 MOS 管的阈值电压恒定。在图 1-9a 所示的电路中，流过 M_1 的电流为 I_1。通过外加输入电压保证 M_1 工作在饱和区，且 I_1 恒定，则根据式（1-3）可知 M_1 的过驱动电压为恒定值，即 V_{GS}（$=V_{in}-V_{out}$）也为固定值。

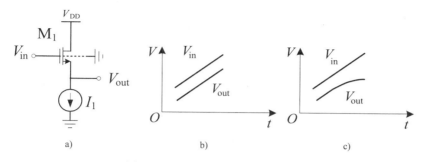

图 1-9 源极跟随器及其输入输出关系

a）源极跟随器 b）理想源极跟随器的输入输出关系

c）考虑衬底偏置效应的输入输出关系曲线

图 1-9 的电路也叫源极跟随器，通常用作电平转换电路。我们希望，该电路的输出与输入信号始终维持恒定的差值。在不存在衬底偏置效应的情况下，如图 1-9b 所示，能很好地实现该工作。

然而，MOS 管的衬底接地，由于其源端电压变化（永远大于 0），则产生衬底偏置效应，导致阈值电压发生变化。随着输出电压 V_{out} 的增加，V_{SB} 也增加，从而导致阈值电压增加。虽然 M_1 的过驱动电压保持恒定，但 V_{out} 与 V_{in} 的差值（即 V_{GS}）将变化，如图 1-9c 所示。

提醒读者注意：对于普通的 P 衬 N 阱 CMOS 工艺，由于所有 P 衬均接相同的最低电位，即 B 端只能接固定的最低电位 GND，只要 S 端不是最低电位，则衬底偏置效应是一定存在的。而 PMOS 管做在 N 阱中，不同的阱可以设置不同的阱电位，从而可以通过设计不同的阱电位而避免衬底偏置效应。除此之外，还有双阱 CMOS 工艺，即 NMOS 管和 PMOS 管均做在不同的阱内，则也可以通过设置不同的阱电位来避免衬底偏置效应。

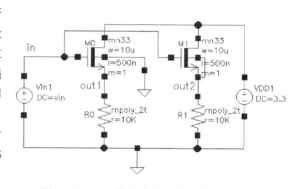

图 1-10 MOS 管衬底偏置效应仿真电路图

本节将要验证 MOS 管衬底偏置效应，以及该效应对源极跟随器的影响，仿真电路图如图 1-10 所示。注意：我们选择两个整数作为该电路中两个电阻的电阻值，但实际设计电路时，要选择整数的 W 和 L，而不是电阻值。本书前 7 章均进行类似处理。

1.3.2 仿真波形

仿真波形如图 1-11 所示。

附 Hspice 关键仿真命令：

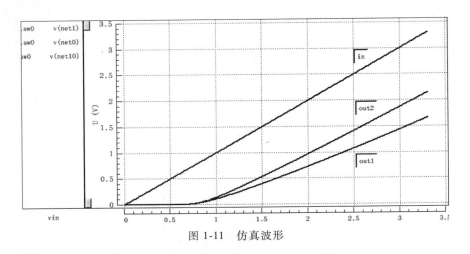

图 1-11　仿真波形

```
.SUBCKT rnpoly_2t_0 MINUS PLUS segW=180n segL=5u m=1
…（略）
.ENDS rnpoly_2t_0

VVDD1 net6 0 DC 3.3
VVin1 in 0 DC vin
m1 net6 in out2 out2 mn33 L=500n W=10u M=1
m0 net6 in out1 0 mn33 L=500n W=10u M=1
XR1 0 out2 rnpoly_2t_0 m=1 segW=180n segL=54.965u
XR0 0 out1 rnpoly_2t_0 m=1 segW=180n segL=54.965u

.lib "/…/spice_model/hm1816m020233rfv12.lib" tt
.lib "/…/spice_model/hm1816m020233rfv12.lib" restypical
.param vin='1.5'
.op
.dc vin 0 3.3 0.01
.temp 27
.probe DC v(in) v(out1) v(out2)
.end
```

1.3.3　互动与思考

读者可以调整 I_1、V_{in} 直流部分、W/L、双阱工艺下的 V_B 等参数来观察衬底偏置效应的变化。

请读者思考：

1）在本节的源极跟随器电路中，如何能尽可能好地让输出电压跟随输入电压变化而变化？

2）相对于用 NMOS 管构成源极跟随器，用 PMOS 管构成的源极跟随器有哪些优势和劣势？

1.4 沟长调制效应与小信号输出电阻

1.4.1 特性描述

事实上，夹断区的有效沟道长度变化时，漏源电流 I_D 随 V_{DS} 变化而改变，而非一个固定值，该效应被称作沟长调制效应。考虑了沟长调制效应后，MOS管的 I/V 特性应由式（1-3）修正为

$$I_D = \frac{1}{2} \mu_n C_{ox} \frac{W}{L} (V_{GS} - V_{TH})^2 (1 + \lambda V_{DS})$$ (1-7)

式中，λ 为 MOS 管的沟长调制系数。从而，当 MOS 管工作在饱和区时，随着 V_{DS} 的增加，漏源电流是线性增加的。

MOS 管的沟长调制效应也可以理解为，当 MOS 管工作在饱和区时，其 I/V 特性曲线不再平行于横轴，而是相对于横轴有一定的斜率（即为 λ）。由于沟长调制效应引起的 I/V 特性曲线斜率，使 MOS 管表现出一定的小信号输出电阻 r_o，换句话说，如果忽略 MOS 管的沟长调制效应，则其 I/V 特性曲线在饱和区部分平行于 x 轴，对外表现的小信号输出电阻 r_o 为无穷大。饱和区部分 I/V 特性曲线的斜率即为小信号输出电阻，其表达式为

$$r_o = \frac{\partial V_{DS}}{\partial I_{DS}} = \frac{1}{\partial I_{DS}/\partial V_{DS}}$$ (1-8)

代入式（1-7）可得

$$r_o = \frac{1}{\frac{1}{2} \mu_n C_{ox} \frac{W}{L} (V_{GS} - V_{TH})^2 \lambda} \approx \frac{1}{\lambda I_D}$$ (1-9)

本节将仿真得到 MOS 管的 I/V 特性曲线，仿真电路图如图 1-12 所示。对饱和区的 I/V 特性曲线求斜率（斜率为 λ），再求倒数，即为 MOS 管的小信号输出电阻 r_o，也可以直接使用仿真结果中的 gds 来计算 r_o。

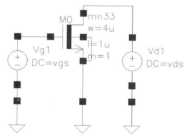

图 1-12 MOS 管 I/V 特性
曲线和 r_o 仿真电路图

1.4.2 仿真波形

仿真波形如图 1-13 所示。

附 Hspice 关键仿真命令：

```
VVd1 net2 0 DC vds
VVg1 net1 0 DC vgs
m0 net2 net1 0 0 mn33 L=1u W=4u M=1

.lib "/.../spice_model/hm1816m020233rfv12.lib" tt
.param vds='3.3'
.param vgs='1.5'
.op
```

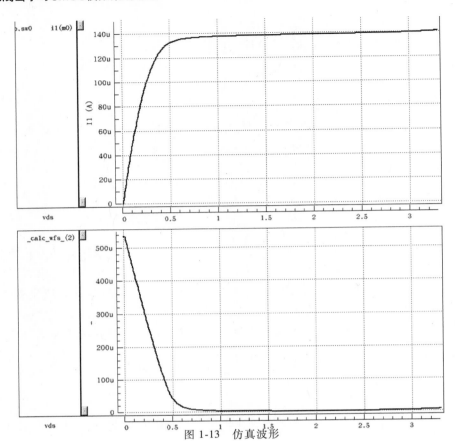

图 1-13　仿真波形

```
.dc vds 0 3.3 0.01
.temp 27
.probe DC id=i(M0)gds=gds(M0)ro=par("1/gds")
.end
```

1.4.3　互动与思考

读者可以改变 V_{GS}、W/L、L，观察 I/V 特性曲线的变化规律。

在饱和区段，I/V 特性曲线的斜率的倒数代表着该点的小信号输出电阻。读者可以思考：

1) 如何提高 MOS 管的小信号输出电阻值？

2) MOS 管的小信号输出电阻与 MOS 管沟长 L 是否有关系？

3) MOS 管的 W 是否影响其小信号输出电阻值？

4) MOS 管的偏置状态出现变化，是否会影响其小信号输出电阻值？

1.5　沟长与沟长调制效应

1.5.1　特性描述

MOS 管的沟长调制系数 λ 并非定值，而是与沟道长度 L 成反比，即 $\lambda \propto \dfrac{1}{L}$。同一种工艺下，晶体管的沟道长度越短，$\lambda$ 越大，沟长调制效应越明显，晶体管工作在饱和区时的漏源电流受漏源电压的影响越大。

在实际的 MOS 管中，由于漏极耗尽层中的电场分布非常复杂，导致计算 λ 困难，最管用的方法是通过仿真 MOS 管在不同 L 情况下的 I/V 特性曲线，从曲线中提取 λ 值。

实际的计算和仿真中，λ 的计算非常复杂，我们此处只是这样简单的

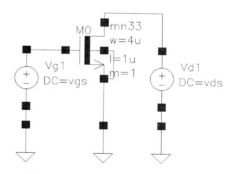

图1-14 MOS管 λ 和 r_o 仿真电路图

定义，在手工简单分析中已经够用了。本节中，我们将要仿真 MOS 管的沟长调制效应，观察不同 L 下的 λ 以及对应的 r_o。仿真电路图如图 1-14 所示。

1.5.2 仿真波形

仿真波形如图 1-15 所示。

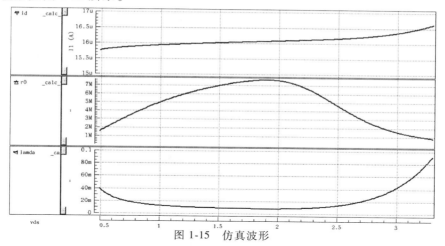

图 1-15 仿真波形

附 Hspice 关键仿真命令：

```
VVd1 net2 0 DC vds
VVg1 net1 0 DC vgs
m0 net2 net1 0 0 mn33 L=1u W=4u M=1

.lib "/.../spice_model/hm1816m020233rfv12.lib" tt
.param vds='3.3'
.param vgs='1'
.op
.dc vds 0 3.3 0.01
.temp 27
```

```
.probe DC id=i1(m0)ro=par("1/gds(m0)")lamda=par("gds(m0)/i1(m0)")
.end
```

1.5.3　互动与思考

读者可以通过改变 L，观察 I/V 特性曲线的斜率变化，从而了解 L 和小信号输出电阻 r_o 的关系。

请读者思考：

1）L 改变为原来的 2 倍，r_o 会变化多少？

2）r_o 与 MOS 管的宽度 W，以及 MOS 管的偏置状态有关系吗？

1.6　MOS 器件电容

1.6.1　特性描述

除了源极和漏极之间，MOS 管其他任何两极之间均存在寄生电容。在不同的电路应用中，有时需要精度不太高的电容，可以直接使用 MOS 管来实现。有时候希望尽可能避免出现寄生电容，从而提高电路工作速度，以及避免由此产生的电路稳定性、频率特性变差的问题。这需要我们对 MOS 管的寄生电容有所认识。图 1-16 绘出了一个 NMOS 管中存在的所有寄生电容。

那么图 1-16 中的寄生电容是如何产生的呢？考虑图 1-17 所示的 MOS 管实际结构剖面图。基于该基本结构，我们发现有如下几类电容：

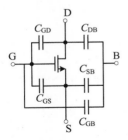

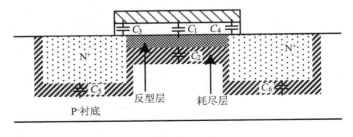

图 1-16　NMOS 管中的寄生电容　　　　　图 1-17　NMOS 管中的寄生电容来源

1）栅极和沟道之间的氧化层电容，也被称为 MOS 管的栅电容，与栅极的面积以及氧化层的介电常数有关，在图 1-17 中如 C_1 所示，其值定义为

$$C_1 = C_{ox}WL \tag{1-10}$$

式中，C_{ox} 为单位面积的栅极氧化层电容值。

2）衬底和沟道之间的耗尽层电容，与沟道尺寸有关，如图 1-17 中 C_2 所示，其值为

$$C_2 = C_d WL \tag{1-11}$$

式中，C_d 为单位面积的耗尽层电容值。

3）现在的 CMOS 工艺都采用了一种被称为 "自对准" 的技术，从而使得源极和漏极会 "深入" 到栅极下方一些，深入的尺寸与工艺有关。这带来了另外一类电容，即多晶硅栅极与源极和漏极的交叠而产生的覆盖电容。该电容也是平板电容，由于沟道长度方向的尺寸在某个特定工艺下是固定值，因此该电容仅仅需要关注 MOS 管宽度 W，定义为

$$C_3 = C_4 = C_{ov} W \tag{1-12}$$

式中，W 为 MOS 管的宽度；C_{ov} 为单位宽度的交叠电容值。

4）源/漏区与衬底之间的 PN 结电容 C_5 和 C_6，这两个电容与有源区的面积成正比。

当 MOS 管工作在不同区域时，其导电沟道及水平方向、垂直方向上的电场分布是不同的，MOS 管的栅极电容对 C_{GS} 和 C_{GD} 的贡献也有所不同。图 1-18 表示了 MOS 管工作在三个不同区域下的电容值。图中的 2/3、1/2 均为大致估计值。

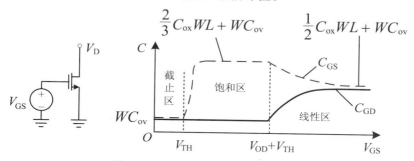

图 1-18 NMOS 管中的栅极器件电容

MOS 用作电容时，通常是将漏极和源极短接作为一端，栅极作为另外一端。随着两端之间电压的变化，MOS 管沟道特性出现变化，对外表现出的电容值也出现变化。不幸的是，由于下极板是低掺杂的，表面电位随加在电容上的电压而大幅变化，即电容具有一定的电压系数。在某些不要求精确电容值的应用场合，可以使用 MOS 器件电容。

本节将仿真 MOS 管的器件电容 C_{GS} 和 C_{GD}，以及仿真将源极和漏极相连时的 MOS 电容 C_{MOS}。仿真电路图如图 1-19 所示。由于 V_{GS} 改变时会影响电容值，本节的仿真将对 V_{GS} 进行扫描。

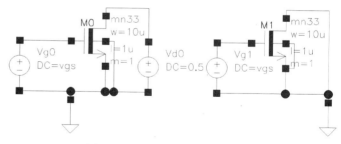

图 1-19 MOS 器件电容仿真电路图

1.6.2 仿真波形

仿真波形如图 1-20 所示。

附 Hspice 关键仿真命令：

```
VVd0 net8 0 DC 0.5
VVg0 net7 0 DC vgs
VVg1 net1 0 DC vgs
m0 net8 net7 0 0 mn33 L=1u W=10u M=1
m1 0 net1 0 0 mn33 L=1u W=10u M=1

.lib "/.../spice_model/hm1816m020233rfv12.lib" tt
.param vgs='1'
.op
```

```
.dc vgs -3.3 3.3 0.01
.temp 27
.probe DC cgd=par("-cgd(m0)") cgs=par("-cgs(m0)") cmos=cgg(m1)
.end
```

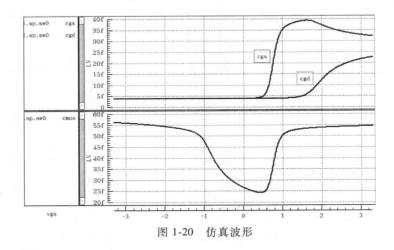

图 1-20　仿真波形

1.6.3　互动与思考

读者可以通过改变 W、L 观察各电容曲线的变化趋势。

请读者思考：

1）特定工艺下固定尺寸的 MOS 管，如何获得最大的电容值？

2）平时我们都说 MOS 管的源极和漏极具有对称性，可是为什么 C_{GS} 和 C_{GD} 却有如此大的差异呢？

3）将 MOS 管的源极和漏极短接作为一端，栅极作为另外一端，可以当作电容使用。请问该 MOS 电容值是多少？恒定吗？

1.7　工艺角

1.7.1　特性描述

不同的批次之间，不同的晶圆之间，以及同一个晶圆上不同芯片之间，甚至同一颗芯片上不同的 MOS 管及其他无源器件，其参数均存在一定的误差。为了在一定程度上减轻电路设计任务的难度，工艺工程师们对器件划出多个不同的性能区间。设计者采用不同区间的器件性能参数，对电路进行各种仿真，看仿真结果是否落在可接受性能范围之内。这里划出的不同性能区间，在集成电路中被称为"工艺角"（Process Corner）。

MOS 器件工艺角的划分思想是：把 NMOS 和 PMOS 管的速度（即载流子速度，该速度由工艺决定）波动范围限制在由 4 个角所确定的矩形内。这 4 个角分别是：快速 NMOS 和快速 PMOS，慢速 NMOS 和慢速 PMOS，快速 NMOS 和慢速 PMOS，慢速 NMOS 和快速 PMOS。位于这 4 个角的中心代表典型 NMOS 和典型 PMOS。从而，上面的这 5 种情况分别表示为

FF、SS、FS、SF、TT。例如，具有较薄的栅氧、较低阈值电压的晶体管，就落在快速工艺角附近，因为在相同的外界电压情况下，该情况下的电流更大。

通常的工艺角库文件结构如下所示。

. lib tt	
…	* tt 工艺角下的各种参数描述
. lib "XXX. lib"　　MOS	* 将上述参数加载到 XXX. lib 库中
. endl tt	
. lib ff	
…	* ff 工艺角下的各种参数描述
. lib "XXX. lib"　　MOS	* 将上述参数加载到 XXX. lib 库中
. endl ff	
…	* 其他工艺角描述

工艺偏差出现的情况很复杂，比如掺杂浓度、制造时的温度控制、刻蚀程度等，所以造成同一个晶圆上不同区域的情况不同，以及不同晶圆之间不同情况的发生。这种制造上的随机性，只有通过统计学的方法才能评估覆盖范围的合理性。模拟集成电路特别强调"PVT"（即工艺、电源电压、温度）的鲁棒性设计。其中 P 在电路仿真中用不同工艺角得以体现；而 V 和 T 则采用电压直流扫描和温度扫描。

说到工艺偏差的仿真，不得不提蒙特卡罗（Monte Carlo，MC）仿真。蒙特卡罗仿真是一种器件参数变化分析，使用随机抽样统计来估算数学函数的计算方法。蒙特卡罗分析又称容差分析，它是对电路所选择的分析（直流、交流、瞬态分析）进行多次运行后，进行统计分析。

第一次运行蒙特卡罗分析时，使用所有元器件的标称值进行运算，而后的数次运行使用元器件的容差值进行运算，将各次运行结果与第一次运行结果相比较，得出由于元器件的容差而引起输出结果偏离的统计分析。

蒙特卡罗分析需要一个良好的随机数源，该随机源可以人为自行设定，但由于不同工艺的随机性也有差异，往往由代工厂提供。也就是说，代工厂在推出成熟的工艺及模型之前，会通过多次流片并测试其器件性能，得到器件性能的统计规律，并将该规律加入其工艺模型中。虽然这种方法往往包含一些误差，但是随着随机抽取样本数量的增加，结果也会越来越精确。

还有另外一种分析，即灵敏度/最坏情况分析，也是统计分析的一种，它与蒙特卡罗分析属同一类性质。所不同的是，蒙特卡罗分析是变量同时发生变化，而灵敏度/最坏情况分析是变量一个一个地变化，即每进行一次电路分析只有一个元器件参数发生变化，这样也可以得到电路的灵敏度。因此，在 .WCASE 语句中不需要指定执行次数，执行次数完全由变量个数决定。一般情况下，执行次数为变量个数加 2（一个是第一次标称值运算，另一个是最后一次最坏情况分析）。

MOS 管的 I/V 特性是电路设计基础，通过观察 NMOS 和 PMOS 管的 I/V 特性曲线，也可以评估其由于工艺角带来的电路设计误差。为了简化，本节专门仿真 5 个不同工艺角下的 MOS 管 I/V 特性曲线。仿真电路图如图 1-21 所示。

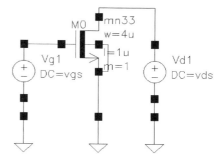

图 1-21 MOS 管不同工艺角仿真电路图

1.7.2 仿真波形

仿真波形如图 1-22 所示。

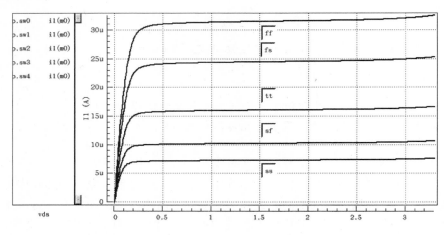

图 1-22 仿真波形

附 Hspice 关键仿真命令：

```
VVd1 net2 0 DC vds
VVg1 net1 0 DC vgs
m0 net2 net1 0 0 mn33 L=1u W=4u M=1

.lib "/.../spice_model/hm1816m020233rfv12.lib" tt
.param vds='3.3'
.param vgs='1'
.op
.dc vds 0 3.3 0.01
.temp 27
.probe DC i1(m0)

.alter corner_ff
.del lib "/.../spice_model/hm1816m020233rfv12.lib" tt
.lib "/.../spice_model/hm1816m020233rfv12.lib" ff
.alter corner_ss
.del lib "/.../spice_model/hm1816m020233rfv12.lib" ff
.lib "/.../spice_model/hm1816m020233rfv12.lib" ss
.alter corner_fs
.del lib "/.../spice_model/hm1816m020233rfv12.lib" ss
.lib "/.../spice_model/hm1816m020233rfv12.lib" fs
.alter corner_sf
```

```
.del lib "/.../spice_model/hm1816m020233rfv12.lib" fs
.lib "/.../spice_model/hm1816m020233rfv12.lib" sf
.end
```

1.7.3　互动与思考

在原有仿真电路参数不变的情况下，可改变器件温度，再观察其 I/V 特性如何变化。请读者思考：

1）如果某工艺角下的电路性能不能达标，该如何处理？

2）不同工艺角下的 MOS 管，明显的性能差异包括哪些？

3）电路设计工程师如何避免由于工艺角而在仿真中出现的误差？

1.8　跨导效率

1.8.1　特性描述

MOS 管工作在饱和区时，本质上是一个压控电流源，其控制系数就是 MOS 的跨导 g_m。因此，我们也称 MOS 管的跨导为 MOS 管的灵敏度，即一个小的输入电压的变化，能产生多大的输出电流的变化。但是，考虑到电路对功耗的要求，电路设计工程师往往更加关注 MOS 管的"跨导效率（g_m/I_D）"，即消耗一定电流时，MOS 管能提供多大的跨导。因此，有时候用 g_m/I_D 作为描述 MOS 管性能的重要参数。

当 MOS 管工作在饱和区时，根据跨导的表达式（1-5），有

$$\frac{g_m}{I_D} = \frac{2}{V_{OD}} \tag{1-13}$$

需要注意的是，当 MOS 管工作在非强反型饱和区，或者并不符合长沟道近似时，式（1-13）并不成立。

从上式中可以看出，为实现高的跨导效率，需要给 MOS 管施加小的过驱动电压。但是，过驱动电压较低时，MOS 管可能会从强反型的工作状态转变为弱反型的工作状态，甚至进入亚阈值导通状态。此时，式（1-13）就无法描述跨导效率了。

本节将仿真得到 MOS 管跨导效率与过驱动电压的关系曲线，仿真电路图如图 1-23 所示。为了便于理解，在同一个坐标系中还给出了过驱动电压大于 0 时的 $2/V_{OD}$ 波形。

从仿真波形可知，跨导效率与过驱动电压存在一一对应关系。当 MOS 管的过驱动电压较高（高于 0.1V）时，实际仿真波形与式（1-13）预示的结果非常吻合。然而，当过驱动电压较低时，实际波形与一级模型公式有较大差异。另外，当过驱动电压为 0，甚至为负数时，依然存在着一定的跨导效率，而且此时的跨导效率甚至高于饱和区时的跨导效率。

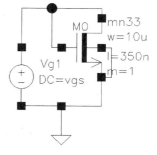

图 1-23　跨导效率仿真电路图

1.8.2 仿真波形

仿真波形如图 1-24 所示。

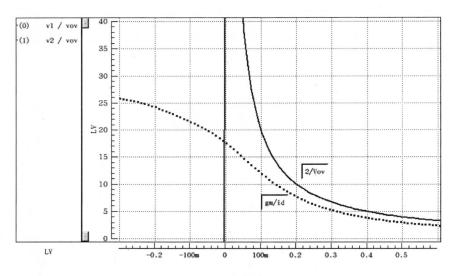

图 1-24 仿真波形

附 Hspice 关键仿真命令：

```
VVg1 net0 0 DC vgs
m0 net0 net0 0 0 mn33 L=350n W=10u M=1

.lib "/.../spice_model/hm1816m020233rfv12.lib" tt
.param vgs='1'
.op
.dc vgs 0 3.3 0.01
.temp 27
.probe DC vov=par("vgs-vth(m0)") v1=par("gm(m0)/i1(m0)") v2=par("2/(vgs-vth(m0))")
.end
```

1.8.3 互动与思考

请读者改变 MOS 管的 W 和 L，观察其跨导效率变化趋势。

请读者思考：

1）如何提高 MOS 管的跨导效率？

2）MOS 管的跨导效率应该比双极结型晶体管（BJT）高还是低？哪种工艺设计模拟电路更容易达到高的性能？

3）什么情况下能实现更高的跨导效率？该情况下会产生其他哪些问题？

1.9 MOS 管的特征频率

1.9.1 特性描述

MOS 管只能工作在一定的频率范围内。因为 MOS 管的栅极输入可以等效为一个电容，在栅极输入信号频率较低时，MOS 管能很好地将栅源输入电压信号转变为输出的漏源电流信号。当栅极输入信号频率高到一定程度后，这种转换效率将快速降低。因此，我们需要关注 MOS 管能工作的最高频率，通常用 MOS 管的特征频率 f_T 来衡量。

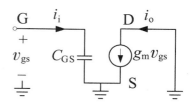

图 1-25　MOS 管特征
频率分析电路图

MOS 管的特征频率 f_T，定义为 MOS 管的电流增益（输出小信号电流与输入小信号电流之比）降低到 1 时的器件工作频率。MOS 管的电流增益降低的主要原因是，流入 MOS 管栅极的电流，会随频率增加而增加。为计算 MOS 管的特征频率 f_T，绘制如图 1-25 所示的小信号等效电路。为了计算的简单，此处忽略了次要因素 C_{GD}，仅考虑主要因素 C_{GS}。

$$i_i = C_{GS}sv_{gs} \tag{1-14}$$

式中，s 为复变量。

$$i_o = g_m v_{gs} \tag{1-15}$$

则电流增益为

$$\beta = \frac{i_o}{i_i} = \frac{g_m}{C_{GS}s} \tag{1-16}$$

为了计算 MOS 管的特征频率，取电流增益为 1，则

$$|\beta| = \frac{g_m}{C_{GS}\omega_T} = 1 \tag{1-17}$$

从而

$$f_T = \frac{g_m}{2\pi C_{GS}} \tag{1-18}$$

采用式（1-18）可以仿真得到某特定尺寸下的 MOS 管特征频率。由于

$$g_m = \mu C_{ox} \frac{W}{L}(V_{GS} - V_{TH}) \tag{1-19}$$

当 MOS 管工作在饱和区时，其栅极氧化层电容只有部分（例如取 2/3）贡献到 C_{GS}：

$$C_{GS} \approx \frac{2}{3}WLC_{ox} \tag{1-20}$$

所以

$$f_T \approx \frac{3}{4\pi}\frac{\mu}{L^2}(V_{GS} - V_{TH}) \tag{1-21}$$

可见，晶体管的特征频率与 MOS 管的过驱动电压 V_{OD} 成正比，与 MOS 管沟道长度的二

次方成反比。

如果希望提高 MOS 管的工作频率，可以选用高的过驱动电压，或者缩小其沟道长度。选用高的过驱动电压，则意味着产生更大的电流和更高的功耗，在许多应用场合受到限制。

在摩尔定律的指引下，当今集成电路工艺的核心发展趋势是等比例缩小 MOS 管的特征尺寸 L，从而带来的好处是除了缩小芯片面积之外，还可以大大提高电路的工作频率。

另外，由 1.8 节可知，MOS 管的跨导效率与过驱动电压 V_{OD} 成反比。为提高跨导效率，往往选择更低的过驱动电压。从本节结论可知，通过提高过驱动电压来提高 MOS 管的特征频率，是以低的跨导效率为代价的。

本节将仿真 MOS 的特征频率，观察过驱动电源、MOS 管尺寸对特征频率的影响。仿真电路图如图 1-26 所示。

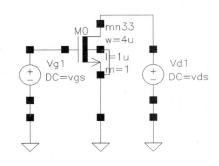

图 1-26　MOS 管特征频率仿真电路图

1.9.2　仿真波形

仿真波形如图 1-27 所示。

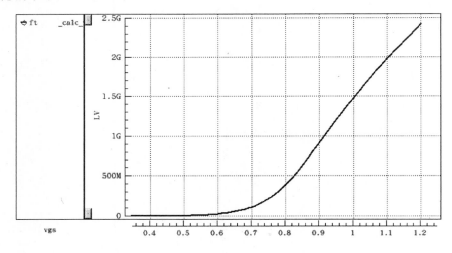

图 1-27　仿真波形

附 Hspice 关键仿真命令：

```
VVd1 net2 0 DC vds
VVg1 net1 0 DC vgs
m0 net2 net1 0 0 mn33 L=1u W=4u M=1

.lib "/.../spice_model/hm1816m020233rfv12.lib" tt
.param vds='3.3'
.param vgs='1'
```

```
.param pi='3.1415926'
.op
.dc vgs 0 1.2 0.01
.temp 27
.probe DC ft=par("gm(m0)/(2*pi*(-cgs(m0)))")
.end
```

1.9.3　互动与思考

读者可以通过改变 MOS 管的 W、L 以及 V_{DS}，观察其特征频率的变化趋势。

请读者思考：

1）提高 MOS 工作特征频率的方法。

2）在 $0.18\mu m$ 工艺下，一个典型 MOS 管通常选择 $0.1 \sim 0.3V$ 的过驱动电压，对应的特征频率大致在什么范围？

3）请对比一下，L 为 $0.18\mu m$ 和 $0.35\mu m$ 的两个 MOS 管，其特征频率相差多少？

1.10　MOS 管的本征增益

1.10.1　特性描述

当晶体管接成共源极放大器时，所能达到的最高低频小信号增益叫 MOS 管的本征增益。其表达式为 $g_m r_o$，根据式（1-5）和式（1-9），本征增益[⊖]可表示为

$$g_m r_o = \frac{2}{\lambda V_{OD}} \tag{1-22}$$

由式（1-22）可知，MOS 管的本征增益与过驱动电压 V_{OD}、沟长调制系数 λ 成反比。考虑到沟长调制系数 λ 反比于 MOS 管沟长 L，因而本征增益会随着 L 的增加而提高。从而，降低 V_{OD} 并增加 L，可以提高 MOS 管的本征增益。但是，由 1.9 节可知，V_{OD} 的降低又会降低 MOS 管的工作速度。因此在开展电路设计时需要进行折中考虑。

本节将仿真得到 MOS 管本征增益与 MOS 管 V_{DS} 的关系曲线。从前面的理论分析可知，若 MOS 管工作在饱和区，当 L 和 V_{OD} 是定值时，本征增益应该是定值。由仿真波形可以看到，只有在 V_{DS} 较大时，本征增益才比较可观，但也不是定值，其原因在于势垒降低效应。

MOS 管本征增益仿真电路图如图 1-28 所示。

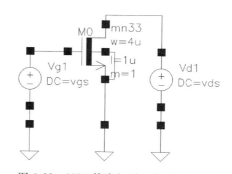

图 1-28　MOS 管本征增益仿真电路图

⊖　本征增益的计算方法，读者可以参考 2.1 节和 2.2 节。此处不做推导。

1.10.2　仿真波形

仿真波形如图 1-29 所示。

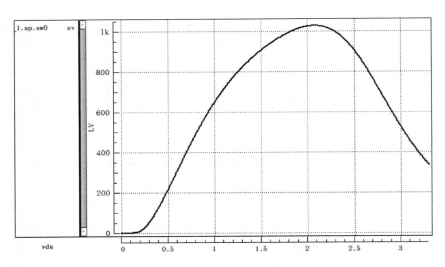

图 1-29　仿真波形

附 Hspice 关键仿真命令：

```
VVd1 net2 0 DC vds
VVg1 net1 0 DC vgs
m0 net2 net1 0 0 mn33 L=1u W=4u M=1

.lib "/.../spice_model/hm1816m020233rfv12.lib" tt
.param vds='3.3'
.param vgs='1'
.op
.dc vds 0 3.3 0.01
.temp 27
.probe DC av=par("gm(m0)/gds(m0)")
.end
```

1.10.3　互动与思考

读者可以分别改变 W、L、V_{OD}，观察 MOS 管本征增益的变化趋势。

请读者思考：

1）如何提高一个 MOS 管的本征增益？

2）在 $0.18\mu m$ 工艺下，一个典型 MOS 管工作在 0.1~0.3V 过驱动电压下，其本征增益大致在什么范围？

1.11　传输门

1.11.1　特性描述

数字电路中的传输门，是最基本的逻辑单元之一。在模拟电路中，传输门也大量应用在开关电容电路中。

图 1-30 所示的传输门，由一个 NMOS 管和一个 PMOS 管"并联"组成。理想的传输门将输入信号没有任何误差地传递到输出端。然而，由于开关工作速度问题以及导通电阻问题，导致输出信号与输入信号之间存在误差。

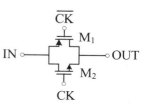

图 1-30　传输门电路构成

通过选择大宽长比的器件，并减小 OUT 端驱动的负载电容，能有效提供工作速度，但总体的工作速度受限于器件工艺特征尺寸。

假定 CK 信号为 "1"，即接入 V_{DD}，则 NMOS 管导通，$V_{IN} \approx V_{OUT}$。当输入信号很低时，NMOS 管工作在线性区，则

$$R_{on,N} = \cfrac{1}{\mu_n C_{ox} \cfrac{W}{L} (V_{DD} - V_{IN} - V_{THN})} \tag{1-23}$$

当 V_{IN} 和 V_{OUT} 升高时，由于 $V_G = V_{DD}$，则 V_{GS} 降低，直至 $V_{GS} = V_{THN}$ 时，NMOS 管进入截止状态，从而 $R_{on,N} = \infty$。截止点为 $V_{IN} = V_{DD} - V_{THN}$。

同理，可以分析出 PMOS 管的导通电阻特性，绘制导通电阻与输入电压的关系如图 1-31 所示。由该图可知，如果将两个电阻并联，则总的等效电阻主要由较小的那个电阻决定。图中也给出了这个等效导通电阻 $R_{on,eq}$。这是一个不易受输入电压影响的导通电阻，并且阻值更小，用来做开关显然优于单个 MOS 管。

刚才我们从模拟电路角度说明了数字电路中传输门的设计思想。本节将仿真传输门的导通电阻。仿真电路图如图 1-32 所示。

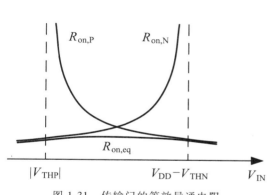

图 1-31　传输门的等效导通电阻

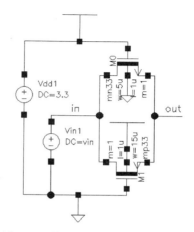

图 1-32　传输门导通电阻仿真电路图

1.11.2 仿真波形

仿真波形如图 1-33 所示。

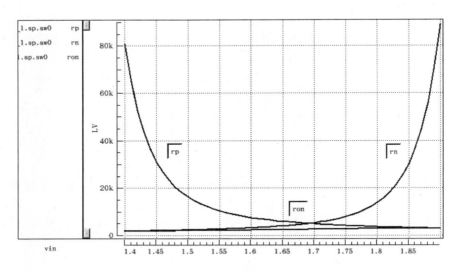

图 1-33 仿真波形

附 Hspice 关键仿真命令：

```
VVdd1 VDD 0 DC 3.3
VVin1 in 0 DC vin
m0 in VDD out 0 mn33 L=1u W=5u M=1
m1 in 0 out VDD mp33 L=1u W=15u M=1


.lib "/.../spice_model/hm1816m020233rfv12.lib" tt
.param vin='1'
.op
.dc vin 1.4 1.9 0.01
.temp 27
.prboe DC rn=par("1/gds(m0)") rp=par("1/gds(m1)") ron=par("1/(gds(m0)
+gds(m1))")
.end
```

1.11.3 互动与思考

读者可以改变两个 MOS 管的尺寸，观察等效导通电阻值的变化。

请读者思考：

1）如何选择最优的 NMOS 管和 PMOS 管尺寸，从而让输出能更好地跟随输入信号？选择尺寸的主要依据是什么？

2) 传输门的信号能反向或者双向传输吗？为什么？

1.12 MOS管的并联与串联

1.12.1 特性描述

图 1-34a 的 MOS 管，其饱和区电流公式为

$$I_D = \mu_n C_{ox} \frac{3W}{L} \left[(V_{GS} - V_{TH}) V_{DS} - \frac{1}{2} V_{DS}^2 \right] \tag{1-24}$$

图 1-34b 中三个尺寸相同的 MOS 管并联，则工作在饱和区时，总的电流为三个 MOS 管电流之和，即

$$I_D = 3\mu_n C_{ox} \frac{W}{L} \left[(V_{GS} - V_{TH}) V_{DS} - \frac{1}{2} V_{DS}^2 \right] \tag{1-25}$$

显然，图 1-34a、b 具有一致的 I/V 特性。同理，还可以分析出当 MOS 管工作在截止区、线性区时也具有一致的 I/V 特性。因此，可以认为图 1-34a、b 等效。

在实际电路设计中往往需要很大宽长比的器件，为减小器件的失配和误差，通常采用多个 MOS 管并联，来等效一个较大宽长比的器件。电路图输入时，我们不需要画出多个 MOS 管并联的形式，只需在 MOS 管的参数中定义并联个数 m 值即可，例如下面的描述就代表两个 MOS 管并联：

M1 Nd Ng GND GND modelname W = 10u L = 0.18u M = 2

图 1-35b 中，M_1 和 M_2 串联，假定两个 MOS 管的尺寸均为 W/L，导通时，其过驱动电压分别为 $V_{OD1} = V_{GS} - V_{TH}$，$V_{OD2} = V_{GS} - V_X - V_{TH}$。

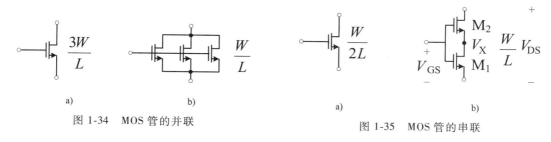

a)　　　　　　　　b)　　　　　　　　　　　a)　　　　　　　　b)

图 1-34　MOS 管的并联　　　　　　　图 1-35　MOS 管的串联

如果两个 MOS 管不导通，则器件无论是否串联均无意义。有意义的前提是 M_1 和 M_2 均导通，即 $V_{OD1} > 0$，$V_{OD2} > 0$。

由 $V_{OD2} = V_{GS} - V_X - V_{TH} > 0$ 可知：$V_X < V_{GS} - V_{TH}$。显然，M_1 始终工作在线性区，而 M_2 却可能存在着两种情况。

假定两个 MOS 管均工作在线性区，则电流公式为

$$I_{D1} = \frac{1}{2} \mu_n C_{ox} \frac{W}{L} \left[2 (V_{GS} - V_{TH}) V_X - V_X^2 \right] \tag{1-26}$$

$$I_{D2} = \frac{1}{2} \mu_n C_{ox} \frac{W}{L} \left[2 (V_{GS} - V_X - V_{TH}) (V_{DS} - V_X) - (V_{DS} - V_X)^2 \right] \tag{1-27}$$

因为两个电流相等，则

$$2\left[2\left(V_{GS}-V_{TH}\right)V_{X}-V_{X}^{2}\right]=2\left(V_{GS}-V_{TH}\right)V_{DS}-V_{DS}^{2} \tag{1-28}$$

将式（1-28）代入式（1-26），可得

$$I_{D1}=I_{D2}=\frac{1}{2}\mu_{n}C_{ox}\frac{W}{L}\frac{1}{2}\left[2\left(V_{GS}-V_{TH}\right)V_{DS}-V_{DS}^{2}\right] \tag{1-29}$$

即图 1-35b 中，M_1 和 M_2 串联电路等效为一个尺寸为 $\dfrac{W}{2L}$，且工作在线性区的 MOS 管。

假定 M_1 工作在线性区，M_2 工作在饱和区，则 M_2 的电流公式为

$$I_{D2}=\frac{1}{2}\mu_{n}C_{ox}\frac{W}{L}\left(V_{GS}-V_{X}-V_{TH}\right)^{2} \tag{1-30}$$

因为两个电流相等，则

$$\left(V_{GS}-V_{TH}\right)^{2}=2\left[2\left(V_{GS}-V_{TH}\right)V_{X}-V_{X}^{2}\right] \tag{1-31}$$

代入得到

$$I_{D1}=I_{D2}=\frac{1}{2}\mu_{n}C_{ox}\frac{W}{L}\frac{1}{2}\left(V_{GS}-V_{TH}\right)^{2} \tag{1-32}$$

即，M_1 和 M_2 串联电路等效为一个尺寸为 $\dfrac{W}{2L}$，且工作在饱和区的 MOS 管。

综上，把 N 个尺寸为 W 和 L 的 MOS 管串联，并将栅极连接在一起，其特性与一个尺寸为 W 和 NL 的 MOS 管相同。

本节将仿真 MOS 管并联和串联的情况，基于 I/V 特性曲线来观察并联和串联的效果。仿真电路图如图 1-36 所示。

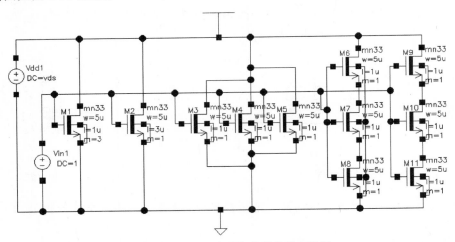

图 1-36　MOS 管并联和串联仿真电路图

1.12.2　仿真波形

仿真波形如图 1-37 所示。

附 Hspice 关键仿真命令：

```
VVdd1 VDD 0 DC vds
VVin1 net0 0 DC 1
```

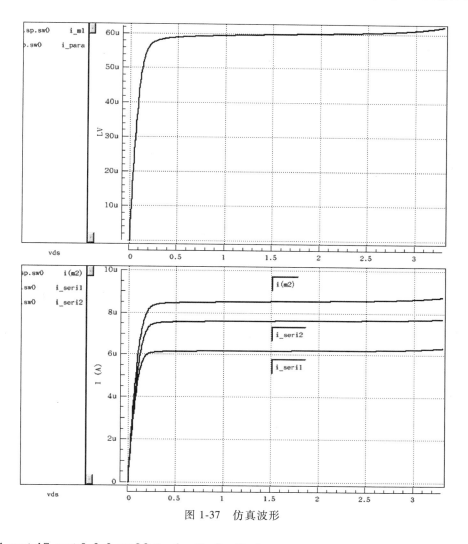

图 1-37 仿真波形

```
m11 net47 net0 0 0 mn33 L=1u W=5u M=1
m10 net43 net0 net47 net47 mn33 L=1u W=5u M=1
m9 VDD net0 net43 net43 mn33 L=1u W=5u M=1
m8 net33 net0 0 0 mn33 L=1u W=5u AD=2.4p M=1
m7 net29 net0 net33 0 mn33 L=1u W=5u M=1
m6 VDD net0 net29 0 mn33 L=1u W=5u M=1
m5 VDD net0 0 0 mn33 L=1u W=5u M=1
m4 VDD net0 0 0 mn33 L=1u W=5u M=1
m3 VDD net0 0 0 mn33 L=1u W=5u M=1
m2 VDD net0 0 0 mn33 L=3u W=5u M=1
m1 VDD net0 0 0 mn33 L=1u W=5u M=3


.lib "/.../spice_model/hm1816m020233rfv12.lib" tt
```

```
.param vds='3.3'
.op
.dc vds 0 3.3 0.01
.temp 27
.probe DC i_m1=par("i(m1)") i_para=par("i(m3)+i(m4)+i(m5)") i(m2) i_
seri1=i(m6) i_seri2=i(m9)
.end
```

1.12.3　互动与思考

请读者改变 MOS 管的尺寸，观察串联和并联的 MOS 管的 I/V 特性的变化。

请读者思考：

1）多个 MOS 管的并联与单个 MOS 管相比，是否存在误差？

2）MOS 管的串联与单个 MOS 管相比，是否有误差？误差产生的原因是什么？

3）由于普通的 CMOS 工艺中 P 型衬底只能接最低电位 GND，即串联的 NMOS 管中必定存在衬底偏置效应。该效应是否让串联器件与期望值有误差？如何校正该误差？双阱工艺实现的 MOS 管串联是否能克服该弊端？

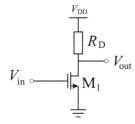

第2章

单管放大器

2.1 电阻负载共源极放大器

2.1.1 特性描述

放大器在具体实现时通常分为两步：①将变化的输入电压信号转化为变化的电流信号；②将该变化的电流信号加载到一个负载阻抗上。如果该负载是电阻，则产生了变化的电压信号，从而实现了电压信号的"放大"。输出电压的变化与输入电压的变化的比值，即为放大器的电压增益。

将变化的输入电压信号转化为变化的电流信号，最简单的方式就是使用 MOS 管。MOS 管能将栅源电压转换为漏源电流信号，因此，由单个 MOS 管可以组成最简单的放大器。

除了 MOS 管的衬底，其他端口与 MOS 管的电流、电压均为强关联关系。MOS 管的源极、漏极、栅极均可以作为输入信号和输出信号的共用端口。由于栅极不利于做输出端，从而由单个 MOS 管可以组成共源极、共栅极、共漏极（即源极跟随）三类放大器。

采用电阻作为负载的共源极放大器，体现了共源极放大器的很多特性，我们从该电路入手来开始基本放大器的分析。图 2-1 中，M_1 为起放大作用的输入 MOS 管，R_D 为负载电阻。R_D 能提供一条从电源到 M_1 的电流通路，还能为输出结点提供一个输出电阻。

下面，让我们来看看 V_{in} 从 0 到 V_{DD} 变化时，M_1 工作状态会如何变化，以及输出电压与输入电压有何联系。

图 2-1 电阻负载的共源极放大器

1）当 $V_{in} < V_{TH}$ 时，M_1 关断，$I_d = 0$，此时有

$$V_{out} = V_{DD} - I_d R_D = V_{DD} \tag{2-1}$$

2）当 $V_{in} > V_{TH}$，而且 $V_{in} < V_{in1}$（当 $V_{in} = V_{in1}$ 时，MOS 管位于饱和区和晶体管区的临界点）时，此时 MOS 管的过驱动电压很小，而漏源电压很大，从而 M_1 工作在饱和区。忽略沟长调制效应，此时有

$$V_{out} = V_{DD} - \frac{\mu_n C_{ox}}{2} \frac{W}{L} (V_{in} - V_{TH})^2 R_D \tag{2-2}$$

式（2-2）表明，一旦 MOS 管导通后，随着输入电压的增加，输出电压迅速降低。

3）随着输入电压的进一步增加，当 $V_{in} - V_{TH} = V_{out}$ 时，M_1 工作在线性区和饱和区的交界处。定义此时的输入电压为 V_{in1}，有

$$V_{in1} - V_{TH} = V_{DD} - \frac{\mu_n C_{ox}}{2} \frac{W}{L} (V_{in1} - V_{TH})^2 R_D \tag{2-3}$$

从式（2-3）可以计算出 V_{in1}，还可以得到该输入电压对应的输出电压 V_{out1}。

4）当 $V_{in} > V_{in1}$ 时，M_1 工作在线性区，基于线性区 MOS 管的 I/V 公式，此时有

$$V_{out} = V_{DD} - \frac{\mu_n C_{ox}}{2} \frac{W}{L} R_D \left[2(V_{in} - V_{TH})V_{out} - V_{out}^2 \right] \tag{2-4}$$

当 M_1 工作在线性区时，V_{GS} 对 I_d 的控制较弱，即输入电压的变化会导致输出电压的变化，但该变化不如 M_1 工作在饱和区时的变化大。因此，我们通常使 M_1 工作在饱和区以获得大的电压增益。

5）进一步增加 V_{in}，如果 V_{in} 足够大，使 M_1 进入深晶体管区（即深线性区）。此时，$V_{out} \ll 2(V_{in} - V_{TH})$，有

$$V_{out} = V_{DD} \frac{R_{on}}{R_{on} + R_D} = \frac{V_{DD}}{1 + \mu_n C_{ox} \dfrac{W}{L} R_D (V_{in} - V_{TH})} \tag{2-5}$$

在深晶体管区，$R_{on} \to 0$，$V_{out} \to 0$。

综上，我们绘制出输入电压在全范围变化时，输出电压的波形如图 2-2 所示。

图 2-2 中的 AB 段为 MOS 管工作在饱和区时的输入输出响应曲线，增益比较明显，对该线段上的某点求导数，可以得到该工作点下的小信号增益。由于 AB 段不是严格意义上的直线，因此在 MOS 管工作在饱和区的范围内，不同工作点上的增益是不同的。这个概念在 2.4 节专门讨论。

尽管对式（2-2）求导可以计算出本节电路的增益，但计算过程略显复杂。计算电路增益最简单的方法是采用小信号等效电路法。当 MOS 管在饱和区下某一个确定的工作状态时（即 MOS 管的 I/V

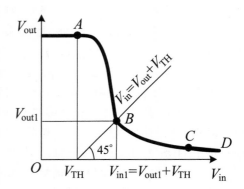

图 2-2 电阻负载共源极
放大器的输入输出特性

特性曲线上选择固定的一点，在放大器电路中通常选饱和区的某一点，这个点叫作 MOS 管的静态工作点），可以用小信号模型来分析电路中变化的信号。

图中所有信号均为小信号，即变化的信号。小信号等效电路是电路分析中一个非常有用的工具，让很多复杂的分析过程简单明了。小信号等效电路绘制原则如下：恒定电压信号短接，恒定电流信号断开，MOS 管用小信号模型代替，电阻不变。这里所说的不变的恒定信号，其实就是大信号，或者叫直流信号。

关于电路中的电信号，这里做一个简单归纳。电路中的电压和电流信号，通常分为两部分，其中一部分是恒定不变的部分，我们称之为直流信号，也称之为偏置信号；另外一部分是变化的部分，我们称之为交流信号。前者也叫大信号，后者也叫小信号。

在一个电路中，当大信号（即 MOS 管的偏置）基本固定后，我们在分析电路特性时其实也只关心其小信号部分。此时，如果采用 MOS 管的 I/V 特性式（1-2）和式（1-3）来分析电路，计算小信号特性就得依靠微分。微分过程稍显烦琐，好在前人已经给出了 MOS 的

小信号模型。利用小信号模型，可以让我们更方便快捷地分析电路的小信号特性。

由第 1 章的器件特性可知，MOS 管最基本的特性是将输入的栅源电压信号，转变为漏源电流信号作为输出。这句话中所说的"信号"，其实是变化的信号部分。输出漏源电流信号的变化，与输入栅源电压信号的变化之比，可以用 MOS 管的跨导 g_m 来表示。这样，就可以推导出 MOS 管最简单、最基本的小信号模型，如图 2-3 所示。图中的 v_{gs} 和 i_d 均为小写字母，表示的是小信号电压和电流。

然而，由于 MOS 管的沟长调制效应，导致工作在饱和区的 MOS 管不能等效为一个理想的电流源，还表现出一定的小信号输出电阻 r_o。因此，MOS 管的小信号模型也需要增加这个小信号输出电阻，如图 2-4 所示。

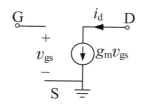

图 2-3 基本的 MOS 管小信号模型

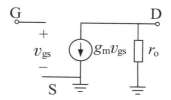

图 2-4 考虑沟长调制效应的
MOS 管小信号模型

MOS 管还存在衬底偏置效应，我们也称之为"背栅效应"，是因为衬底也能像栅极一样，对 MOS 管的电流起到一定的控制作用，只是作用较弱。所以，如果考虑衬底偏置效应，MOS 管的小信号模型还应该增加一个与 $g_m v_{gs}$ 并联的受控电流源支路 $g_{mb} v_{bs}$，如图 2-5 所示。这就构成了 MOS 管完整的低频小信号模型。

因为图 2-5 所示模型中并未考虑信号的频率特性，因此称该小信号模型为低频小信号模型。由于 MOS 管存在诸多寄生电容，电路的工作频率会受到限制。如果考虑 MOS 管的寄生电容，需要使用如图 2-6 所示的完整小信号模型。

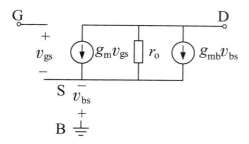

图 2-5 完整的 MOS 管低频小信号模型

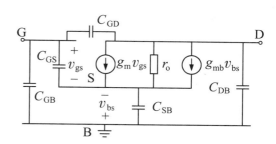

图 2-6 MOS 管完整小信号模型

现在，我们使用 MOS 管的小信号模型来分析电阻负载的共源极放大器的增益。若忽略 MOS 管的沟长调制效应，绘制出电阻负载的共源极放大器的小信号等效电路如图 2-7 所示。

根据小信号等效电路绘制原则，输入信号 V_{in} 只取其小信号部分，用 v_{in} 表示，电压源恒定不变从而接地处理，MOS 管换成小信号模型（假定 MOS 管某直流工作点下的跨导为 g_m），电阻 R_D 不变，从而有

$$v_{out} = -g_m v_{gs} R_D \qquad (2-6)$$

由此得到放大器的小信号增益为

$$A_\mathrm{V} = \frac{v_\mathrm{out}}{v_\mathrm{in}} = -g_\mathrm{m} R_\mathrm{D} \qquad (2\text{-}7)$$

上面的分析中忽略了 MOS 管沟长调制效应的影响。如果考虑沟长调制效应，则 MOS 管的小信号模型中需要增加一个与跨导电流并联的 MOS 小信号电阻 r_o，从而可以得到该电路的小信号增益为

$$A_\mathrm{V} = -g_\mathrm{m}(R_\mathrm{D} /\!/ r_\mathrm{o}) \qquad (2\text{-}8)$$

该分析过程比较简单，此处忽略。

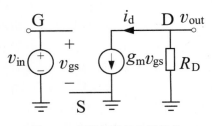

图 2-7　电阻负载的共源极放大器的小信号等效电路

本节仿真电阻负载共源极放大器的大信号特性，即放大器的输入电压大范围变化时的输出响应。仿真电路图如图 2-8 所示。对该放大器的输入输出电压转换曲线求导数，可以得到电路在不同工作点下的小信号增益。仿真中，通常在输出端接一个负载电容，因为放大器通常需要驱动容性负载。

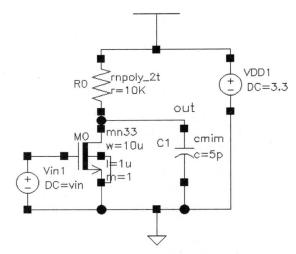

图 2-8　电阻负载共源极放大器的大信号特性仿真电路图

2.1.2　仿真波形

仿真波形如图 2-9 所示。

附 Hspice 关键仿真命令：

```
.SUBCKT rnpoly_2t_0 MINUS PLUS segW=180n segL=5u m=1
…(略)
.ENDS rnpoly_2t_0

VVDD1 VDD 0 DC 3.3
VVin1 net2 0 DC vin
m0 out net2 0 0 mn33 L=1u W=10u M=1
XR0 out VDD rnpoly_2t_0 m=1 segW=180n segL=54.965u
```

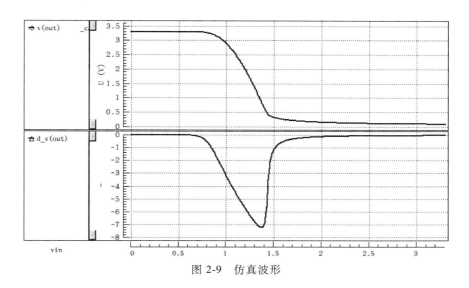

图 2-9 仿真波形

```
XC1 out 0 cmim m=1 w=60u l=83.335u

.lib "/.../spice_model/hm1816m020233rfv12.lib" tt
.lib "/.../spice_model/hm1816m020233rfv12.lib" restypical
.lib "/.../spice_model/hm1816m020233rfv12.lib" captypical
.param vin='1'
.op
.dc vin 0 3.3 0.01
.temp 27
.probe DC v(out)
.end
```

2.1.3 互动与思考

读者可以改变 R_D、W、L，观察输入输出转换曲线以及小信号增益的变化趋势。

请读者思考：

1）如何提高电阻负载共源极放大器的小信号增益？

2）该电路的增益是否可以无限增大？受到何种限制？

3）增益可能小于 1 吗？

4）如果将本节中的电阻负载换成电感，电路是否还能当作放大器使用？电感负载的共源极放大器有何特别的特性？

5）该放大器输入信号的直流电平变化时，小信号增益会变化。读者是否有办法尽可能保证小信号增益的恒定？

6）在不增加功耗的基础上，如何提高放大器增益？这会带来何种后果？

7）输出电压允许工作的区间也叫输出电压范围。请问电阻负载共源极放大器的输出电压范围是多少？

2.2 电流源负载共源极放大器

2.2.1 特性描述

在 CMOS 工艺中很难制作出高精度的电阻，批次之间的电阻值误差甚至高达 ±40%。因此，电阻负载共源极放大器除了在产生一定增益的情况下需要消耗更大的电压余度外，还不易得到精确的增益。

除了电阻之外，还可以用电流源（工作在饱和区的 MOS 管可以近似等效为电流源）来替代电阻，作为共源极放大器的负载。这样构成了如图 2-10 所示的电路，称之为电流源负载共源极放大器。

当一个 MOS 管工作在饱和区时，如果忽略沟长调制效应，则其输出电流与 V_{DS} 无关。输出电流与输出电压无关的器件可以看作是电流源。利用工作在饱和区的 MOS 管构成的电流源，可以作为共源极放大器的负载。

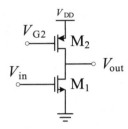

图 2-10　电流源负载
共源极放大器

图 2-10 中，M_1 为输入放大管，M_2 为固定偏置电压的 MOS 管，设置合适的栅源电压和漏源电压，让其工作在饱和区，为放大器提供电流源负载。为保证 M_1 管工作在饱和区，有

$$V_{out} \geq V_{in} - V_{TH} \tag{2-9}$$

为保证 M_2 工作在饱和区，有

$$V_{SD2} \geq V_{SG2} - |V_{THP}| \tag{2-10}$$

$$V_{DD} - V_{out} \geq V_{DD} - V_{G2} - |V_{THP}| \tag{2-11}$$

即

$$V_{out} \leq V_{G2} + |V_{THP}| \tag{2-12}$$

从而，式（2-9）和式（2-12）就给出了输出电压允许工作的范围。假定两个 MOS 管的阈值电压的绝对值（PMOS 管的阈值电压为负）均为 0.7V，在输入输出特性曲线上绘制两式代表的曲线，如图 2-11 所示，这两条线中间的阴影部分即为输出电压允许工作的范围。在该阴影部分内的输入输出曲线部分，才是本电路真正可以正常工作的"工作点"。

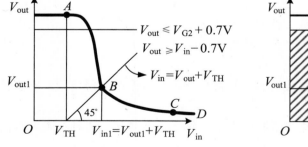
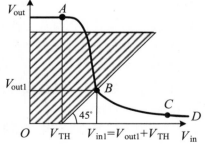

图 2-11　电流源负载共源极放大器的输出电压范围

从式（2-9）还可得知，为了输出电压可以工作在更大的范围，V_{in} 要尽可能低，这通常也决定了输入 MOS 管 M_1 的过驱动电压。

我们可以使用小信号等效电路方法来计算电流源负载共源极放大器的小信号增益。因为 M_2 为工作在饱和区的 PMOS 管，其栅源电压恒定，从而在绘制小信号等效电路时，M_2 可以等效为一个小信号电阻 r_{o2}。电流源负载共源极放大器的小信号等效电路如图 2-12 所示，有

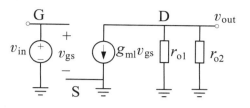

图 2-12 电流源负载共源极
放大器小信号等效电路

$$A_V = -g_{m1}(r_{o1} /\!/ r_{o2}) \tag{2-13}$$

电流源负载的共源极放大器，相对于电阻负载共源极放大器而言，可以在消耗更小电压余度的情况下，依然得到比较可观的电压增益。

电压余度定义为在电路正常工作时，一个器件消耗的电压值，例如 MOS 管的 V_{DS}。比如，一个工作在饱和区用作电流源的 MOS 管，消耗的电压余度为过驱动电压，因为 MOS 管工作在饱和区的前提是 $V_{DS} \geqslant V_{GS} - V_{TH}$。

该电路最大的问题在于输出点的直流电平并不确定。当电路的器件尺寸或者直流偏置出现偏差时，输出结点的直流电平将在很大范围变化。具体原因可以参考 3.8 节，原理是类似的。因此，该电路无法独立工作。为了确保输出结点的直流电平是确定值，可以再并联一个二极管负载（见 2.3 节），或者采用反馈环路，来固定该点的直流电平。

本节将仿真电流源负载共源极放大器的大信号特性，即输入输出特性。对该曲线求导，即可得到各工作点下的小信号增益。仿真电路图如图 2-13 所示。

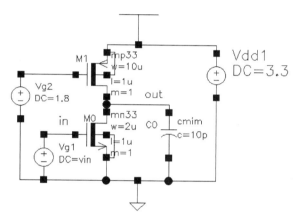

图 2-13 电流源负载共源极放大器大信号特性仿真电路图

2.2.2 仿真波形

仿真波形如图 2-14 所示。
附 Hspice 关键仿真命令：

```
VVdd1 VDD 0 DC 3.3
VVg2 net3 0 DC 1.8
VVg1 in 0 DC vin
m0 out in 0 0 mn33 L=1u W=2u M=1
m1 out net3 VDD VDD mp33 L=1u W=10u M=1
XC0 out 0 cmim m=1 w=60u l=166.67u

.lib "/.../spice_model/hm1816m020233rfv12.lib" tt
.lib "/.../spice_model/hm1816m020233rfv12.lib" captypical
.param vin='1'
```

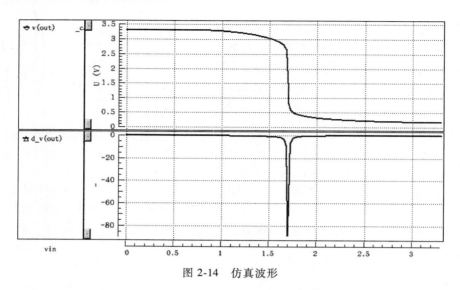

图 2-14　仿真波形

```
.op
.dc vin 0 3.3 0.01
.temp 27
.probe DC v(out)
.end
```

2.2.3　互动与思考

读者可以通过改变两个 MOS 管的 W/L 以及 V_{G2} 来观察增益、转换特性、输出电压范围的变化。

请读者思考：

1）在保证所有 MOS 管均工作在饱和区的基础上，如何提高输出电压的变化范围？

2）如果将负载 PMOS 管换成 NMOS 管，结果又有哪些变化？哪种电路更好？

3）改变 M_1 的尺寸和改变 M_2 的尺寸，哪种对增益的影响更剧烈？

4）电流源负载的共源极放大器的输出结点的直流电平是确定的吗？如果负载电流源的偏置出现偏差（即在忽略沟长调制效应的情况下，放大管 M_1 和负载管 M_2 的偏置电压出现一点偏差，导致两管电流出现不相同的趋势），使得负载电流与 MOS 管电流出现少许差异，会出现什么现象？

5）与电阻负载的共源极放大器相比，电流源负载的共源极放大器有何优点和缺点？

6）从仿真结果上，我们发现该电路只能在输入电压非常窄的范围内才具有可观的放大功能。电路在实际工作中如何能保证输入信号正好位于有效放大的区间？

2.3　二极管连接 MOS 管负载的共源极放大器

2.3.1　特性描述

图 2-15 所示电路中，将 M_2 的栅极和漏极短接（这种连接方式的 MOS 管具有类似于二

极管的特性，我们称这种连接方式为"二极管连接"），作为负载接在共源极放大器电路中。

我们首先来分析 M_2 的作用。图中 M_2 的栅极和漏极短接，$V_{GS} = V_{DS}$，MOS 管一旦导通则必定工作在饱和区（请读者思考原因）。工作在饱和区的 MOS 管可以看作一个有限输出电阻的电流源，完全可以作为共源极的负载接在电路中。为了使用电阻负载共源极放大器的相关结论，下面我们计算从 M_2 源极看进去的小信号电阻，绘制小信号电路图如图 2-16 所示。

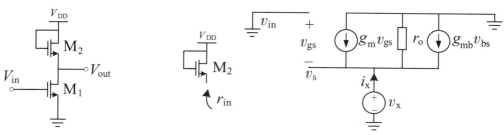

图 2-15　二极管连接
负载的共源极放大器

图 2-16　二极管负载的输入阻抗计算电路

基于结点电流公式，并设 $r_o = 1/g_{ds}$，有

$$
\begin{aligned}
i_x &= -g_m v_{gs} - g_{mb} v_{bs} + v_s g_{ds} \\
&= g_m v_s + g_{mb} v_s + g_{ds} v_s \\
&= (g_m + g_{mb} + g_{ds}) v_s
\end{aligned}
\tag{2-14}
$$

M_2 的小信号电导为

$$
g_{in} = \frac{i_x}{v_x} = g_m + g_{mb} + g_{ds}
\tag{2-15}
$$

或者，电阻是

$$
r_{in} = \frac{1}{g_{in}} = \frac{1}{g_m + g_{mb} + g_{ds}} \approx \frac{1}{g_m + g_{mb}}
\tag{2-16}
$$

式（2-16）中，假定 $g_m \gg g_{ds}$。此时，二极管连接的 MOS 管可以看作一个电阻负载。根据电阻负载共源极放大器的增益表达式，可直接得到二极管负载的共源极放大器的小信号增益为

$$
A_V = -g_{m1} \frac{1}{g_{m2} + g_{mb2}} = -\frac{g_{m1}}{g_{m2}} \cdot \frac{1}{1 + \eta}
\tag{2-17}
$$

由跨导表达式，而且，流过 M_1 和 M_2 的电流相同，该式等效变换为

$$
A_V = -\sqrt{\frac{\left(\dfrac{W}{L}\right)_1}{\left(\dfrac{W}{L}\right)_2} \frac{1}{1 + \eta}}
\tag{2-18}
$$

式（2-18）揭示了该电路一个非常有趣的特性：如果忽略 M_2 的衬底偏置效应，则该电路的增益与偏置电压或电流无关。即当所有 MOS 管工作在饱和区后，无论输入和输出电压如何变化，该放大器的增益保持不变，这表明该放大器具有很高的增益线性度。

将负载的 NMOS 管换为 PMOS 管，构成图 2-17 所示的二极管连接方式，电路将不再受

衬底偏置效应的影响。

对于图 2-17 中的无衬底偏置效应的二极管负载共源极放大器，有

$$I_{D1} = I_{D2} \tag{2-19}$$

$$\mu_n \left(\frac{W}{L} \right)_1 (V_{GS1} - V_{TH1})^2 = \mu_p \left(\frac{W}{L} \right)_2 (V_{GS2} - V_{TH2})^2 \tag{2-20}$$

$$\sqrt{\frac{\mu_n (W/L)_1}{\mu_p (W/L)_2}} = \frac{|V_{GS2} - V_{TH2}|}{V_{GS1} - V_{TH1}} \tag{2-21}$$

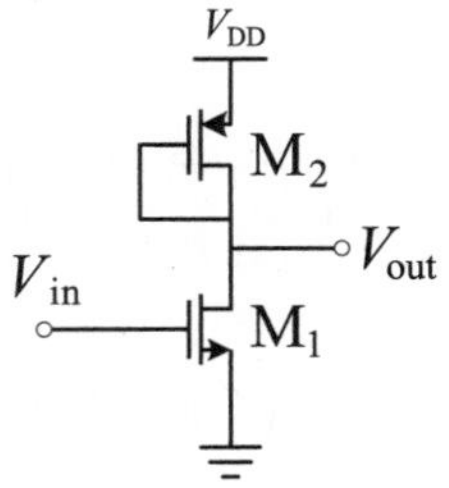

从而，可以求出该放大器的电压增益为

$$A_V = \frac{\partial V_{GS2}}{\partial V_{GS1}} = \sqrt{\frac{\mu_n (W/L)_1}{\mu_p (W/L)_2}} = \frac{|V_{GS2} - V_{TH2}|}{V_{GS1} - V_{TH1}} \tag{2-22}$$

图 2-17 无衬底偏置
效应的二极管负
载共源极放大器

基于上述推导，我们来分析一下采用二极管连接负载的共源极的优势和劣势。

二极管连接负载共源极放大器的最突出优势是线性度高，增益是器件尺寸的弱函数。因为该增益只与工艺参数和器件尺寸有关。当输入信号的直流电平变化时，信号输入 MOS 管的直流工作点会变化，但该放大器依然能保持恒定的增益，不随偏置电流和电压而变化（前提是 M_1 工作在饱和区）。也就是说，输入和输出的函数是线性的。

二极管连接负载共源极也存在两个不容忽视的劣势：

1）高增益要求"强"的输入器件和"弱"的负载器件，造成晶体管的沟道宽度或沟道长度过大而不均衡。

例如，为了达到 10 倍的增益，则要求 $\frac{\mu_n (W/L)}{\mu_p (W/L)_2} = 100$，必然要求有非常大的器件尺寸比，头重脚轻的电路必然存在不均衡和失配的问题。

2）由式（2-22）可知，增益也是负载管和输入管的过驱动电压之比，高的增益就要求高的负载管过驱动电压，这将严重限制输出电压摆幅（摆幅定义为在保证电路正常工作时，最高输出电压和最低输出电压的差值）。

例如，为了达到 10 倍的增益，由式（2-22）可知 $\frac{|V_{GS2} - V_{TH2}|}{V_{GS1} - V_{TH1}} = 10$，即使 $V_{GS1} - V_{TH1}$ 低至 0.1V，也要求 $|V_{GS2} - V_{TH2}| = 1V$，从而 $|V_{DS2}| > 1V$，这严重限制了 V_{out} 的工作范围。

本节将仿真二极管负载共源极放大器的输入输出特性，并通过微分计算小信号增益特性。仿真电路图如图 2-18 所示。

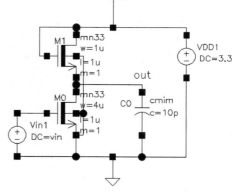

图 2-18 二极管负载共源极放大器仿真电路图

2.3.2 仿真波形

仿真波形如图 2-19 所示。

附 Hspice 关键仿真命令：

```
VVDD1 VDD 0 DC 3.3
VVin1 net9 0 DC vin
m1 VDD VDD out 0 mn33 L=1u W=1u M=1
```

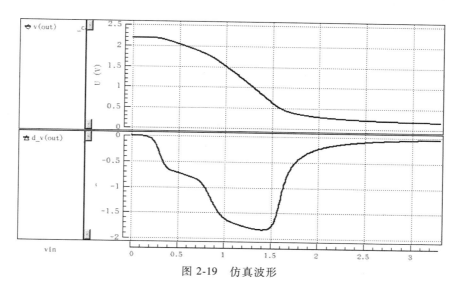

图 2-19　仿真波形

```
m0 out net9 0 0 mn33 L=1u W=4u M=1
XC0 out 0 cmim m=1 w=60u l=166.67u


.lib "/.../spice_model/hm1816m020233rfv12.lib" tt
.lib "/.../spice_model/hm1816m020233rfv12.lib" captypical
.param vin='1'
.op
.dc vin 0 3.3 0.01
.temp 27
.probe DC v(out)
.end
```

2.3.3　互动与思考

读者可以通过改变两个 MOS 管的 W/L 来观察增益、输入输出特性的变化。

请读者思考：

1）如果将负载的 NMOS 管换成 PMOS 管，结果有哪些变化？

2）基于这个特定的电路结构，如何通过改变器件尺寸来提高电路的小信号增益？

3）由于增益之比等于过驱动电压之比，增益不可能做大，那么这种电路存在的价值是什么？

4）在相对正常的情况下，请尝试设计更大增益的二极管负载共源极放大器。

2.4　共源极放大器的线性度

2.4.1　特性描述

如果一个电路的输入信号变化时，其输出相对于输入的增益恒定不变，则我们说该（放大器）电路是线性的。如果输出信号为 $y(t)$，输入信号为 $x(t)$，则其表达式为

$$y(t) = \alpha_1 x(t) \tag{2-23}$$

式中，α_1 为输出相对于输入的小信号增益。线性放大器中，α_1 为恒定值。

然而，现实中难以设计并制造出这样的理想线性放大器，电路中经常出现非线性的特性。图 2-20 显示了理想的线性特性和实际的非线性特性的差异。理想波形的斜率在很大范围内是固定值，而实际波形的斜率只在非常小的范围内是固定值。

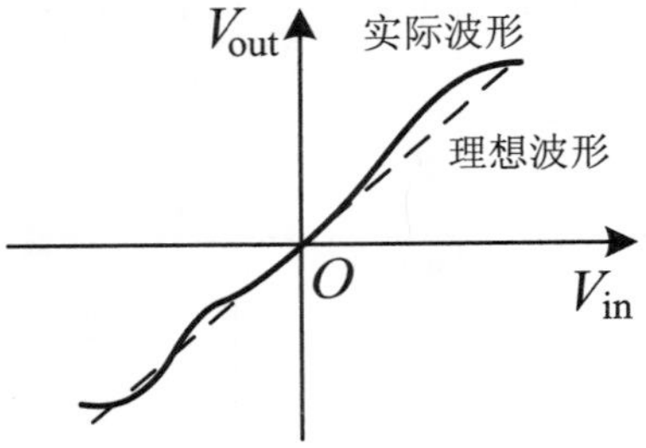

实际放大器的传递函数可以表示为

$$y(t) = \alpha_1 x(t) + \alpha_2 x^2(t) + \alpha_3 x^3(t) + \cdots \tag{2-24}$$

式（2-24）其实是在我们关心的信号范围内的泰勒展开。高阶项表明了传递函数的非线性。

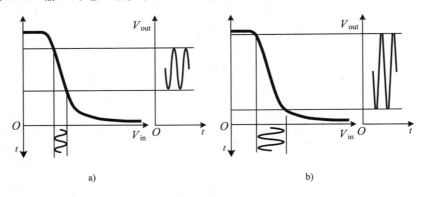

图 2-20　非线性系统的输入输出特性

放大器出现式（2-24）所示的非线性的原因很多。其中一个原因是输入信号的幅值不是足够小。图 2-21 给出了电阻负载共源极放大器的输入输出特性曲线。图 2-21a 输入的电压幅值较小，图 2-21b 输入的电压幅值较大。可见，后者的输出曲线存在较大的非线性失真。

a)　　　　　　　　　　　　　　　　b)

图 2-21　共源极放大器中的非线性失真

出现非线性的第二个原因是，在图 2-21 的输入输出传输关系曲线不是严格意义上的直线。从而，随着输入信号直流工作点的偏移，该点的斜率也随之出现变化，这带来了增益的不恒定。

提高放大器线性度的一种简易方法是采用二极管连接方式的 MOS 管，作为共源极放大器的负载。图 2-22 中的二极管负载共源极放大器，其增益为

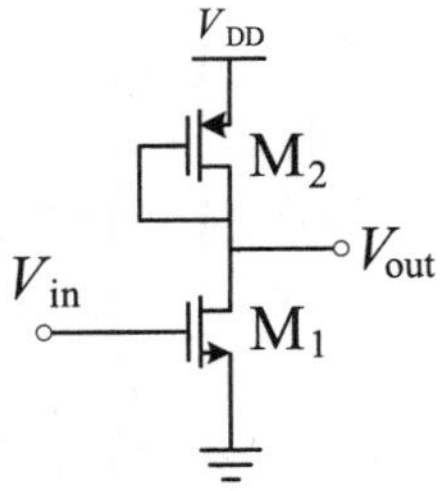

$$A_V = -\sqrt{\frac{\mu_n (W/L)_1}{\mu_p (W/L)_2}} \tag{2-25}$$

图 2-22　二极管连接
负载共源极放大器

该增益是恒定值，与电路输入信号的交流电平和直流电平均无关。因此，该电路具有很好的线性度。当然，该良好线性度是有前提的，即电路中所有 MOS 管都工作在饱和区。如果 M_1 离开饱和区，则式（2-25）不再成立。

本节将仿真电阻负载和二极管负载的两种共源极放大器的增益，从而比较两种放大器在线性度方面的差异情况。仿真电路图如图 2-23 所示。

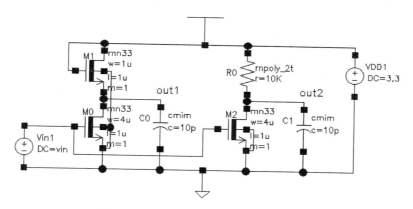

图 2-23　共源极放大器线性度仿真电路图

2.4.2　仿真波形

仿真波形如图 2-24 所示。

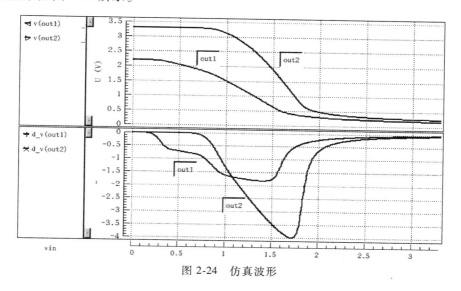

图 2-24　仿真波形

附 Hspice 关键仿真命令：

.SUBCKT rnpoly_2t_0 MINUS PLUS segW=180n segL=5u m=1

…（略）

.ENDS rnpoly_2t_0

VVDD1 VDD 0 DC 3.3

VVin1 net4 0 DC vin

m0 out1 net4 0 0 mn33 L=1u W=4u M=1

m1 VDD VDD out1 0 mn33 L=1u W=1u M=1

m2 out2 net4 0 0 mn33 L=1u W=4u M=1

```
XR0 out2 VDD rnpoly_2t_0 m=1 segW=180n segL=54.965u
XC0 out1 0 cmim m=1 w=60u l=166.67u
XC1 out2 0 cmim m=1 w=60u l=166.67u

.lib "/.../spice_model/hm1816m020233rfv12.lib" tt
.lib "/.../spice_model/hm1816m020233rfv12.lib" captypical
.lib "/.../spice_model/hm1816m020233rfv12.lib" restypical
.param vin='1'
.op
.dc vin 0 3.3 0.01
.temp 27
.probe DC v(out1) v(out2)
.end
```

2.4.3 互动与思考

读者可以自行改变 MOS 管 W/L、R_D，观察上述仿真波形变化情况。

请读者思考：

1）本节的两种电路，哪种电路的增益线性度高？如何从仿真波形上看出线性度好坏？

2）为了更加直观地观察非线性失真，读者可以将输入波形更改为直流偏置叠加正弦波，通过瞬态仿真观察输出波形的失真情况。请问这种瞬态仿真能否客观评价电路增益的线性度？

2.5 带源极负反馈的共源极放大器

2.5.1 特性描述

图 2-25 中，在 M_1 的源极接一个电阻 R_S 到地，随着输入电压 V_{in} 的增加，流过 M_1 的电流也增加，同样在 R_S 上的压降也会增加。也就是说，输入电压的一部分出现在电阻 R_S 上而不是全部加在 M_1 的栅源两端，从而导致 I_D 的变化变得平滑。电阻 R_S 在此处表现出负反馈的类似特性，因此称图 2-25 所示电路为"带源极负反馈的共源极放大器"。相对于普通共源极放大器，带源极负反馈的共源极放大器具有更好的增益线性度。

本节将分别仿真带源极负反馈的放大器和不带源极负反馈的放大器，从而比较这两个电路的增益线性度。仿真电路图如图 2-26 所示。

2.5.2 仿真波形

仿真波形如图 2-27 所示。

附 Hspice 关键仿真命令：

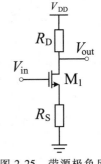

图 2-25 带源极负反馈的共源极放大器

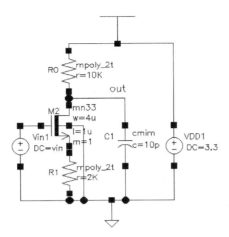

图 2-26 关于源极负反馈特性的仿真电路图

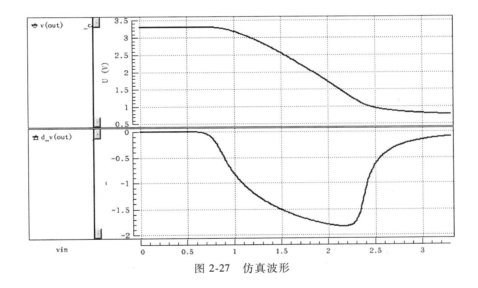

图 2-27 仿真波形

.SUBCKT rnpoly_2t_0 MINUS PLUS segW=180n segL=5u m=1

…（略）

.ENDS rnpoly_2t_0

.SUBCKT rnpoly_2t_1 MINUS PLUS segW=180n segL=5u m=1

…（略）

.ENDS rnpoly_2t_1

VVDD1 VDD 0 DC 3.3

VVin1 net0 0 DC vin

m2 out net0 net2 0 mn33 L=1u W=4u M=1

XR1 0 net2 rnpoly_2t_0 m=1 segW=180n segL=32.98u

XR0 out VDD rnpoly_2t_1 m=1 segW=180n segL=54.965u

```
XC1 out 0 cmim m=1 w=60u l=166.67u

.lib "/.../spice_model/hm1816m020233rfv12.lib" tt
.lib "/.../spice_model/hm1816m020233rfv12.lib" restypical
.lib "/.../spice_model/hm1816m020233rfv12.lib" captypical
.param vin='1'
.op
.dc vin 0 3.3 0.01
.temp 27
.probe DC v(out)
.end
```

2.5.3　互动与思考

读者可以自行改变 R_D、R_S、W/L，观察 V_{out} 和 V_{in} 关系曲线的变化，观察 A_V 的变化，比较两类放大器的增益线性度。

请读者思考：

1）从上面的仿真中，发现源极负反馈共源极放大器的线性度的确改善很多，但增益下降很多。是否有办法能在保证足够线性度的前提下，尽可能提高增益？

2）MOS 管的 W/L 对增益和线性度有何影响？

3）R_S 对增益和线性度有何影响？

2.6　源极负反馈共源极放大器的跨导

2.6.1　特性描述

在计算小信号增益时，我们很希望能直接使用电阻负载共源极放大器的相关结论。让我们回顾一下电阻负载的共源极放大器小信号增益，为 MOS 管跨导与输出结点负载电阻的乘积，即

$$A_V = \frac{v_{out}}{v_{in}} = -g_m R_D \tag{2-26}$$

在本节中，我们可以求出输出结点的电流变化量与输入电压变化量的比值，并将该比值定义为 MOS 管和源极负反馈电阻共同组成的电路的跨导 G_m。只需求出该 G_m，就可以轻松计算出该电路的小信号增益。考虑 MOS 管的沟长调制效应，其 I/V 特性为

$$I_D \approx \frac{\mu_n C_{ox}}{2} \frac{W}{L} (V_{GS} - V_{TH})^2 (1 + \lambda V_{DS}) \tag{2-27}$$

式（2-27）表明，MOS 管的漏源电流与输入 V_{GS} 是平方律关系。对于源极负反馈的共源极放大器，其输出电流为

$$I_D \approx \frac{\mu_n C_{ox}}{2} \frac{W}{L} (V_{in} - I_D R_S - V_{TH})^2 (1 + \lambda V_{DS}) \tag{2-28}$$

读者可以计算出 I_D 关于 V_{in} 的关系式。在一定程度上，发现 I_D 与 V_{in} 呈线性关系，定义该比值为源极负反馈的共源极放大器的跨导 G_m，经过复杂的计算可以得到

$$G_m = \frac{g_m}{R_S(g_m + g_{mb} + g_{ds}) + 1} \tag{2-29}$$

源极负反馈电路中，由于负反馈的作用，MOS 管的过驱动电压相对恒定。而 MOS 管的跨导 $g_m = 2I_D/V_{OD}$，随着 V_{in} 增加，I_D 也增加，导致 g_m 也跟着增加。当 V_{in} 很大时，g_m 也很大，另外，若忽略 MOS 管的沟长调制效应和体效应，则 G_m 接近于 $1/R_S$。最终，当 V_{in} 很大时，达到近似于恒定的跨导。

上述基于大信号模型的推导过程比较复杂。下面采用小信号模型，绘制如图 2-28 所示的电路来计算 G_m。

若忽略沟长调制效应和衬底偏置效应，有

$$v_p = g_m v_{gs} R_S \tag{2-30}$$

$$v_{in} = v_{gs} + v_p \tag{2-31}$$

$$v_{gs} = \frac{v_{in}}{1 + g_m R_S} \tag{2-32}$$

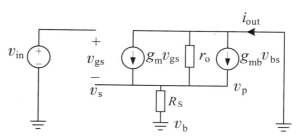

图 2-28　用于计算源极负反馈电路 G_m 的小信号等效电路

从而得到该电路的等效跨导为

$$G_m = \frac{g_m v_{gs}}{v_{in}} = \frac{g_m}{1 + g_m R_S} \tag{2-33}$$

得到图 2-28 所示电路的增益为

$$A_V = -G_m R_D = -\frac{g_m R_D}{1 + g_m R_S} \tag{2-34}$$

式（2-34）中，若 $g_m R_S \gg 1$，则 $A_V \approx -\dfrac{R_D}{R_S}$。可见，当 $g_m R_S$ 的值比较可观时，电路的增益是与外界因素无关的恒定值。

如果考虑 MOS 管的沟长调制效应和衬底偏置效应，即不忽略 λ 和 γ，得到源极负反馈电路的跨导为

$$G_m = \frac{i_{out}}{v_{in}} = \frac{g_m}{R_S(g_m + g_{mb} + g_{ds}) + 1} \tag{2-35}$$

求得源极负反馈电路的输出电阻为

$$r_{out} = [1 + (g_m + g_{mb}) r_o] R_s + r_o \tag{2-36}$$

我们注意到：源极负反馈电路的输出电阻比没有负反馈的电路要大，但跨导比没有负反馈的电路要小。

最终，求得电路的增益为

$$A_V = -G_m (R_D /\!/ r_{out}) \tag{2-37}$$

$$A_V = -\{[1+(g_m+g_{mb})r_o]R_S+r_o\} /\!/ R_D \cdot$$

$$\frac{g_m}{R_S(g_m+g_{mb}+g_{ds})+1} \qquad (2\text{-}38)$$

式（2-38）虽然复杂，但仔细观察发现，A_V 也是 g_m 的弱函数。从而，相对于普通共源极放大器而言，带源极负反馈的共源极放大器具有更好的线性度。

本节将仿真有无源极负反馈两种情况下共源极电路的跨导，仿真电路图如图 2-29 所示。

2.6.2　仿真波形

仿真波形如图 2-30 所示。

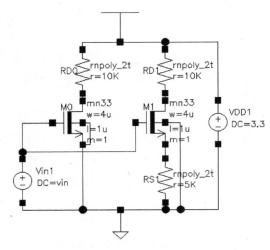

图 2-29　源极负反馈电路的跨导仿真电路图

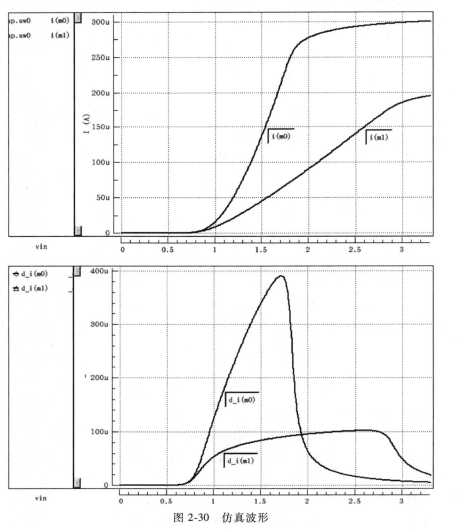

图 2-30　仿真波形

由图 2-30 可知，电阻负载共源极放大器的 V_{in} 超过 1.6V 之后，器件离开饱和区，跨导急剧下降。

附 Hspice 关键仿真命令：

```
.SUBCKT rnpoly_2t_0 MINUS PLUS segW=180n segL=5u m=1
…（略）
.ENDS rnpoly_2t_0
.SUBCKT rnpoly_2t_1 MINUS PLUS segW=180n segL=5u m=1
…（略）
.ENDS rnpoly_2t_1

VVDD1 VDD 0 DC 3.3
VVin1 net1 0 DC vin
m0 net7 net1 0 0 mn33 L=1u W=4u M=1
m1 net0 net1 net13 0 mn33 L=1u W=4u M=1
XRD1 net0 VDD rnpoly_2t_0 m=1 segW=180n segL=54.965u
XRD0 net7 VDD rnpoly_2t_0 m=1 segW=180n segL=54.965u
XRS1 0 net13 rnpoly_2t_1 m=1 segW=180n segL=54.965u

.lib "/.../spice_model/hm1816m020233rfv12.lib" tt
.lib "/.../spice_model/hm1816m020233rfv12.lib" restypical
.param vin='1'
.op
.dc vin 0 3.3 0.01
.temp 27
.probe DC i(m0) i(m1)
.end
```

2.6.3 互动与思考

读者可以通过改变 R_S、W/L，观察波形变化。

请读者思考：

1）如何让 G_m 在更大的范围内接近恒定值？

2）增加了源极负反馈电阻后，放大器的线性度有较大改善，但代价是降低了增益。能否在电路结构不变的情况下，保留线性度的同时能增大放大器增益呢？请通过仿真验证你的想法。

2.7 电阻负载共源极放大器的 PSRR

2.7.1 特性描述

集成电路工作的环境往往比较复杂，其电源和地线上均可以存在高频噪声或者干扰。这些高频信号会对放大器的正常工作带来影响。为此，定义电源抑制比来衡量电源高频噪声对电路带来的危害。

放大器的电源抑制比（PSRR）定义为：放大器从输入到输出的增益，除以从电源到输出的增益。此处的电源既包括 V_{DD}，也包括 GND 或者 V_{SS}。因此，我们需定义两个电源抑制比，分别代表正电源的电源抑制比和负电源的电源抑制比，即

$$PSRR^+ = \frac{A_V}{A^+} \tag{2-39}$$

$$PSRR^- = \frac{A_V}{A^-} \tag{2-40}$$

式中，A^+ 和 A^- 分别代表正电源和负电源到输出端的小信号增益；A_V 代表放大器本身的小信号增益。

对于如图 2-31 所示的电阻负载共源极放大器，其小信号增益为

$$A_V = -g_m(r_o /\!/ R_D) \tag{2-41}$$

计算 V_{SS} 到输出的增益 A^- 时，输入信号为 V_{SS} 上的噪声小信号，其他输入均不加载信号，即输入端接地。绘制小信号等效电路图如图 2-32 所示。计算可知负电源增益为

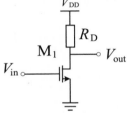

图 2-31 电阻负载的共源极放大器

图 2-32 输入信号不受 V_{SS} 影响时计算 A^- 的小信号等效电路图

$$A^- = \frac{R_D}{r_o + R_D}(g_m r_o + 1) \tag{2-42}$$

从而有

$$PSRR^- = \frac{A_V}{A^-} \approx 1 \tag{2-43}$$

显然，这是一个非常糟糕的结果。因为，输入是恒定偏置，而 GND 上的噪声将通过 M1 的源极向漏极传递，此时的电路工作状态类似于一个共栅极放大器。

然而，更真实的工作情况是：我们无法保证 V_{in} 不受 GND 噪声的影响。作为输入信号的 V_{in}，包括一个直流偏置和一个变化的小信号。也就是说，直流部分是在 GND 上叠加一个直流电平。在做小信号分析时，将改直流部分为短路，得到如图 2-33 所示的小信号等效电路。可见，GND 上的噪声也将传递到 V_{in} 上。

这种考虑加以引申：在计算 V_{SS} 到输出的增益 A^- 时，应该考虑到，所有与 V_{SS} 相连，或者以 V_{SS} 为参考

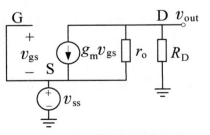

图 2-33 输入信号受 V_{SS} 影响时计算 A^- 的小信号等效电路图

的信号（也称该偏置电压信号是"V_{SS}电源域"的信号），都存在V_{SS}上的小信号噪声。考虑输入信号也受V_{SS}影响情况下的V_{SS}噪声增益为

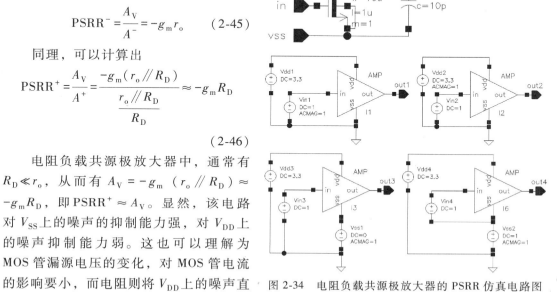

$$A^- = \frac{R_D}{r_o + R_D} \qquad (2\text{-}44)$$

从而有

$$PSRR^- = \frac{A_V}{A^-} = -g_m r_o \qquad (2\text{-}45)$$

同理，可以计算出

$$PSRR^+ = \frac{A_V}{A^+} = \frac{-g_m(r_o /\!/ R_D)}{\dfrac{r_o /\!/ R_D}{R_D}} \approx -g_m R_D$$

$$(2\text{-}46)$$

电阻负载共源极放大器中，通常有$R_D \ll r_o$，从而有$A_V = -g_m(r_o /\!/ R_D) \approx -g_m R_D$，即$PSRR^+ \approx A_V$。显然，该电路对$V_{SS}$上的噪声的抑制能力强，对$V_{DD}$上的噪声抑制能力弱。这也可以理解为MOS管漏源电压的变化，对MOS管电流的影响要小，而电阻则将V_{DD}上的噪声直接传输到了输出结点上。

图 2-34 电阻负载共源极放大器的 PSRR 仿真电路图

本节将仿真电阻负载共源极放大器的正负电源抑制比。仿真电路图如图 2-34 所示。

2.7.2 仿真波形

仿真波形如图 2-35 所示。

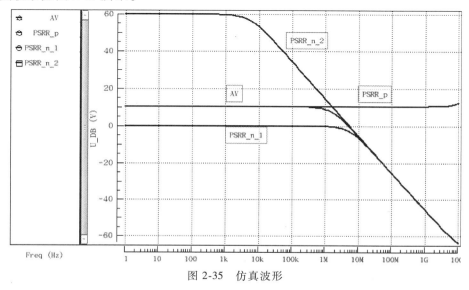

图 2-35 仿真波形

附 Hspice 关键仿真命令：

```
.SUBCKT rnpoly_2t_0 MINUS PLUS segW=180n segL=5u m=1
…（略）
.ENDS rnpoly_2t_0
.SUBCKT AMP in out vdd vss
m0 out in vss vss mn33 L=1u W=10u M=1
XR0 out vdd rnpoly_2t_0 m=1 segW=180n segL=54.965u
XC1 out vss cmim m=1 w=60u l=166.67u
.ENDS AMP


XI1 net 5 out1 net2 0 AMP
VVdd1 net2 0 DC 3.3
VVin1 net5 0 DC 1 AC 1
XI2 net13 out2 net8 0 AMP
VVdd2 net8 0 DC 3.3 AC 1
VVin2 net13 0 DC 1
XI3 net17 out3 net15 net4 AMP
VVdd3 net15 0 DC 3.3
VVin3 net17 0 DC 1
VVss1 net4 0 DC 0 AC 1
XI6 net0 out4 net3 net12 AMP
VVdd4 net3 0 DC 3.3
VVin4 net0 net12 DC 1
VVss2 net12 0 DC 1 AC 1
.lib "/.../spice_model/hm1816m020233rfv12.lib" tt
.lib "/.../spice_model/hm1816m020233rfv12.lib" restypical
.lib "/.../spice_model/hm1816m020233rfv12.lib" captypical
.ac dec 10 1 10G
.temp 27
.probe AC AV=vdb(out1) PSRR_p=par("vdb(out1)-vdb(out2)")
.Probe AC PSRR_n_1=par("vdb(out1)-vdb(out3)") PSRR_n_2=par("vdb(out1)-vdb(out4)")
.end
```

2.7.3 互动与思考

读者可以自行改变 MOS 管的 W、L、R_D 等参数，观察两个电源抑制比是否有变化。

请读者思考：

1）读者还可以让该电路驱动容性负载，观察电源抑制比的变化趋势。请问如何提高本节电路的电源抑制比？

2） 在计算 GND 到输出的增益时，为什么将放大器的输入端接小信号 v_{SS}？在仿真 A^- 或者 A^+ 时，放大器的输入端 V_{in} 应该分别如何设置？

2.8 电流源负载共源极放大器的 PSRR

2.8.1 特性描述

对于图 2-36a 所示的电流源负载的共源极放大器，其小信号增益为

$$A_V = -g_{\mathrm{m1}}(r_{\mathrm{o1}} /\!/ r_{\mathrm{o2}}) \tag{2-47}$$

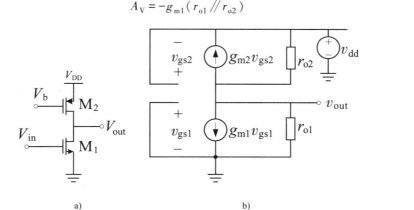

图 2-36 电流源负载的共源极放大器及计算 A^+ 的小信号等效电路

为了计算 A^+，绘制图 2-36b 所示的小信号电路。注意，为了考虑 V_{DD} 上的噪声对电路影响最真实的情况，凡是与 V_{DD} 有关或者以 V_{DD} 为参考的信号，都需要考虑 V_{DD} 上的噪声信号 v_{dd}。图 2-36b 的负载管 M_2 的栅极信号 V_{b} 是以 V_{DD} 为参考的恒定偏置信号，在分析 V_{DD} 的噪声时也要考虑最恶劣的情况，即电压 V_{DD} 上的噪声毫无衰减地传递到 V_{b} 上。从而，可以求出两个电源抑制比分别为

$$\mathrm{PSRR}^- = \frac{A_V}{A^-} \approx -\frac{g_{\mathrm{m1}}(r_{\mathrm{o1}} /\!/ r_{\mathrm{o2}})(r_{\mathrm{o1}} + r_{\mathrm{o2}})}{r_{\mathrm{o2}}} = -g_{\mathrm{m1}} r_{\mathrm{o1}} \tag{2-48}$$

$$\mathrm{PSRR}^+ = \frac{A_V}{A^-} \approx -\frac{g_{\mathrm{m1}}(r_{\mathrm{o1}} /\!/ r_{\mathrm{o2}})(r_{\mathrm{o1}} + r_{\mathrm{o2}})}{r_{\mathrm{o2}}} = -g_{\mathrm{m1}} r_{\mathrm{o2}} \tag{2-49}$$

可见，相对于电阻负载的共源极放大器而言，电流源负载的共源极放大器，其正电源抑制要强许多。

为便于读者更好地理解 PSRR 的计算方法，现汇总出计算 PSRR 的原则如下：

1） 既要考虑电源的噪声，也要考虑 GND 的噪声。

2） 凡是以 V_{DD}（或者 GND）为参考的信号，或者叫与 V_{DD}（或者 GND）是相同"电源域"的信号，在做 PSRR 计算和仿真时，均需加载 v_{dd}（或者 v_{SS}）的小信号输入。

本节将仿真电流源负载共源极放大器的正负电源抑制比，仿真电路图如图 2-37 所示。

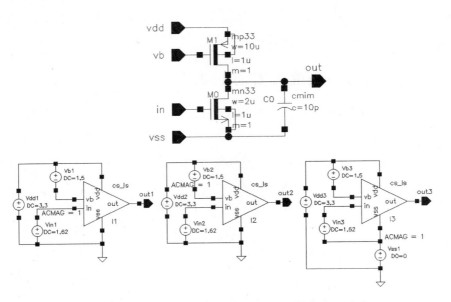

图 2-37　电流源负载共源极放大器的 PSRR 仿真电路图

2.8.2　仿真波形

仿真波形如图 2-38 所示。

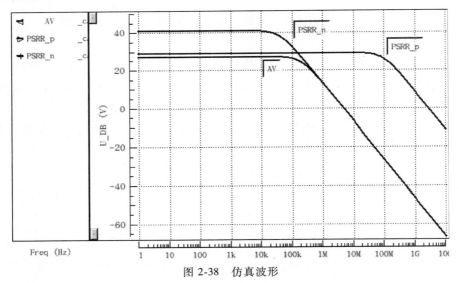

图 2-38　仿真波形

附 Hspice 关键仿真命令：

```
.SUBCKT cs_ls in vb out vdd vss
m0 out in vss vss mn33 L=1u W=2u M=1
m1 out vb vdd vdd mp33 L=1u W=10u M=1
XC0 out vss cmim m=1 w=60u l=166.67u
.ENDS cs_ls
```

```
VVb3 net15 net26 DC 1.5

VVb2 net25 net12 DC 1.5

VVb1 net2 net22 DC 1.5

VVdd3 net15 0 DC 3.3

VVdd2 net25 0 DC 3.3 AC 1

VVdd1 net2 0 DC 3.3

VVin3 net17 net19 DC 1.62

VVin2 net13 0 DC 1.62

VVin1 net4 0 DC 1.62 AC 1

VVss1 net19 0 DC 0 AC 1

XI3 net17 net26 out3 net15 net19 cs_ls

XI2 net13 net12 out2 net25 0 cs_ls

XI1 net4 net22 out1 net2 0 cs_ls


.lib "/.../spice_model/hm1816m020233rfv12.lib" tt

.lib "/.../spice_model/hm1816m020233rfv12.lib" captypical

.ac dec 10 1 10G

.temp 27

.probe AC AV=vdb(out1) PSRR_p=par("vdb(out1)-vdb(out2)") PSRR_n=par
("vdb(out1)-vdb(out3)")

.end
```

2.8.3　互动与思考

读者可以自行改变 MOS 管的 W_1、L_1、W_2、L_2、V_b 等参数，观察电源和 GND 的两个电源抑制比是否有变化。

请读者思考：

1）在电路结构不变的情况下，是否有办法提高电源抑制比？

2）如果让本节的放大器驱动容性负载，电源抑制比会如何变化？能解释变化的原因吗？

3）从版图设计的角度，是否能提高电路的电源抑制比？

2.9　源极跟随器的输入输出特性

2.9.1　特性描述

MOS 管的漏端作为公共端，输入加在栅极，输出在源极的放大器叫作源极跟随器。如图 2-39 所示的源极跟随器，人们关心输入电压 V_{in} 在大范围内变化时，V_{out} 是如何响应的。为了分析大信号特性，我们让 V_{in} 从低变高，分别出现下列不同情况：

1）当 $V_{in} < V_{TH}$ 时，M_1 关断，流过 M_1 的电流为 0，则 V_{out} 为 0。

2）当 $V_{in} > V_{TH}$ 时，M_1 导通并工作在饱和区（特别地，刚导通时，V_{out} 几乎为零，流过 MOS 的电流也几乎为零，从而 MOS 管有最大的漏源电压，即 $V_{DS} \approx V_{DD}$）。基于饱和区电流公式，得到

$$V_{out} = \frac{1}{2}\mu_n C_{ox}\frac{W}{L}(V_{in}-V_{TH}-V_{out})^2 R_S$$

（2-50）

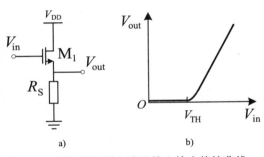

图 2-39　源极跟随器电路及输入输出特性曲线

从而可以求出 V_{out} 与 V_{in} 的关系式为

$$\sqrt{V_{out}} = \sqrt{\frac{1}{2\mu_n C_{ox}\dfrac{W}{L}R_S}+V_{in}-V_{TH}} - \frac{1}{\sqrt{2\mu_n C_{ox}\dfrac{W}{L}R_S}}$$

（2-51）

从式（2-51）可知，当 $V_{in}-V_{TH}$ 较大，而且 R_S 也较大时，$V_{out} \approx V_{in}-V_{TH}$，即输出电压将跟随输入电压且差值为恒定值。因此，该电路被称为源极跟随器。

3）当 V_{in} 达到电路中的最高值比如 V_{DD} 时，M_1 也始终工作在饱和区。

本节将要仿真源极跟随器的输入输出特性，并据此分析确定输入电压范围和输出电压范围。仿真电路图如图 2-40 所示。

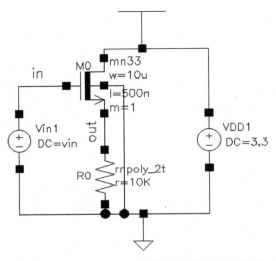

图 2-40　源极跟随器的输入输出特性仿真电路图

2.9.2　仿真波形

仿真波形如图 2-41 所示。

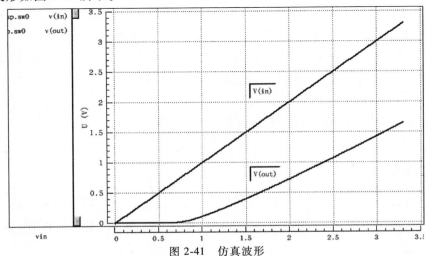

图 2-41　仿真波形

附 Hspice 关键仿真命令：

```
.SUBCKT rnpoly_2t_0 MINUS PLUS segW=180n segL=5u m=1
…（略）
.ENDS rnpoly_2t_0

VVDD1 VDD 0 DC 3.3
VVin1 in 0 DC vin
m0 VDD in out 0 mn33 L=500n W=10u M=1
XR0 0 out rnpoly_2t_0 m=1 segW=180n segL=54.965u

.lib "/…/spice_model/hm1816m020233rfv12.lib" tt
.lib "/…/spice_model/hm1816m020233rfv12.lib" restypical
.param vin='1'
.op
.dc vin 0 3.3 0.01
.temp 27
.probe DC v(in) v(out)
.end
```

2.9.3　互动与思考

读者可以自行改变 R_S、W/L，观察输入输出特性曲线的变化。

请读者思考：

1）如果将 R_S 换为一个理想电流源，则输入输出特性曲线有什么变化？

2）如果用工作在饱和区的 MOS 管替代上述 R_S，则输入输出特性曲线有什么变化？

3）本节电路的分析中忽略了衬底偏置效应，即假定阈值电压恒定。如果考虑衬底偏置效应，上述分析结论将需要做哪些修改？

4）如何避免源极跟随器的衬底偏置效应？

2.10　源极跟随器的增益

2.10.1　特性描述

在对源极跟随器做大信号分析时，得知当 $V_{in}-V_{TH}$ 较大，而且 R_S 也较大时，$V_{out} \approx V_{in}-V_{TH}$，即源极跟随器的增益约为 1。现在我们仔细分析一下该增益。当 M_1 工作在饱和区时，有

$$V_{out} = \frac{1}{2}\mu_n C_{ox}\frac{W}{L}(V_{in}-V_{TH}-V_{out})^2 R_S \tag{2-52}$$

$$\frac{\partial V_{out}}{\partial V_{in}} = \frac{1}{2}\mu_n C_{ox}\frac{W}{L}2(V_{in}-V_{TH}-V_{out})\left(1-\frac{\partial V_{TH}}{\partial V_{in}}-\frac{\partial V_{out}}{\partial V_{in}}\right)R_S \tag{2-53}$$

因为

$$V_{\text{out}} = V_{\text{SB}}, \frac{\partial V_{\text{TH}}}{\partial V_{\text{SB}}} = \eta \qquad (2\text{-}54)$$

所以

$$\frac{\partial V_{\text{out}}}{\partial V_{\text{in}}} = \frac{\mu_{\text{n}} C_{\text{ox}} \dfrac{W}{L}(V_{\text{in}} - V_{\text{TH}} - V_{\text{out}}) R_{\text{S}}}{1 + \mu_{\text{n}} C_{\text{ox}} \dfrac{W}{L}(V_{\text{in}} - V_{\text{TH}} - V_{\text{out}}) R_{\text{S}}(1+\eta)} \qquad (2\text{-}55)$$

$$A_{\text{V}} = \frac{g_{\text{m}} R_{\text{S}}}{1 + (g_{\text{m}} + g_{\text{mb}}) R_{\text{S}}} \qquad (2\text{-}56)$$

对式（2-56）分析发现，即使 $R_{\text{S}} \approx \infty$，源极跟随器的电压增益也不会等于 1，永远小于 1。

我们也可绘制如图 2-42 所示的小信号等效电路，采用小信号等效电路法分析电路的增益。

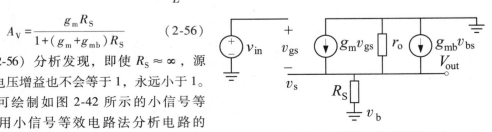

图 2-42　源极跟随器的小信号等效电路

$$\frac{v_{\text{out}}}{R_{\text{S}}} = g_{\text{m}} v_{\text{gs}} + \frac{v_{\text{ds}}}{r_{\text{o}}} + g_{\text{mb}} v_{\text{bs}} \qquad (2\text{-}57)$$

$$v_{\text{gs}} = v_{\text{in}} - v_{\text{out}} \qquad (2\text{-}58)$$

$$A_{\text{V}} = \frac{v_{\text{out}}}{v_{\text{in}}} = \frac{g_{\text{m}}}{g_{\text{m}} + g_{\text{mb}} + \dfrac{1}{r_{\text{o}}} + \dfrac{1}{R_{\text{S}}}} \qquad (2\text{-}59)$$

本节将仿真源极跟随器的小信号增益。此处我们并不做交流分析，而是通过做直流分析，并对输出求导，从而得出小信号增益与输入电压的关系。仿真电路图如图 2-43 所示。

2.10.2　仿真波形

仿真波形如图 2-44 所示。

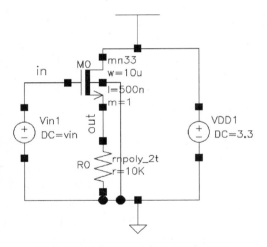

图 2-43　源极跟随器增益仿真电路图

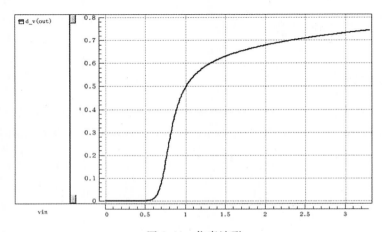

图 2-44　仿真波形

附 Hspice 关键仿真命令：

```
.SUBCKT rnpoly_2t_0 MINUS PLUS segW=180n segL=5u m=1
…（略）
.ENDS rnpoly_2t_0

VVDD1 VDD 0 DC 3.3
VVin1 in 0 DC vin
m0 VDD in out 0 mn33 L=500n W=10u M=1
XR0 0 out rnpoly_2t_0 m=1 segW=180n segL=54.965u
.lib "/.../spice_model/hm1816m020233rfv12.lib" tt
.lib "/.../spice_model/hm1816m020233rfv12.lib" restypical
.param vin='1'
.op
.dc vin 0 3.3 0.01
.temp 27
.probe DC v(out)
.end
```

2.10.3 互动与思考

读者可以改变 MOS 管衬底电压 V_B（可以设置为 V_S，或者 0）、R_S、W/L，观察增益波形的变化趋势。

请读者思考：

1）如何让源极跟随器的跟随特性更加理想，即如何让源极跟随器的小信号增益更接近 1？

2）根据增益波形，找出适合源极跟随器工作的输入电压范围和输出电压范围。

2.11 源极跟随器的电平转移功能

2.11.1 特性描述

源极跟随器很重要的一个应用是电平转换器。

图 2-45 的源极跟随器中，假定 MOS 管 M_1 工作在饱和区，由于 MOS 管流过恒定的电流 I_1，则 M_1 管应该有恒定的 V_{GS}。从而输入电压变化后，输出电压会紧紧跟随输入电压的变化而变化。两者的差值为 MOS 管的 V_{GS}，当 V_{GS} 恒定时，其电流才恒定。图中也给出了输出波形跟随输入波形

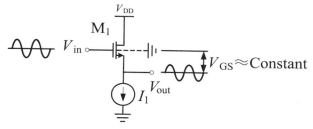

图 2-45 用作电平转换器的源极跟随器

变化而变化的示意。因此，改变 I_1 大小，则输出电压与输入电压的差值也随之改变。

本节将通过仿真验证电平转换器输出电压跟随输入电压变化的特性。仿真电路图如图 2-46 所示。为了更加形象地表征电平转移，输入为在一个固定直流电平上叠加一个正弦波。通过瞬态仿真来观察输出电压波形。

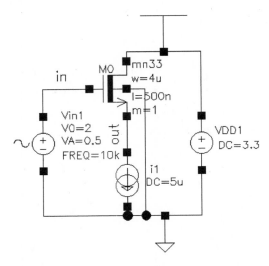

图 2-46　电平转换器仿真电路图

2.11.2　仿真波形

仿真波形如图 2-47 所示。

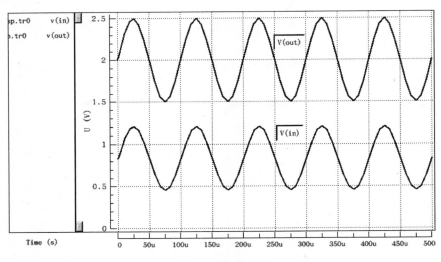

图 2-47　仿真波形

附 Hspice 关键仿真命令：

```
VVDD1 VDD 0 DC 3.3
VVin1 in 0 1 SIN( 2 0.5 10K )
```

```
Ii1 out 0 DC 5u
m0 VDD in out 0 mn33 L=500n W=4u M=1


.lib "/.../spice_model/hm1816m020233rfv12.lib" tt
.tran 1u 500u
.temp 27
.probe TRANv(in) v(out)
.end
```

2.11.3　互动与思考

读者可以调整图中 MOS 管的偏置电流 I_1、W/L，观察上述波形的变化趋势。

请读者思考：

1）如何便捷地调整电路参数，使输出电平与输入电平的差值变大？其最大差值受到什么限制？

2）为保证本节电路正常工作，输入信号 V_{in} 有何限制和要求？

3）本节电路中 M_1 不可避免地存在衬底偏置效应，对电路带来哪些影响？

2.12　用作缓冲器的源极跟随器

2.12.1　特性描述

源极跟随器的第二个典型应用是缓冲器。

前面我们学习了共源极放大器，其增益与输出端的负载阻抗有直接关系，因为增益是跨导与输出结点总的等效阻抗之积。假定我们要驱动一个 50Ω 的电阻小负载，则该负载将与放大器自身的输出阻抗并联，从而大幅降低输出端的总等效阻抗，因此电路的增益会大幅降低。这就要求有一种电路，无论负载大小，均不会影响前一级放大器的工作性能。这种电路被称作缓冲器或者输出级。源极跟随器即可构成这样的缓冲器，具体应用如图 2-48 所示。

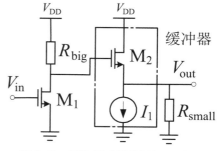

图 2-48　用作缓冲器的源极跟随器

图中，第一级电路的低频增益为 $-g_{m1}R_{big}$，源极跟随器构成该电路的缓冲器，其低频下的输入阻抗为无穷大。因此，缓冲器不会对前一级共源极放大器的增益造成影响。根据前面的分析可知，无论源极跟随器驱动何种负载，其小信号增益大致为 1（实际上小于 1）。因此，整个电路的增益依然大致为 $-g_{m1}R_{big}$。

我们来看另外一种情况。如果没有源极跟随器，第一级电路直接驱动一个小的电阻负载 R_{small}，则放大器的低频增益降为 $-g_{m1}(R_{big}/\!/R_{small})$。可见，当该放大器带的负载阻抗较小时，会大幅降低其增益。增加的源极跟随器起到了很好的缓冲作用。

刚才的分析中，我们假定源极跟随器的增益大致为1，根据前面的学习，源极跟随器的小信号增益为

$$A_V = \frac{g_{m2}}{g_{m2} + g_{mb2} + \dfrac{1}{r_{o2}} + \dfrac{1}{R_{small}}} \approx \frac{R_{small}}{R_{small} + \dfrac{1}{g_{m2}}} \qquad (2\text{-}60)$$

显然，该增益是一个小于1而不等于1的值，具体取值与 R_{small} 和 $1/g_{m2}$ 相关。g_{m2} 越大，则该增益越接近1。

为了进一步说明问题，我们再来分析一下负载电阻就是一个小电阻的共源极放大器，如图 2-49 所示。

该电路的增益为

$$A_V = -g_m R_{small} \qquad (2\text{-}61)$$

对于这两种电路的增益情况，假如 R_{small} 和 $1/g_m$ 相等，则由这两个器件构成的源极跟随器的增益为 0.5，而同样由这两个器件构成的共源极放大器的增益为 1。可见，源极跟随器并不是必需的驱动器，也不一定是有效的驱动器。

因此，只在某些应用下源极跟随器才用作输出级。源极跟随器的主要用途是完成电平的转移。

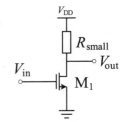

图 2-49　小电阻负载的共源极放大器

本节需要驱动 50Ω 电阻负载，通过仿真发现，直接使用共源极放大器，与使用源极跟随器作为输出级，其增益相差非常大。仿真电路图如图 2-50 所示。为了便于比较，本节还将仿真不带源极跟随器的共源极放大器。

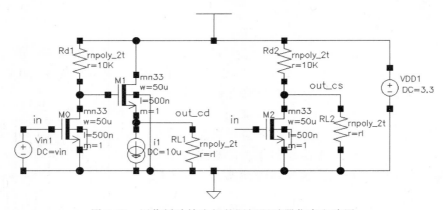

图 2-50　用作缓冲输出级的源极跟随器仿真电路图

2.12.2　仿真波形

仿真波形如图 2-51 所示。

附 Hspice 关键仿真命令：

```
.SUBCKT rnpoly_2t_0 MINUS PLUS segW=180n segL=5u m=1
XR0 PLUS MINUSrnpoly_2t w="segW" l="segL"
.ENDS rnpoly_2t_0
```

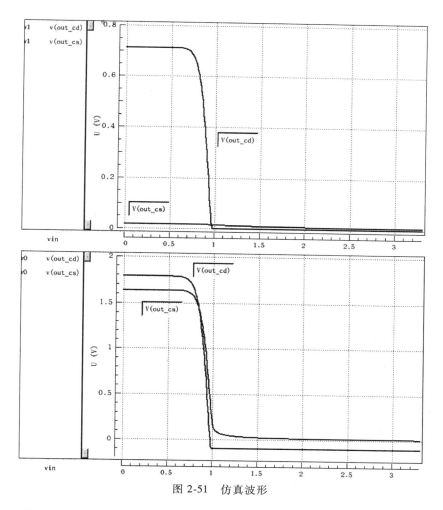

图 2-51 仿真波形

.SUBCKT rnpoly_2t_1 MINUS PLUS segW=180n segL=5u m=1

…（略）

.ENDS rnpoly_2t_1

VVDD1 VDD 0 DC 3.3

VVin1 in 0 DC vin

Ii1 out_cd 0 DC 10u

m0 net2 in 0 0 mn33 L=500n W=50u M=1

m1 VDD net2 out_cd 0 mn33 L=500n W=50u M=1

m2 out_cs in 0 0 mn33 L=500n W=50u M=1

XRd1 net2 VDD rnpoly_2t_1 m=1 segW=180n segL=54.965u

XRd2 out_cs VDD rnpoly_2t_1 m=1 segW=180n segL=54.965u

XRL1 0 out_cdrnpoly_2t_0 m=1 segW=1u segL="(((1.064373e-06* ((rl/1)-0))-0)/7.41)+0"

```
XRL2 0 out_csrnpoly_2t_0 m=1 segW=1u segL="(((1.064373e-06* ((rl/1)-
0))-0)/7.41)+0"
```

.lib "/../spice_model/hm1816m020233rfv12.lib" tt
.lib "/../spice_model/hm1816m020233rfv12.lib" restypical
.param vin='1'
.param rl='50'
.op
.dc vin 0 3.3 0.01
.temp 27
.probe DC v(out_cd) v(out_cs)
.alter
.param rl='10k'
.end

2.12.3 互动与思考

读者可以改变电路参数，观察增益变化的趋势。

请读者思考：

1）让负载电阻 R_{small} 更小，比如取 1Ω，本节给出的两种电路的增益如何变化？

2）第一级电路的输出直流电平，需要正好能保证第二级电路正常工作，请问该如何保证？

3）第二级电路中的电流 I_1 如何设定？

2.13 共栅极放大器的输入输出特性

2.13.1 特性描述

输入信号加载到 MOS 管源极，输出在漏极，而栅极为固定电压，这种电路叫作共栅极放大器。如图 2-52 所示，共栅极电路有两种信号耦合方式：直接耦合输入信号和电容耦合输入信号。直接耦合的时候，输入电压的直流电平将影响 MOS 管的直流工作点；而电容耦合输入的情况下，MOS 管的工作状态与输入信号的直流电平无关，并且 M_1 源极电流的改变，将无损地传输到输出端漏极。因此，共栅极电路也称为电流缓冲器。采用电容耦合的情况更具有实际意义。

在分析共栅极直接耦合输入信号电路的大信号特性时，可以让 V_{in} 从 V_{DD} 逐渐变小至 0。当 $V_{in} \geq V_b - V_{TH}$ 时，M_1 处于关断状态，显然 $V_{out} =$

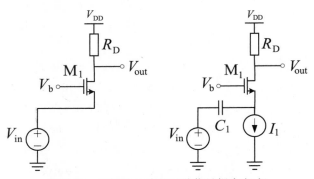

图 2-52 共栅极电路的两种信号耦合方式

V_{DD}。当 $V_{in} = V_b - V_{TH}$ 时，M_1 导通，由于此时的 $V_{DS} = V_{DD} - V_b + V_{TH}$，$V_{GS} - V_{TH} = 0$，则 M_1 工作在饱和区。之后，随着 V_{in} 的下降，若 $V_{DS} = V_{GS} - V_{TH}$，即 $V_D = V_G - V_{TH}$，则 M_1 进入线性区。此时有

$$V_D = V_{DD} - \frac{1}{2}\mu_n C_{ox} \frac{W}{L}(V_b - V_{in} - V_{TH})^2 R_D \qquad (2-62)$$

$$V_G - V_{TH} = V_b - V_{TH} \qquad (2-63)$$

设计合适的 V_b，则式（2-62）和式（2-63）有机会相等。

我们可以基于小信号等效电路来分析共栅极放大器的增益。该电路的输入阻抗不是无穷大，而是一个有限值。为此，我们在分析更普遍情况下的共栅极电路时，要考虑信号源的阻抗。图 2-53 是考虑了信号源阻抗 R_S 的共栅极电路以及其小信号等效电路。请读者注意，此处的 NMOS 管源极电压不为 0，而衬底电压为 0，从而需要考虑 MOS 管的衬底偏置效应。从小信号分析的角度来说，MOS 的小信号模型中应该包括 $g_{mb}v_{bs}$ 项。

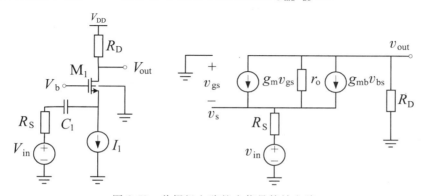

图 2-53 共栅极电路的小信号等效电路

基于该小信号等效电路，可以计算出其小信号增益为

$$A_V = \frac{v_{out}}{v_{in}} = \frac{(g_m + g_{mb})r_o + 1}{r_o + (g_m + g_{mb})r_o R_S + R_S + R_D} R_D \qquad (2-64)$$

该增益除了与 M_1 的工作状态有关，还与信号源内阻 R_S 和负载电阻 R_D 有关。前面我们提到，该电路能将 M_1 源极的电流无损传递到漏极，下面计算该电路的电流增益，绘制如图 2-54 所示小信号等效电路。为了方便计算，信号输入部分做了戴维南和诺顿的转换（我们发现，将电压源与电阻的串联，换成电流源和电阻的并联形式后，整体电路的结点减少一个）。

从而可得电流增益为

$$\frac{i_{out}}{i_{in}} = \frac{R_S(g_m + g_{mb})}{1 + R_S(g_m + g_{mb}) + R_D/r_o} \qquad (2-65)$$

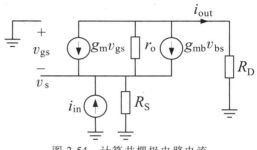

图 2-54 计算共栅极电路电流增益的小信号等效电路

式（2-65）中，如果 R_S 很大，从而 $R_S(g_m + g_{mb}) \gg 1$，可知 $\frac{i_{out}}{i_{in}} \approx 1$。这可以解释为：

如果信号源的内阻 R_S 很大，则从 R_S 上分走的小信号电流可以忽略，几乎全部流到输出支

路，从而电流增益为 1。由于 R_S 为有限值，从而电流传递会带来一定程度的衰减。

在 V_{in} 信号大范围变化时，可以通过仿真去观察输入输出特性曲线。本节将仿真直接耦合情况下的共栅极放大器的输入输出特性，仿真电路图如图 2-55 所示。

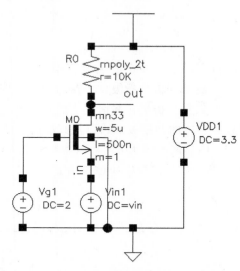

图 2-55　共栅极电路的输入输出特性仿真电路图

2.13.2　仿真波形

仿真波形如图 2-56 所示。

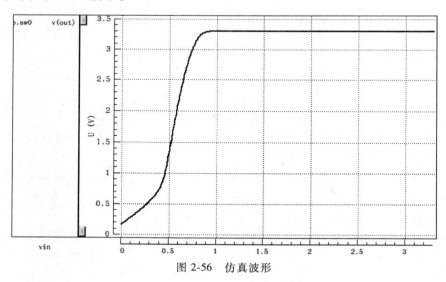

图 2-56　仿真波形

附 Hspice 关键仿真命令：

`.SUBCKT rnpoly_2t_0 MINUS PLUS segW=180n segL=5u m=1`

…（略）

`.ENDS rnpoly_2t_0`

```
VVDD1 VDD 0 DC 3.3
VVg1 net4 0 DC 2
VVin1 in 0 DC vin
m0 out net4 in 0 mn33 L=500n W=5u M=1
XR0 out VDD rnpoly_2t_0 m=1 segW=180n segL=54.965u

.lib "/.../spice_model/hm1816m020233rfv12.lib" tt
.lib "/.../spice_model/hm1816m020233rfv12.lib" restypical
.param vin='1'
.op
.dc vin 0 3.30 0.01
.temp 27
.probe DC v(out)
.end
```

2.13.3 互动与思考

读者可以改变 I_1、R_D、V_b、W/L 等参数，观察输入输出特性曲线和增益的变化趋势。

请读者思考：

1）当所有 MOS 管均工作在饱和区时，电路的小信号电压增益为多少？

2）本节中的信号耦合电容 C_1 对电路特性有何影响？取值有何原则？

3）电流的小信号增益为 1 的放大器有何用途？

2.14 共源共栅放大器的大信号特性

2.14.1 特性描述

从前面的学习中，我们了解到：

1）共源极放大器能将一个小信号电压放大，但放大倍数取决于负载电阻，或者说是输出结点看到的所有等效电阻。因此，如果负载电阻较小，则共源极放大器增益会被拉低。

2）共栅极放大器其实是将输入的小信号电流直接传递到输出端，但共栅极放大器的输入阻抗非常大。

这让我们想到，如果将共栅极放大器接到共源极放大器的输出，可以有效发挥共源极放大器的本征增益特性，从而提高增益。

将这两种放大器组合起来，构成如图 2-57 所示的共源共栅放大器，也称 Cascode 放大器。这种结构相对于普通的共源极放大器而言，有很多有用的特性。

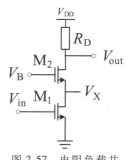

图 2-57 电阻负载共源共栅放大器

在分析输入信号 V_{in} 的取值范围时，我们关注何种情况下 M_1 和 M_2 均工作在饱和区。随着 V_{in} 从较小值逐步变大，当 $V_{in}<V_{TH}$ 时，M_1 和 M_2 都工作在截止区。当两个 MOS 管都导通后，立即进入饱和区（因为此时，流过 MOS 管的电流很小，输出电压 V_{out} 几乎为 V_{DD}）。随着 V_{in} 的继续增大，M_1 和 M_2 都有可能离开饱和区。至于哪个 MOS 管首先离开饱和区，则取决于器件尺寸、R_D、V_B 等因素。输入信号 V_{in} 的最低值与普通共源极放大器相同。但是，V_{in} 的最大值，则受到图中 V_X 电压的限制，要求满足 $V_X \geq V_{in}-V_{TH}$。而图中的 V_X 则是由 V_B 根据 M_1 和 M_2 电流确定的某一个定值，即 M_1 的电流由 V_{in} 确定，从而 M_2 的电流也是确定的，这要求 M_2 有一个确定的 V_{GS}，从而有 $V_X=V_B-V_{GS}$。

为了拓宽输入信号范围，则需要设置更高的 V_B。然而，更高的 V_B 会将输出结点电压限制在比较高的值，即减小了输出电压摆幅。从而，应该根据电路实际需要选择合适的 V_B。

本节将通过仿真，观察共源共栅放大器的输入输出特性曲线，以及共源 MOS 管和共栅 MOS 管的公共结点 V_X 相对于输入电压的特性曲线，并基于该波形，得出小信号增益相对于输入电压的关系曲线。仿真电路图如图 2-58 所示。

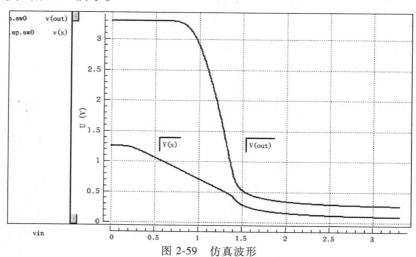

图 2-58　电阻负载共源共栅放大器仿真电路图

2.14.2　仿真波形

仿真波形如图 2-59 所示。

图 2-59　仿真波形

附 Hspice 关键仿真命令：

`.SUBCKT rnpoly_2t_0 MINUS PLUS segW=180n segL=5u m=1`

…（略）

```
. ENDS rnpoly_2t_0

VVDD1 VDD 0 DC 3.3
VVB1 net9 0 DC 2
VVin1 net1 0 DC vin
m1 out net9 x 0 mn33 L=1u W=10u M=1
m0 x net1 0 0 mn33 L=1u W=10u M=1
XR0 out VDD rnpoly_2t_0 m=1 segW=180n segL=54.965u
XC1 out 0 cmim m=1 w=60u l=166.67u

. lib "/.../spice_model/hm1816m020233rfv12.lib" tt
. lib "/.../spice_model/hm1816m020233rfv12.lib" restypical
. lib "/.../spice_model/hm1816m020233rfv12.lib" captypical
. param vin='1'
. op
. dc vin 0 3.3 0.01
. temp 27
. probe DC v(x) v(out)
. end
```

2.14.3　互动与思考

读者可以通过改变电路参数，观察 M_1 和 M_2 两个 MOS 管饱和区范围的变化、增益的变化、输出电压摆幅的变化。

请读者思考：

1）具体电路设计或者仿真中，V_B 该如何选取？选择的基本原则是什么？

2）V_{out} 相对于 V_{in} 的斜率为小信号增益，如何提高本节电路的小信号增益？

3）当电路工作在放大状态时，输出电压 V_{out} 可以允许的范围是多少？受到哪些因素的限制？

2.15　共源共栅极的输出电阻

2.15.1　特性描述

共源共栅极电路的重要特性是其输出阻抗非常高。我们绘制图 2-60 所示小信号等效电路来计算共源共栅极电路的小信号输出阻抗。

依据带源极负反馈的共源极放大器的输出阻抗的表达式，可直接得到

$$r_{out} = \left[1 + (g_{m2} + g_{mb2}) r_{o2} \right] r_{o1} + r_{o2}$$
$$\approx r_{o1} r_{o2} (g_{m2} + g_{mb2}) \tag{2-66}$$

可见，共源共栅结构将单个共源极的输出阻抗提高至原来的 r_{o2}（$g_{m2} + g_{mb2}$）倍。如果

忽略 M_2 的体效应，则发现输出电阻变为 M_1 输出电阻 r_{o1} 的本征增益（$r_{o2}g_{m2}$）倍。基于该原理，甚至还可以将共源共栅扩展为三个或更多个 MOS 管的层叠，以获得更高的输出阻抗。但是，多个 MOS 管的层叠极大地限制了输出电压的摆幅。因此，这种结构在低电源电压时吸引力不够。

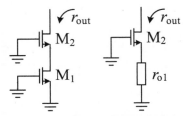

图 2-60　计算共源共栅极电路小信号输出阻抗的等效电路

可以通过仿真共源共栅极电路的输出 I/V 特性曲线，来观察其小信号输出电阻。如果 I/V 特性曲线越平行于 x 轴，则表明其小信号输出电阻越大。为了更直观地看到电路的输出电阻，我们还可以求出饱和区段曲线斜率的倒数。

为了便于比较，我们同时仿真单个 MOS 管以及 Cascode 结构的 I/V 特性曲线。仿真电路图如图 2-61 所示。

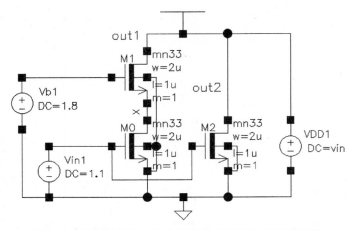

图 2-61　共源共栅极电路小信号输出阻抗的仿真电路图

2.15.2　仿真波形

仿真波形如图 2-62 所示。

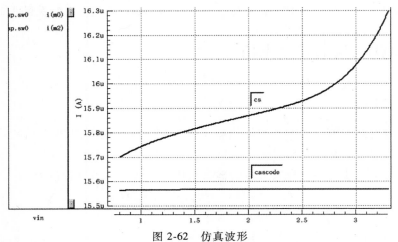

图 2-62　仿真波形

附 Hspice 关键仿真命令：

```
VVDD1 VDD 0 DCvin
VVb1 net9 0 DC 1.8
VVin1 net1 0 DC 1.1
m0 x net1 0 0 mn33 L=1u W=2u M=1
m1 VDD net9 x 0 mn33 L=1u W=2u M=1
m2 VDD net1 0 0 mn33 L=1u W=2u M=1

.lib "/.../spice_model/hm1816m020233rfv12.lib" tt
.param vin='1'
.op
.dc vin 0.8 3.3 0.01
.temp 27
.probe DC i(m0) i(m2)
.end
```

2.15.3　互动与思考

读者可调整：三个 MOS 管的 W/L、V_{in1}、V_{b1} 等参数，观察电路 I/V 特性曲线的差异以及小信号输出电阻的差异。

请读者思考：

1）如何提高共源共栅极结构的输出电阻？请通过仿真验证你的想法。

2）是否可以通过设计合适的器件尺寸，实现单个 MOS 管的输出电阻与共源共栅极结构的输出电阻相等？

3）共源共栅极结构的输出电阻，是否与共栅极 MOS 管的栅极电压有关？

2.16　共源共栅放大器的增益

2.16.1　特性描述

共源共栅结构最大的优点在于其输出电阻非常大。从而，共源共栅极结构可以实现非常大的电压增益。这与我们之前了解到的共栅极电路的特性是相通的，通过在共源极电路上叠加一个共栅极，可以让共源极的输出电流特性更加理想。输出电流特性更加理想，也可以理解为电流源的输出电阻变大。

其实，共源共栅结构除了做放大器之外，另外一种普遍应用是构成一个更加理想的电流源，通常可以近似看作为恒流源。从而，可以设计出如图 2-63 所示的高增益放大器，图中 M_3 和 M_4 组成了一个共源共栅电流源负载，而 M_1 和 M_2 构成共源共栅放大器。

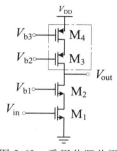

图 2-63　采用共源共栅负载的共源共栅放大器

基于已有知识，或者绘制该电路的小信号等效电路，忽略器件的衬底偏置效应，分析出该电路的小信号增益最重要的部分为

$$A_V \approx -g_{m1}\left[g_{m2}r_{o2}r_{o1} /\!/ g_{m3}r_{o3}r_{o4} \right] \tag{2-67}$$

本节将仿真共源共栅负载的共源共栅放大器的小信号增益。仿真电路图如图 2-64 所示。

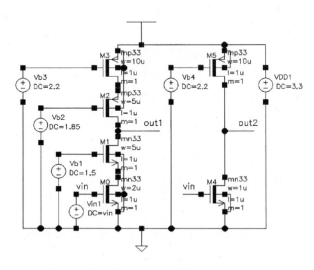

图 2-64　共源共栅放大器的小信号增益的仿真电路图

2.16.2　仿真波形

仿真波形如图 2-65 所示。

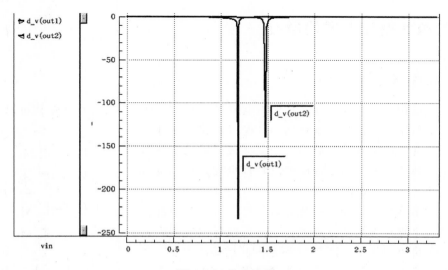

图 2-65　仿真波形

附 Hspice 关键仿真语句：

```
VVDD1 VDD 0 DC 3.3
VVb1 net9 0 DC 1.5
VVb2 net7 0 DC 1.85
VVb3 net12 0 DC 2.2
VVb4 net22 0 DC 2.2
VVin1 vin 0 DC vin
m0 net0 vin 0 0 mn33 L=1u W=2u M=1
m1 out1 net9 net0 0 mn33 L=1u W=5u M=1
m2 out1 net7 net11 VDD mp33 L=1u W=5u M=1
m3 net11 net12 VDD VDD mp33 L=1u W=10u M=1
m4 out2 vin 0 0 mn33 L=1u W=1u M=1
m5 out2 net22 VDD VDD mp33 L=1u W=10u M=1

.lib "/.../spice_model/hm1816m020233rfv12.lib" tt
.param vin='1'
.op
.dc vin 0 3.3 0.01
.temp 27
.probe DC v(out1) v(out2)
.end
```

2.16.3 互动与思考

读者可以调整 4 个 MOS 管的 W/L、V_{b1}、V_{b2}、V_{b3} 等参数，观察增益的变化趋势。

请读者思考：

1）本节除了输入 MOS 管外，其他 3 个 MOS 管的栅极电压如何确定？这些偏置电压在选择时有哪些基本的原则？

2）本节仿真电路的输出电压范围与普通电流源负载共源极放大器相比，是更好还是更差？

3）在设计本节仿真电路中的 4 个器件尺寸时，有哪些基本原则？

4）实际电路设计中，如何为输入 MOS 管之外的另外 3 个 MOS 管提供偏置电压？

2.17 共源共栅放大器的输出电压摆幅

2.17.1 特性描述

尽管图 2-66 所示电路的增益有数量级的提高，但该电路也存在不可避免的缺陷，即输出电压摆幅下降非常厉害。为保证图 2-66 所示电路中所有 MOS 管均工作在饱和区，则要求所有 MOS 的 $V_{DS} > V_{OD}$。因此，本电路的输出电压摆幅为 $V_{DD} - V_{OD1} - V_{OD2} - V_{OD3} - V_{OD4}$。相对于普通的电流源负载共源极放大器而言，由于 M_2 和 M_3 消耗了额外的电压余度，电路的输出摆幅会减小两个 MOS 管的过驱动电压。在低压电路设计中，该缺陷可能是致命的。

另外，图 2-66 所示电路的电流基本由 V_{in} 和 V_{b3} 决定，V_{b1} 和 V_{b2} 的选择则相对随意。但是为保证输出电压尽可能大的摆幅，则要求 V_{b1} 尽可能选低，而 V_{b2} 尽可能选高。

本节中，将通过对输入信号进行直流扫描，观察电路工作在有效放大时的输出电压范围，以及输出电压摆幅。仿真电路图如图 2-67 所示。

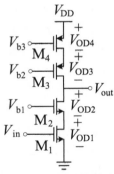

图 2-66　共源共栅放大器输出电压摆幅

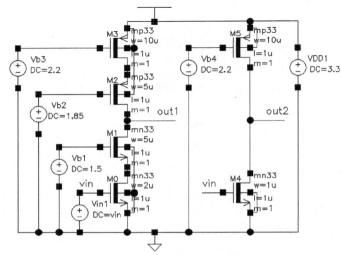

图 2-67　共源共栅放大器输出电压摆幅仿真电路图

2.17.2　仿真波形

仿真波形如图 2-68 所示。

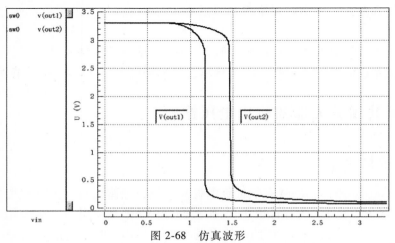

图 2-68　仿真波形

附 Hspice 关键仿真命令：

```
VVDD1 VDD 0 DC 3.3
VVb1 net9 0 DC 1.5
VVb2 net7 0 DC 1.85
VVb3 net12 0 DC 2.2
VVb4 net22 0 DC 2.2
VVin1 vin 0 DC vin
m0 net 0 vin 0 0 mn33 L=1u W=2u M=1
m1 out1 net9 net0 0 mn33 L=1u W=5u M=1
m2 out1 net7 net11 VDD mp33 L=1u W=5u M=1
m3 net11 net12 VDD VDD mp33 L=1u W=10u M=1
m4 out2 vin 0 0 mn33 L=1u W=1u M=1
m5 out2 net22 VDD VDD mp33 L=1u W=10u M=1

.lib "/.../spice_model/hm1816m020233rfv12.lib" tt
.param vin='1'
.op
.dc vin 0 3.3 0.01
.temp 27
.probe DC v(out1) v(out2)
.end
```

2.17.3　互动与思考

读者可以自行改变所有 MOS 管尺寸以及所有 MOS 管的输入偏置电压，观察电路具有正常放大功能时的输出电压范围。

请读者思考：

1）如何才能增大输出电压摆幅？电源电压固定时，能否在保证增益的情况下增大输出电压摆幅？

2）输出电压摆幅与 MOS 管的栅极偏置电压有何关系？

3）如果要求本节仿真电路中 NMOS 管与 PMOS 管消耗的电压相等，请问该如何实现？

4）为增大输出电压摆幅，可以减小 MOS 管消耗的电压，这将带来什么弊端？

2.18　套筒式和折叠式共源共栅放大器的差异

2.18.1　特性描述

共源共栅放大器中包含一个共源和一个共栅结构。输入在共源极的栅极，转化为共源极 MOS 管的漏源电流，该电流通过共栅极结构后，大大提高了输出电阻。也就是说，小信号电流通过了共源和共栅两个 MOS 管。

让我们来看看图 2-69a 所示的电路。输入信号经过 M_1、M_2 传递到输出，而 I_1 为一个恒流源。显然，如果 V_{in} 变化，将导致 M_1 的漏源电流变化，该变化电流经过 M_2 后，传递到负载电阻 R_D。我们发现，小信号电流的路径与共源共栅极结构完全相同。因此，也称这个电路为"共源共栅放大器"。不同的是，这里的共源和共栅两个 MOS

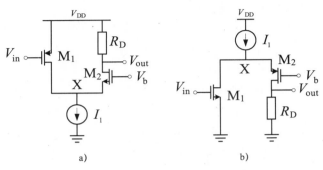

图 2-69　折叠式共源共栅放大器

管类型不同，前者为 PMOS 管，后者为 NMOS 管。而且，通过 I_1 给 M_1 和 M_2 设定了确定的偏置电流。以示区别，图 2-69 所示电路被称为"折叠式共源共栅放大器"，之前学习的电路被称为"套筒式共源共栅放大器"。

改变输入 MOS 管类型，折叠式共源共栅放大器还有一种存在形式，如图 2-69b 所示。

下面我们来分析折叠式共源共栅放大器的工作原理和特性。首先，由于输入 MOS 管的类型出现变化，因此信号的输入范围与套筒式电路有区别。普通 NMOS 管的套筒式共源共栅放大器的输入最低值为 $V_{TH}+V_{OD}$。而由该电路变化出来的折叠式共源共栅极放大器的输入最高值为 $V_{DD}-V_{TH}-V_{OD}$。

其次，共源共栅极的输出电阻也会存在差异。套筒式的输出电阻为

$$r_{out} = g_{m2} r_{o2} \cdot r_{o1} \tag{2-68}$$

折叠式结构中，在折叠点处还存在偏置电流 I_1 的等效输出电阻 r_{o3}，因此其输出电阻变为

$$r_{out} = g_{m2} r_{o2} (r_{o1} /\!/ r_{o3}) \tag{2-69}$$

这是一个显然比套筒式更小的输出电阻。从而，同样尺寸的电路，折叠式共源共栅放大器的增益略小。

再次，折叠式共源共栅放大器的功耗是套筒式的两倍。

本节将仿真观察折叠式共源共栅放大器的增益，并与同样尺寸的套筒式结构进行比较。仿真电路图如图 2-70 所示。

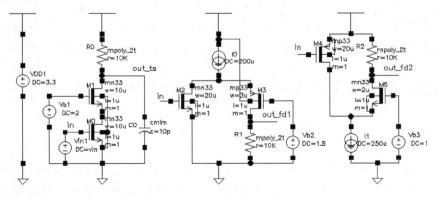

图 2-70　折叠式共源共栅放大器仿真电路图

2.18.2 仿真波形

仿真波形如图 2-71 所示。

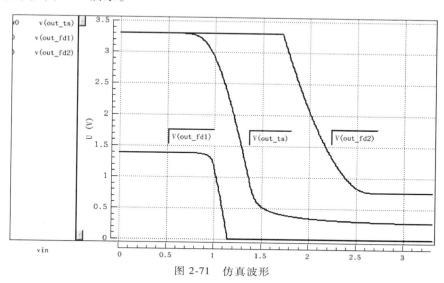

图 2-71 仿真波形

附 Hspice 关键仿真命令：

```
.SUBCKT rnpoly_2t_0 MINUS PLUS segW=180n segL=5u m=1
…(略)
.ENDS rnpoly_2t_0

VVDD1 VDD 0 DC 3.3
VVb1 net8 0 DC 2
VVb2 net2 0 DC 1.8
VVb3 net1 0 DC 1
II0 VDD net5 DC 200u
II1 net29 0 DC 250u
VVin1 in 0 DC vin
m0 net0 in 0 0 mn33 L=1u W=10u M=1
m1 out_ts net8 net0 0 mn33 L=1u W=10u M=1
m2 net5 in 0 0 mn33 L=1u W=20u M=1
m3 out_fd1 net2 net5 VDD mp33 L=1u W=3u M=1
m4 net29 in VDD VDD mp33 L=1u W=20u M=1
m5 out_fd2 net1 net29 net29 mn33 L=1u W=2u M=1
XC0 out_ts 0cmim m=1 w=60u l=166.67u
XR0 out_ts VDD rnpoly_2t_0 m=1 segW=180n segL=54.965u
XR1 0 out_fd1 rnpoly_2t_0 m=1 segW=180n segL=54.965u
XR2 out_fd2 VDD rnpoly_2t_0 m=1 segW=180n segL=54.965u
```

```
.lib "/.../spice_model/hm1816m020233rfv12.lib" tt
.lib "/.../spice_model/hm1816m020233rfv12.lib" restypical
.lib "/.../spice_model/hm1816m020233rfv12.lib" captypical
.param vin='1'

.dc vin 0 3.3 0.01
.temp 27
.probe DC v(out_ts) v(out_fd1) v(out_fd2)
.end
```

2.18.3　互动与思考

读者可以自行调整器件参数，观察增益的变化。

请读者思考：

1）相对于套筒式，折叠式共源共栅放大器消耗两倍的功耗，增益还有所降低，那么该放大器存在的价值是什么？

2）在频率响应方面，两种共源共栅放大器是否有差异？

3）折叠式与套筒式共源共栅放大器在实现时有 MOS 管类型的差异，套筒式可以是两个相同类型的 MOS 管，而折叠式则需要一个 NMOS 管和一个 PMOS 管。为了实现与套筒式几乎相同的增益，折叠式共源共栅放大器在器件尺寸上应该如何考虑？

2.19　共源共栅放大器的 PSRR

2.19.1　特性描述

基于前面的学习，在忽略衬底偏置效应的情况下，负载为共源共栅结构的共源共栅放大器的低频小信号增益大约为

$$A_V \approx -g_{m1}(g_{m2}r_{o2}r_{o1} \parallel g_{m3}r_{o3}r_{o4}) \quad (2\text{-}70)$$

在低频时，绘制小信号等效电路如图 2-72 所示。注意，M_1 和 M_2 的输入信号，都是以 V_{SS} 为参考的，在计算 A^- 时需要在 M_1 和 M_2 的栅极上添加 V_{SS} 上的噪声信号 v_{ss}，从而计算得出 V_{SS} 到 V_{out} 的小信号增益为

$$A^- = \frac{v_{out}}{v_{ss}} \approx \frac{g_{m3}r_{o3}r_{o4}}{g_{m2}r_{o1}r_{o2} + g_{m3}r_{o3}r_{o4}} \quad (2\text{-}71)$$

从而负电源抑制比PSRR⁻为

$$PSRR^- = \frac{A_V}{A^-} \approx -g_{m1}g_{m2}r_{o1}r_{o2} \quad (2\text{-}72)$$

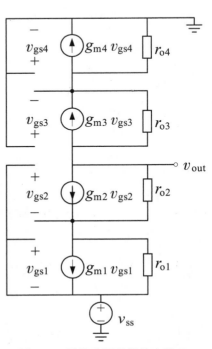

图 2-72　计算共源共栅放大器 V_{SS} 信号增益的小信号等效电路

同理，在计算 A^+ 时，需要将 M_3、M_4 的栅极也加上 V_{DD} 的噪声信号。从而，正电源的电源抑制比为

$$\text{PSRR}^+ = \frac{A_V}{A^+} \approx -g_{m1}g_{m3}r_{o3}r_{o4} \tag{2-73}$$

本节将仿真负载为共源共栅结构的共源共栅放大器的正负电源抑制比。仿真电路图如图 2-73 所示。

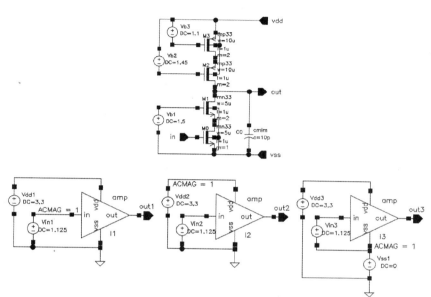

图 2-73 共源共栅放大器电源抑制比仿真电路图

2.19.2 仿真波形

仿真波形如图 2-74 所示。

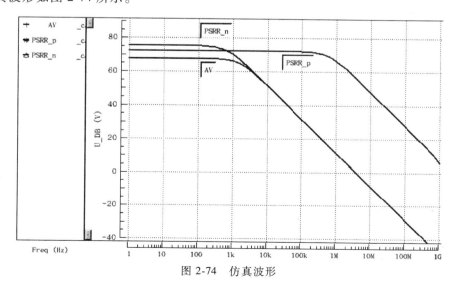

图 2-74 仿真波形

附 Hspice 关键仿真命令：

```
.SUBCKT amp in out vdd vss
VVb1 net14 vss DC 1.5
VVb2 vdd net1 DC 1.45
VVb3 vdd net2 DC 1.1
m0 net5 in vss vss mn33 L=1u W=5u M=1
m1 out net14 net5 vss mn33 L=1u W=5u M=2
m2 out net1 net9 vdd mp33 L=1u W=10u M=2
m3 net9 net2 vdd vdd mp33 L=1u W=10u M=2
XC0 out vss cmim m=1 w=60u l=166.67u
.ENDS amp

XI1 net5 out1 net2 0 amp
VVdd1 net2 0 DC 3.3
VVin1 net5 0 DC 1.125 AC 1
XI2 net13 out2 net8 0 amp
VVdd2 net8 0 DC 3.3 AC 1
VVin2 net13 0 DC 1.125
XI3 net17 out3 net15 net14 amp
VVdd3 net15 0 DC 3.3
VVin3 net17 net14 DC 1.125
VVss1 net14 0 DC 0 AC 1

.lib "/.../spice_model/hm1816m020233rfv12.lib" tt
.lib "/.../spice_model/hm1816m020233rfv12.lib" captypical
.ac dec 10 1 1G
.temp 27
.probe AC AV=vdb(out1) PSRR_p=par("vdb(out1)-vdb(out2)") PSRR_n=par("vdb(out1)-vdb(out3)")
.end
```

2.19.3 互动与思考

读者可以自行改变所有 MOS 管尺寸以及所有 MOS 管的输入偏置电压，观察电路 PSRR 的变化。

请读者思考：

1) 如何提高共源共栅放大器的 PSRR？

2) 相比于电流源负载的共源极放大器而言，共源共栅负载的共源共栅放大器的 PSRR 是更好还是更差？

3) 实际电路设计中，有哪些措施可以增大 PSRR？

2.20 基于跨导效率的放大器设计方法

2.20.1 特性描述

前人发明了一种更直接的放大器电路设计方法，即基于跨导效率g_m/I_D的设计方法。其中跨导效率g_m/I_D的介绍请参见 1.8 节。该方法的优势在于减少迭代次数，并且从前一次迭代中很容易发现电路性能出现偏差的原因，为下一次迭代指明方向。

此处，我们需要设计图 2-75 的电阻负载共源极放大器。设计指标（注：此处的设计指标包括放大器的频率特性，例如−3dB 带宽，读者可以在学习了第 5 章相关内容后，再来学习本节）包括：低频增益A_V、最大电流I_D、−3dB 带宽ω_{-3dB}、负载电容C_L、V_{DD}，并要求电路面积尽可能小。设计过程如下：

1）根据带宽要求，计算负载电阻R_D。此处假定 MOS 管的r_o较大。

$$R_D = \frac{1}{\omega_{-3dB} C_L} \quad (2\text{-}74)$$

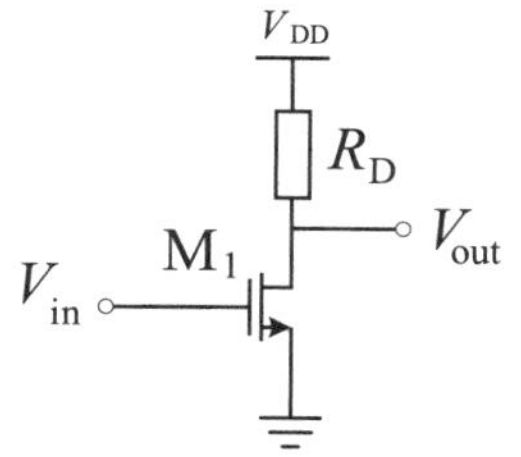

2）根据放大器低频增益要求，确定 MOS 管跨导。

$$g_m = \frac{A_V}{-R_D} \quad (2\text{-}75)$$

图 2-75 电阻负载的共源极放大器

3）计算 MOS 管的跨导效率$\dfrac{g_m}{I_D}$。因为在 MOS 管g_m一定的情况下，其沟道宽度与流过电流成反比。因此，为了减小 W，则应该取设计指标允许的最大电流。

4）仿真$\dfrac{I_D}{W}$相对于$\dfrac{g_m}{I_D}$的关系曲线，仿真电路图如图 2-76 所示。因为 MOS 管的跨导效率$\dfrac{g_m}{I_D}$与流过 MOS 管的电流密度$\dfrac{I_D}{W}$之间存在着一一对应的关系。从这个关系曲线可以确定 MOS 管的沟道宽度。为了便于观察，纵坐标$\dfrac{I_D}{W}$通常取对数坐标。

5）选取 W。从图 2-76 选择合适的 W 值。

6）仿真 MOS 管$\dfrac{g_m}{I_D}$相对于过驱动电压V_{OD}的关系曲线。根据之前设计的$\dfrac{g_m}{I_D}$，选择对应的V_{OD}，从而设计出输入电压的直流偏置电压。

$$V_{Bias} = V_{OD} + V_{TH} \quad (2\text{-}76)$$

至此，完成电路所有参数的设计。最终，还需仿真整个电路的交流特性。从仿真结果上，读者可以验证上述设

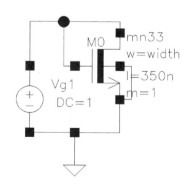

图 2-76 $\dfrac{I_D}{W}$相对于$\dfrac{g_m}{I_D}$的关系曲线仿真电路图

计流程的误差。我们发现，手工计算与计算机仿真的结果误差极小。

注：本节中，为了完成这个设计流程，需要完成至少 3 个仿真，即 MOS 管的 $\dfrac{I_D}{W}$ 相对于 $\dfrac{g_m}{I_D}$ 的关系曲线、MOS 管的 $\dfrac{g_m}{I_D}$ 相对于过驱动电压 V_{OD} 的关系曲线、放大器增益的频率特性曲线。

2.20.2　仿真波形

仿真波形如图 2-77 所示。

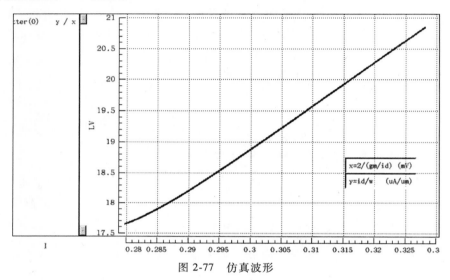

图 2-77　仿真波形

附 Hspice 关键仿真命令：

```
m0 net0 net0 0 0 mn33 L=350n W=width M=1
VVg1 net0 0 DC 1


.lib "/.../spice_model/hm1816m020233rfv12.lib" tt
.param width='1u'
.op
.dc width 1u 100u 1n
.temp 27
.probe DC i(m0) y=par("i(m0)/width") x=par("2/(gm(m0)/i(m0))")
.end
```

2.20.3　互动与思考

上述设计是在固定的 V_{DS} 下得到的，如果 V_{DS} 变化（事实上，V_{DS} 也的确会变化），上述设计有多大的误差？简单的验证办法是换几个不同的 V_{DS}，继续仿真 $\dfrac{I_D}{W}$ 相对于 $\dfrac{g_m}{I_D}$ 的关系曲线，并放在一个坐标系中进行比较。

请读者思考：

1）如果需要提高增益，电路设计该如何调整？

2）如果相应降低功耗，电路设计该如何调整？

3）如果需要提高带宽，电路设计该如何调整？

2.21　反相器作为放大器

2.21.1　特性描述

数字集成电路中最常见、最简单的逻辑门是"反相器"，其电路组成如图 2-78a 所示。

在数字电路分析中，我们熟悉的是，输出信号为输入信号的"非"。我们常常忽略了输入信号转换的过程，即输入信号从一个逻辑状态向另外一个逻辑状态转换时，存在着一个过渡的过程，而且过渡需要花费时间（因为电路中存在着多个寄生电容）。正是这个原因，数字电路只能工作在受限的频率下。

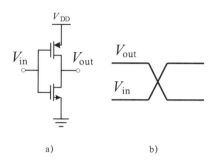

图 2-78　反相器电路及波形示意图

如图 2-78b 所示，在这个转换过程中，输入信号由低向高变化时，输出则由高向低变化。当两个 MOS 管均导通，且均位于饱和区时，反相器对外表现出反向放大的特性。事实上，有时候也会采用该电路作为放大器来使用，例如推挽放大器、反相放大器。显然，输入信号的范围为 $V_{THN} + V_{ODN} \leqslant V_{in} \leqslant V_{DD} - |V_{THP}| - V_{ODP}$。

绘制反相器电路的小信号等效电路如图 2-79 所示，用以计算该电路工作在饱和区时的小信号增益。

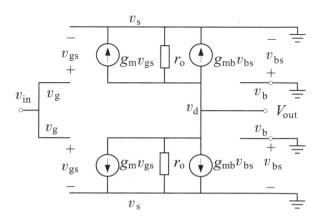

图 2-79　反相放大器小信号等效电路

显然，NMOS 管和 PMOS 管的小信号模型是完全相同的，而且，本节中的 $V_{bs} = 0$，从而可以简化为图 2-80 所示的小信号等效电路。

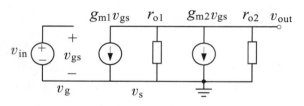

基于该小信号等效电路，快速求出两个 MOS 管均工作在饱和区状态下的小信号增益为

$$A_V = -(g_{m1}+g_{m2})(r_{o1} /\!/ r_{o2}) \quad (2\text{-}77)$$

图 2-80　化简后的反相放大器小信号等效电路

还有另外一种计算增益的方法，需要分别求出电路的等效跨导和输出电阻。为计算反向器电路的跨导，绘制如图 2-81 所示的等效电路，从而有

$$G = \frac{i_{out}}{v_{in}} = g_{m1}+g_{m2} \quad (2\text{-}78)$$

绘制如图 2-82 所示的小信号等效电路，计算电路的输出电阻为

$$R_{out} = \frac{v_x}{i_x} = r_{o1} /\!/ r_{o2} \quad (2\text{-}79)$$

从而电路的增益为

$$A_V = -G\,R_{out} = -(g_{m1}+g_{m2})(r_{o1} /\!/ r_{o2}) \quad (2\text{-}80)$$

式（2-80）中的负号是分析电路增益方向后手工加上的。

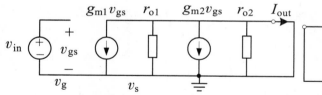

图 2-81　计算电路跨导的小信号等效电路

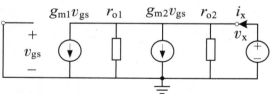

图 2-82　计算电路输出电阻的小信号等效电路

采用两种不同的方法，可以得到相同的结论。本节仿真反相器电路的输入输出特性，并对输入输出响应曲线求导，可以计算出输出相对于输入的小信号增益。仿真电路图如图 2-83 所示。

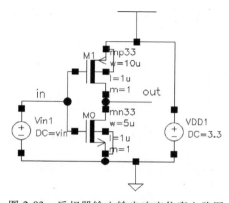

图 2-83　反相器输入输出响应仿真电路图

2.21.2 仿真波形

仿真波形如图 2-84 所示。

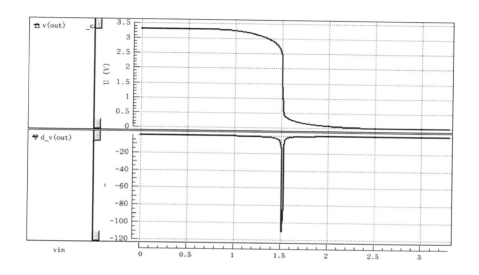

图 2-84 仿真波形

附 Hspice 关键仿真命令：

```
VVDD1 VDD 0 DC 3.3
VVin1 in 0 DC vin
m0 out in 0 0 mn33 L=1u W=5u M=1
m1 out in VDD VDD mp33 L=1u W=10u M=1


.lib "/.../spice_model/hm1816m020233rfv12.lib" tt
.param vin='1'
.op
.dc vin 0 3.3 0.01
.temp 27
.probe DC v(out)
.end
```

2.21.3 互动与思考

读者可以自行调整 MOS 管尺寸，观察输入输出响应曲线以及增益的变化情况。如果仅仅调整 NMOS 管或者 PMOS 管，响应曲线以及增益会如何变化？

请读者思考：

1）数字电路中的反相器，NMOS 管和 PMOS 管的尺寸一般如何设计？

2）反相器的状态转换延时与本节计算仿真的小信号增益是否有关？状态转换延时与哪些因素有关？如何提高反相器的工作速度？

2.22 理想电流源负载的源极负反馈放大器

2.22.1 特性描述

将电阻负载的源极负反馈共源极放大器的负载换为理想电流源，构成如图 2-85 所示的电路。我们来分析该电路的小信号增益。

因为 I_2 为理想电流源，即该电流源的输出电阻为无穷大。从而在计算该电路增益时，只需观察输出结点下方电路的等效跨导和等效输出电阻，这两个结论在 2.6 节已经讲过，此处直接将式（2-35）和式（2-36）相乘，得到

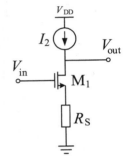

$$A_V = -g_{m1}r_{o1} \tag{2-81}$$

我们发现，这是 M_1 的本征增益，而且增益表达式与负反馈电阻 R_S 无关。原来，R_S 上的电流为恒定值 I_2，从而 M_1 的源极电压不变，即相当于 M_1 的源极是小信号接地点。这与无 R_S 的情况是一致的。

图 2-85 理想电流源负载的源极负反馈放大器

本节将验证理想电流源负载的源极负反馈电路中 R_S 与增益无关的现象，仿真电路图如图 2-86 所示。

2.22.2 仿真波形

仿真波形如图 2-87 所示。

附 Hspice 关键仿真命令：

```
.SUBCKT rnpoly_2t_0 MINUS PLUS segW=
180n segL=5u m=1
…（略）
.ENDS rnpoly_2t_0

m0 out in net1 net1 mn33L=1u W=10u
M=1
VVDD1 VDD 0 DC 3.3
VVin1 in 0 DC vin AC 1
II1 VDD out DC 5u
XR0 0 net1 rnpoly_2t_0 m=1 segW=180n
segl ="(((2.44373e-07 * ((x/55)-0))-0)/
7.41)+0"

.lib"/.../spice_model/hm1816m020233rfv12.lib"tt
```

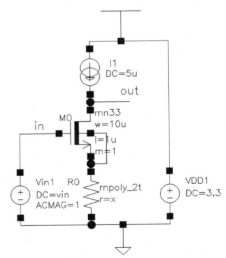

图 2-86 理想电流源负载的源极负反馈电路仿真电路图

.lib″/../spice_model/hm1816m020233rfv12.lib″restypical

.param vin ='0.8255+0.0056'

.param x ='0'

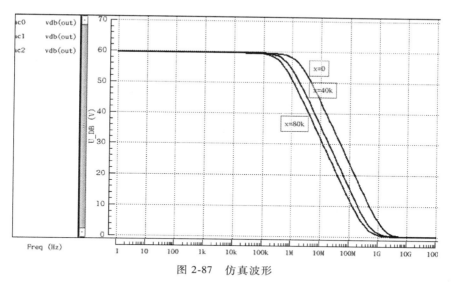

图 2-87 仿真波形

.op

.ac dec 10 1 100G

.temp 27

.probe AC v(out) vdb(out)

.probe AC AV =par(″gm(m0)/gds(m0)″)

.alter

.param vin ='0.8255+0.2042'

.param x ='40k'

.alter

.param vin ='0.8255+0.40524'

.param x ='80k'

.end

2.22.3 互动与思考

读者可以自行调整 MOS 管尺寸和 R_D，观察增益的变化情况。

请读者思考：

1）如果仅仅调整 R_D 的值，增益会有变化吗？

2）如果将理想电流源 I_2 换成工作在饱和区的 MOS 管，结果会出现什么变化？

3）如果用更加理想的 Cascode 电流源代替基本电流源，结果会出现什么变化？

第3章

差分放大器

3.1 电阻负载全差分放大器的共模输入范围

3.1.1 特性描述

差分放大器的发明可以追溯到真空管时代，它是由英国科学家 Alan Dower Blumlein 发明的。

将两个完全相同的电阻负载共源极放大器并联至一点，通过尾电流（图中 M_3 工作在饱和区，电流基本恒定，可以用作差分对电路的尾电流）到地，就构成了图 3-1 所示的电阻负载全差分放大器。其中，M_1 和 M_2 是放大器的差分输入管，M_3 为差分放大器电路提供尾电流 I_{SS}，从而为 M_1 和 M_2 提供固定的偏置电流，而 R_{D1} 和 R_{D2} 则是放大器的负载。我们可以简单推测，当 M_1 和 M_2 接入差分输入信号（即当一个电压信号变高，则另外一个电压信号变低）时，流过 M_1 和 M_2 的电流也差分变化（即一个电流变大时，另外一个电流变小，因为两个 MOS 管的电流之和为定值）。这样，图中 X 和 Y 结点的电压信号，也会差分变化（即一个电压信号变高，另外一个电压信号变低）。从而，输出信号的差值，相对于输入信号的差值表现出了增益。

为保证该电路的输入电压信号转变为可观的电流信号，我们希望 M_1 和 M_2 工作在饱和区。为此，首先分析将图 3-1 所示电路的两个输入端短接后共模输入电压的范围。

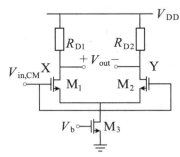

图 3-1 电阻负载全差分放大器

在图 3-1 中，要使 M_3 工作在饱和区，则要求

$$V_{DS3} \geq V_b - V_{TH3} \tag{3-1}$$

同理，要使 M_1、M_2 工作在饱和区，则要求

$$V_{in,CM} \geq V_{GS1,2} + V_b - V_{TH3} \tag{3-2}$$

$$V_X = V_Y = V_{DD} - \frac{1}{2} I_{SS} R_D \tag{3-3}$$

$$V_{in,CM} \leq V_{DD} - \frac{1}{2} I_{SS} R_D + V_{TH1} \tag{3-4}$$

从而，得到输入共模电压的范围为

$$V_{GS1,2} + V_b - V_{TH3} \leq V_{in,CM} \leq \min\left\{ V_{DD} - \frac{1}{2} I_{SS} R_D + V_{TH1}, V_{DD} \right\} \tag{3-5}$$

当输入共模电压在上述范围内时，电路中所有 MOS 管均工作在饱和区。此时，流过 M_1、M_2 的大信号电流为恒定值（$g_{m1,2}$ 为恒定值，即输入变化电压转变为变化电流的能力为恒定值），从而输入信号的直流部分对电路的增益不会产生影响，而且，此时的差动增益比较显著。

本节将要仿真差分放大器的共模输入范围。仿真时，关注的是当输入共模电平（输入信号的直流部分）变化时，输出的差模增益是否保持为较可观的值。仿真电路图如图 3-2 所示。

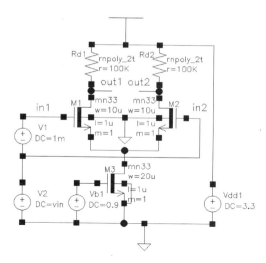

3.1.2　仿真波形

仿真波形如图 3-3 所示。

图 3-2　基本差动对电路共模输入
范围仿真电路图

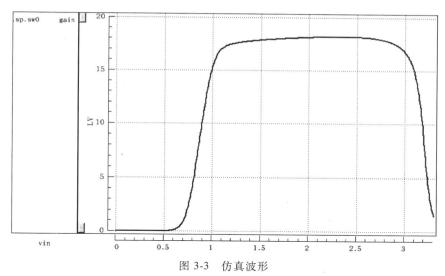

图 3-3　仿真波形

附 Hspice 关键仿真命令：

```
.SUBCKT rnpoly_2t_0 MINUS PLUS segW=180n segL=5u m=1
…（略）
.ENDS rnpoly_2t_0

VVdd1 VDD 0 DC 3.3
VVb1 net9 0 DC 0.9
VV1 in1 in2 DC 1m
VV2 in2 0 DC vin
m1 out1 in1 net17 0 mn33 L=1u W=10u M=1
```

```
m2 out2 in2 net17 0 mn33 L=1u W=10u M=1
m3 net17 net9 0 0 mn33 L=1u W=20u M=1
XRd1 out1 VDD rnpoly_2t_0 m=1 segW=180n segL=59.965u
XRd2 out2 VDD rnpoly_2t_0 m=1 segW=180n segL=59.965u

.lib "/.../spice_model/hm1816m020233rfv12.lib" tt
.lib "/.../spice_model/hm1816m020233rfv12.lib" restypical
.param vin='1'
.op
.dc vin 0 3.3 0.01
.temp 27
.probe DC gain=par("-(v(out1)-v(out2))/(v(in1)-v(in2))")
.end
```

3.1.3　互动与思考

读者可调整尾电流偏置电压 V_b、M_3 的 W/L、M_1 和 M_2 的 W/L、R_D，观察共模输入范围的变化，以及在正常的共模输入范围内增益的变化。

请读者思考：

1) 如何确定差分放大器电路的共模输入范围？

2) 共模输入范围与哪些因素有关？有可能增大吗？

3) 提供尾电流的 M_3 通常是设计较大的宽长比，还是较小的宽长比？分别带来什么问题？

4) 在 M_3 器件尺寸一定的情况下，改变其偏置电压 V_b，对放大器有何影响？

5) 通过仔细观察发现，在合适的输入电压范围内，输入共模电平的改观依然会带来增益的变化。这说明输入共模电平的改变，依然会改变 M_1 和 M_2 的偏置电流。请问有何办法可以让流过 M_1 和 M_2 的偏置电流尽可能恒定？

3.2　差分放大器的差模大信号特性

3.2.1　特性描述

我们采用图 3-4 来定性分析基本差分对电路的差模工作特性，观察差分放大器如何实现差分信号的"放大"。

如果 V_{in1} 比 V_{in2} 小很多，则 M_1 管截止，M_2 管导通，$I_{M2}=I_{SS}$。因此，$V_{out1}=V_{DD}$，$V_{out2}=V_{DD}-R_D I_{SS}$。我们让 V_{in1} 和 V_{in2} 反向变化，即 V_{in1} 不断增加，而 V_{in2} 不断减小，到某一时刻，M_1 管逐渐导通。M_1 管的导通，将导致 M_1 管抽取 I_{SS} 的一部分电流，即 I_{M1} 逐

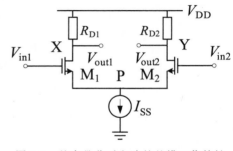

图 3-4　基本差分对电路的差模工作特性

渐增大，从而V_{out1}逐渐减小。由于M_1和M_2电流之和为I_{SS}，从而M_2管的漏极电流I_{M2}逐渐减小，V_{out2}逐渐增大。

当$V_{\text{in1}} = V_{\text{in2}}$时，有$V_{\text{out1}} = V_{\text{out2}} = V_{\text{DD}} - R_D I_{\text{SS}}/2$。

当V_{in1}变化到大于V_{in2}时，与刚才分析的过程类似，只是反向变化。因为M_1和M_2的电流之和是定值，如果一个电流变大，则另外一个电流变小。

本节将仿真得到输入信号反向变化时的输出响应。仿真电路图如图3-5所示。

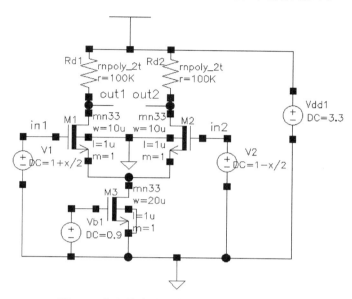

图3-5 基本差动对电路差模响应仿真电路图

3.2.2 仿真波形

仿真波形如图3-6所示。

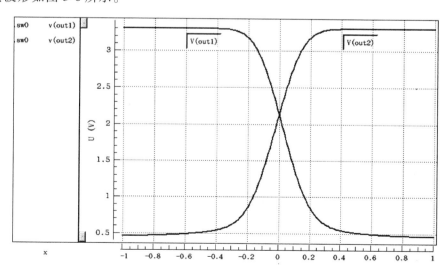

图3-6 仿真波形

附 Hspice 关键仿真命令：

```
.SUBCKT rnpoly_2t_0 MINUS PLUS segW=180n segL=5u m=1
…（略）
.ENDS rnpoly_2t_0


VVdd1 VDD 0 DC 3.3
VV1 in1 0 DC "1+x/2"
VV2 in2 0 DC "1-x/2"
VVb1 net9 0 DC 0.9
m1 out1 in1 net17 0 mn33 L=1u W=10u M=1
m2 out2 in2 net17 0 mn33 L=1u W=10u M=1
m3 net17 net9 0 0 mn33 L=1u W=20u M=1
XRd1 out1 VDD rnpoly_2t_0 m=1 segW=180n segL=59.965u
XRd2 out2 VDD rnpoly_2t_0 m=1 segW=180n segL=59.965u


.lib "/.../spice_model/hm1816m020233rfv12.lib" tt
.lib "/.../spice_model/hm1816m020233rfv12.lib" restypical
.param x='0'
.op
.dc x -1 1 0.01
.temp 27
.probe DC v(out1) v(out2)
.end
```

3.2.3　互动与思考

读者可以调整尾电流偏置电压 V_b、M_3 的 W/L、M_1 和 M_2 的 W/L、R_D，观察波形变化。

请读者思考：

1）从图 3-6 所示波形中，读者是否能得出输出信号的差值在什么范围内，该放大器能正常工作？输出电压大致在什么范围？输出电压范围与哪些量有关？如何提高输出电压的正常工作范围？

2）放大器的增益如何评价？

3）尾电流的选择对放大器的差动放大有何影响？

4）本节电路仿真，是让两个输入信号从 1V 直流电平上差分变化。如果换为其他直流电平，比如 0.5V、2V，仿真结果会出现变化吗？选择输入电压的直流电平有何依据？

3.3　全平衡差分放大器的差模增益

3.3.1　特性描述

如果差分放大器存在一个对称轴，对称轴两边的支路完全对称，即两条支路上的元器件完全匹配，则共模成分和差模成分不会相互转换。这种放大器称为全平衡差分放大器，也是我们平时所说的全差分放大器。理想设计、理想制造的基本差分放大器是全差分放大器。

在物理实现（版图设计）时，全差分放大器的器件布局需要力求做到对称。稍微的不对称，将带来我们不希望出现（也可以称作"寄生"）的共模增益。共模增益会让放大器的性能变差。

计算全差分放大器差模增益的最简单方法是绘制小信号等效电路，并使用半边电路法。如果负载为对称的电阻，输入 MOS 管也对称，当输入信号为全差分信号（信号幅值相同而方向相反，这里所说的"信号"专指输入信号的差模部分，而不包括共模部分）时，两个 MOS 管的公共结点 P 点的电压将不会变化，从而可绘制图 3-7a 所示的小信号等效电路（注：为了体现原电路的电源和地的关系，此处的小信号等效电路其实为"部分"小信号等效电路，即 V_{DD}、I_{SS} 并未替换为小信号）。读者需要注意的是，P 结点是一个电流源到地，通常绘制小信号电路图时应该将电流源断开，但本电路的特殊性在于，由于电路完全对称，P 点电压不会改变，从而将 P 点小信号接地（见图 3-7b）。

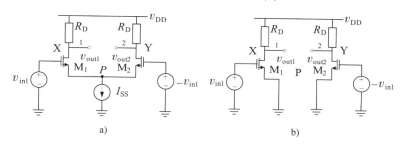

图 3-7 电阻负载全差分放大器的小信号等效电路

显然，该电路的小信号增益，与相同器件尺寸的单端电路具有完全相同的小信号增益，即

$$A_V = -g_m(R_D /\!/ r_o) \tag{3-6}$$

由之前学过的共源极放大器可知，如果差分放大器的负载由电阻换成电流源，则小信号增益为

$$A_V = -g_m(r_{o1} /\!/ r_{o2}) \tag{3-7}$$

电流源负载的全差分放大器与电阻负载的全差分放大器，都具有差分放大器的显著优点，然而两个电路存在一个显著的不同。当尾电流为固定值时，两边电路各流过 1/2 的尾电流。从而，电阻负载上电压降为确定值，保证了输出结点的直流电压是确定值。相反，电流源负载的差分放大器输出结点电平不确定，这类电路要能正常工作还需采用"共模负反馈"技术来保证输出结点电平是确定值。这增加了电路设计的复杂程度。共模负反馈技术将在 3.8 节讲述。

本节将通过交流仿真得到电阻负载全差分放大器的小信号增益。仿真电路图如图 3-8 所示。

3.3.2 仿真波形

仿真波形如图 3-9 所示。

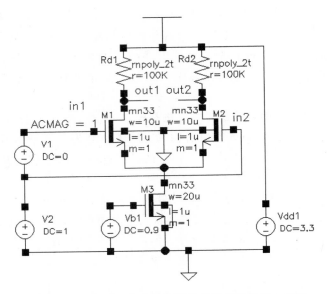

图 3-8　电阻负载全差分放大器小信号增益仿真电路图

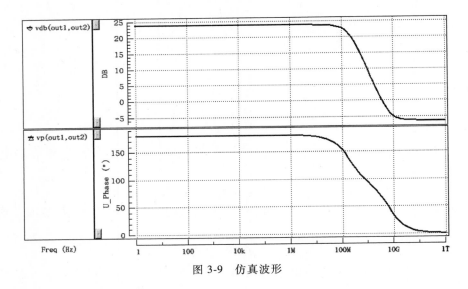

图 3-9　仿真波形

附 Hspice 关键仿真命令：

```
.SUBCKT rnpoly_2t_0 MINUS PLUS segW=180n segL=5u m=1
…(略)
.ENDS rnpoly_2t_0

VVdd1 VDD 0 DC 3.3
VV1 in1 in2 DC 0 AC 1
VV2 in2 0 DC 1
VVb1 net9 0 DC 0.9
m1 out1 in1 net17 0 mn33 L=1u W=10u M=1
```

```
m2 out2 in2 net17 0 mn33 L=1u W=10u M=1
m3 net17 net9 0 0 mn33 L=1u W=20u M=1
XRd1 out1 VDD rnpoly_2t_0 m=1 segW=180n segL=59.965u
XRd2 out2 VDD rnpoly_2t_0 m=1 segW=180n segL=59.965u

.lib "/.../spice_model/hm1816m020233rfv12.lib" tt
.lib "/.../spice_model/hm1816m020233rfv12.lib" restypical
.ac dec 10 1 1000G
.temp 27
.probe AC vdb(out1,out2) vp(out1,out2) v(out1,out2)
.end
```

3.3.3 互动与思考

读者可以调整尾电流偏置电压 V_b、M_3 的 W/L、M_1 和 M_2 的 W/L、R_D，观察差模增益的变化趋势。

请读者思考：

1）放大器的增益与哪些因素有关？如何提高差分放大器的增益？如何在功耗不变的前提下提高放大器的增益？

2）输入 MOS 管的公共结点 P 点电压是否变化？为什么？

3）选择不同的共模输入电平，电路的差模增益会出现变化吗？为什么？

3.4 全平衡差分放大器的共模响应

3.4.1 特性描述

对于图 3-10a 所示的理想全差分放大器而言，输入信号的直流电平（即差分放大器的共模输入电压）出现变化，将影响 P 点电平，这会影响放大支路的电流，最终影响了 M_1 和 M_2 两个 MOS 管的偏置，导致其跨导出现变化，影响放大器的差模增益。当然，在电路完全对称的情况下，如果尾电流 I_{SS} 是理想电流源，则共模输入电压的变化不会影响差模增益。

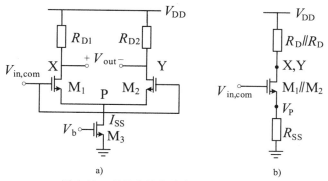

图 3-10 理想全差分放大器的共模响应

因为接相同的输入电平，X 和 Y 结点电压相同，从而可以简化为图 3-10b。能这样分析的前提是电路完全对称，比如负载电阻完全相同，放大用的 MOS 管也完全相同。其中R_{SS}为 M_3 有限的小信号输出电阻，这是导致尾电流不是理想电流源的原因。

利用第 2 章带源极负反馈的电阻负载共源极放大器的增益公式，可计算出该电路的小信号低频共模增益 A_{CM} 为

$$A_{CM} = \frac{2g_m R_D / 2}{1 + 2g_m R_{SS}} = \frac{g_m R_D}{1 + 2g_m R_{SS}} \tag{3-8}$$

显然，如果 M_3 对外表现出理想电流源特性时，则 R_{SS} 为无穷大，从而 $A_{CM} = 0$，即该电路不存在共模增益。无共模增益是我们通常希望看到的结果。因为，对于差分放大器而言，我们只希望放大输入的差模信号，而不希望放大输入的共模信号。因此，共模增益有时也被称为有害的"寄生"增益。

本节将要仿真理想全差分放大器的共模增益。仿真电路图如图 3-11 所示。

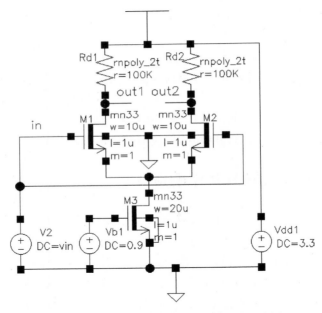

图 3-11　全差分放大器的共模响应仿真电路图

3.4.2　仿真波形

仿真波形如图 3-12 所示。

附 Hspice 关键仿真命令：

.SUBCKT rnpoly_2t_0 MINUS PLUS segW=180n segL=5u m=1

…（略）

.ENDS rnpoly_2t_0

VVdd1 VDD 0 DC 3.3

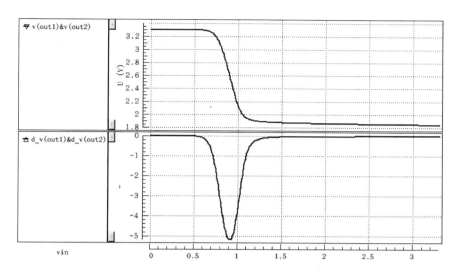

图 3-12 仿真波形

```
VVb1 net9 0 DC 0.9
VV2 in 0 DCvin
m1 out1 in net17 0 mn33 L=1u W=10u M=1
m2 out2 in net17 0 mn33 L=1u W=10u M=1
m3 net17 net9 0 0 mn33 L=1u W=20u M=1
XRd2 out2 VDD rnpoly_2t_0 m=1 segW=180n segL=59.965u
XRd1 out1 VDD rnpoly_2t_0 m=1 segW=180n segL=59.965u

.lib "/.../spice_model/hm1816m020233rfv12.lib" tt
.lib "/.../spice_model/hm1816m020233rfv12.lib" restypical
.param vin='1'
.op
.dc vin 0 3.3 0.01
.temp 27
.probe DC v(out1) v(out2)
.end
```

3.4.3 互动与思考

读者可以调整 R_{SS}、尾电流、M_1 和 M_2 的 W/L、R_D，观察对共模增益的影响。

请读者思考：

1）降低共模增益最直接的方式是什么？

2）当电路完全对称时，输入共模电平的变化会影响差模增益吗？

3.5　基本差分对电阻失配时的共模响应

3.5.1　特性描述

如果差分放大器的两条支路不完全对称（例如第 4 章介绍的有源电流镜负载的差分放大器）或者两条支路上的元器件存在失配，则共模成分和差模成分将相互转换，这类放大器也被称为非平衡差分放大器。

通过集成电路制造工艺制造出来的电阻，误差可能超过 10%，有些类型电阻的绝对误差甚至超过 20%。因此，差分对电路中的负载电阻R_D肯定不会精确匹配。图 3-13 给出了R_D失配时的差分对电路。作为一般的考虑，我们依然保持R_{SS}为有限值。

两边电路不对称，我们分别求出两边电路的增益为

$$\Delta V_X = -\Delta V_{in,CM}\frac{g_m}{1+2g_m R_{SS}}R_D \qquad (3\text{-}9)$$

$$\Delta V_Y = -\Delta V_{in,CM}\frac{g_m}{1+2g_m R_{SS}}(R_D+\Delta R_D) \;(3\text{-}10)$$

因此，得到该电路的输出电压之差为

$$\Delta V_X - \Delta V_Y = -\frac{g_m}{1+2g_m R_{SS}}\Delta R_D \Delta V_{in,CM} \quad (3\text{-}11)$$

从而，得到共模输入引起的差模输出的增益为

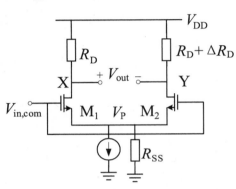

图 3-13　电阻失配时的共模响应

$$A_{CM\text{-}DM}=\frac{-g_m\Delta R_D}{1+2g_m R_{SS}} \tag{3-12}$$

上述结论告诉我们：由于负载电阻出现失配，导致电路产生了"共模"输入到"差模"输出的转换，即输入共模电平的变化在输出端产生差模分量。负载电阻失配带来的影响要比尾电流输出阻抗为有限值的情况更加严重。

同理，输入 MOS 管的失配也会导致共模输入到差模输出的转换，即出现不期望的共模增益$A_{CM\text{-}DM}$。而且，该共模增益跟负载电阻不匹配一样很严重。

本节将仿真由于电阻失配引起的共模增益，仿真电路图如图 3-14 所示。为了简化，可以假设 ΔR_D 为R_D的 5%。然而在工程实际中，设计上不会存在电阻失配情况，只会在电路制造过程中由于工艺原因产生随机的失配。该随机失配满足统计规律，但没有精确值。读者还可以自行仿真输入 MOS 对管的尺寸出现失配时的共模响应。

在差分电路的实现上，为了尽可能避免因为两边电路失配带来的共模增益，解决的办法首先是采用全差分放大器，其次是从版图层面让电路的元器件布局上尽可能对称，比如轴线对称、中心对称、叉指等技术。关于版图技术，读者可以参考其他书籍。

3.5.2　仿真波形

仿真波形如图 3-15 所示。

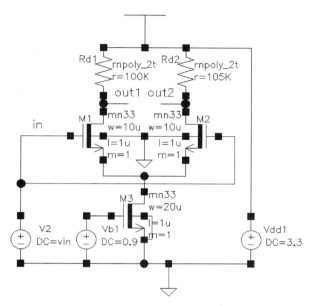

图 3-14　电阻失配引起的共模增益仿真电路图

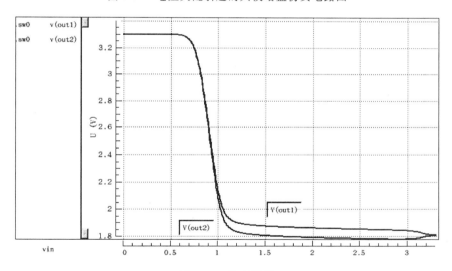

图 3-15　仿真波形

附 Hspice 关键仿真命令：

.SUBCKT rnpoly_2t_0 MINUS PLUS segW=180n segL=5u m=1

…（略）

.ENDS rnpoly_2t_0

.SUBCKT rnpoly_2t_1 MINUS PLUS segW=180n segL=5u m=1

…（略）

.ENDS rnpoly_2t_1

```
VVdd1 VDD 0 DC 3.3
VVb1 net9 0 DC 0.9
VV2 in 0 DC vin
m1 out1 in net17 0 mn33 L=1u W=10u M=1
m2 out2 in net17 0 mn33 L=1u W=10u M=1
m3 net17 net9 0 0 mn33 L=1u W=20u M=1
XRd2 out2 VDD rnpoly_2t_0 m=1 segW=180n segL=59.705u
XRd1 out1 VDD rnpoly_2t_1 m=1 segW=180n segL=59.965u

.lib "/.../spice_model/hm1816m020233rfv12.lib" tt
.lib "/.../spice_model/hm1816m020233rfv12.lib" restypical
.param vin='1'
.op
.dc vin 0 3.3 0.01
.temp 27
.probe DC v(out1) v(out2)
.end
```

3.5.3 互动与思考

读者可以调整 R_{SS}、尾电流、M_1 和 M_2 的 W/L、R_D，也可以重点调整 ΔR_D，观察共模增益的变化。

请读者思考：

1）如何降低电阻失配导致的共模增益？

2）如果负载电阻和输入 MOS 管均有 1% 的失配，哪一种情况产生的共模增益更大？有何理论依据？

3.6 差分放大器的 CMRR

3.6.1 特性描述

为了合理地比较各种差动电路中共模增益对差模增益的影响，由共模变化而产生的"不期望"的差动成分必须用放大后所需的差动输出进行归一化处理，定义"共模抑制比（CMRR）"为

$$CMRR = \left| \frac{A_{DM}}{A_{CM-DM}} \right| \tag{3-13}$$

式中，A_{DM} 为放大器的差模增益；A_{CM-DM} 为放大器由于共模输入变化引起的不期望的差模输出增益。

我们发现，基本差分对电路存在的三种共模响应（尾电流源输出电阻为有限值、负载电阻不匹配、输入对管不匹配）中，后两种情况产生的共模增益可以用式（3-13）来表征。

对于第一种情况，共模输入只产生了共模输出的变化，因此我们定义另外一种共模抑制比，即

$$CMRR = \left| \frac{A_{DM}}{A_{CM}} \right| \tag{3-14}$$

式中，A_{CM} 为放大器的共模增益。注：4.6 节讲述的有源电流镜负载差分放大器只有单端输出，其共模抑制比也只能用式（3-14）来定义。

前面的分析中，我们假定两个负载电阻有 1% 的误差，这是否符合实际情况呢？

从集成电路制造工艺学可知，电阻有很多种制作方法（例如阱电阻、有源区电阻、高阻值多晶硅电阻、低阻值多晶硅电阻、金属电阻等），每种方法制作出来的电阻，其精度、方块值、温度系数都不尽相同。为此，在不同的应用中，可能需要选择不同种类的电阻。另外，由于版图布局的差异，电阻或者输入差分对 MOS 管的失配也会不尽相同。模拟集成电路全定制版图设计的很大一部分工作，在于如何消除工艺误差带来的电路性能损失。全定制版图设计的技巧已经超出本书内容，感兴趣的读者可以阅读相关书籍。

依靠基本的仿真模型无法完成全差分放大器 CMRR 的仿真。但是，由于电阻的误差和输入差分对 MOS 管的失配是的的确确存在的，人们希望借助集成电路制造公司经过多次制造、多次测量得出的"统计结论"或者叫"经验误差"，来知道工程误差带来的电路性能（比如某差分电路的 CMRR）的影响。为了便于设计人员了解由于工艺误差带来的后果，现在不少代工厂提供了集成电路制造的"蒙特卡罗模型"。基于蒙特卡罗模型，人们可以通过仿真知道所设计电路在制造出来后，出现不同品质的概率。

因此，在代工厂没有提供蒙特卡罗模型时，人们能仿真的 CMRR 仅仅包括：尾电流输出阻抗有限的全差分电路、差分输入单端输出的差分电路。

本节将仿真电阻负载的差分放大器电路，仿真电路图如图 3-16 所示。基于最基本的工

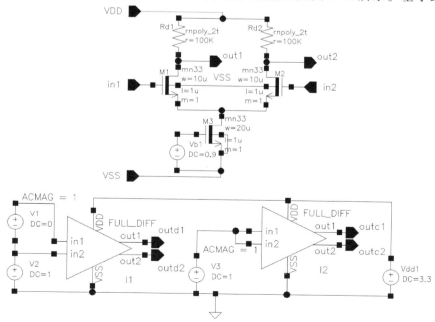

图 3-16 基本差分对电路的 CMRR 仿真电路图

艺模型，我们无法得知两个负载电阻和两个输入 MOS 管的失配程度。因而，仿真中两个差分支路完全对称，仅能得到的 A_{CM}。本节仿真由于尾电流输出电阻有限时的共模抑制比。

3.6.2 仿真波形

仿真波形如图 3-17 所示。

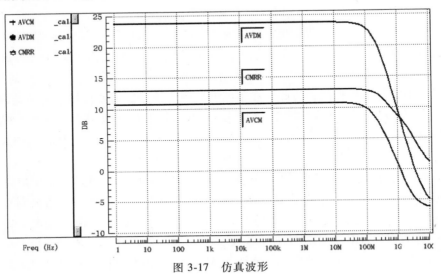

图 3-17　仿真波形

附 Hspice 关键仿真命令：

```
.SUBCKT rnpoly_2t_0 MINUS PLUS segW=180n segL=5u m=1
…（略）
.ENDS rnpoly_2t_0
.SUBCKT FULL_DIFF in1 in2 out1 out2 VDD VSS
VVb1 net9 VSS DC 0.9
m1 out1 in1 net17 VSS mn33 L=1u W=10u M=1
m2 out2 in2 net17 VSS mn33 L=1u W=10u M=1
m3 net17 net9 VSS VSS mn33 L=1u W=20u M=1
XRd2 out2 VDD rnpoly_2t_0 m=1 segW=180n segL=59.965u
XRd1 out1 VDD rnpoly_2t_0 m=1 segW=180n segL=59.965u
.ENDS FULL_DIFF

VVdd1 net1 0 DC 3.3
VV1 net4 net2 DC 0 AC 1
VV2 net2 0 DC 1
VV3 net14 0 DC 1 AC 1
XI1 net4 net2 outd1 outd2 net1 0 FULL_DIFF
XI2 net14 net14 outc1 outc2 net1 0 FULL_DIFF
```

```
.lib "/.../spice_model/hm1816m020233rfv12.lib" tt
.lib "/.../spice_model/hm1816m020233rfv12.lib" restypical
.ac dec 10 1 10G
.temp 27
.probe AC v(outd1,outd2) AVCM=vdb(outc1) AVDM=vdb(outd1,outd2)
.probe AC CMRR=par("vdb(outd1,outd2)-vdb(outc1)")
.end
```

3.6.3 互动与思考

读者可以调整尾电流 M_3 尺寸 W/L、尾电流偏置电压 V_b、M_1 和 M_2 的 W/L、R_D 等参数，观察全差分放大器 CMRR 的变化情况。特别地，可以重点调整尾电流 MOS 管的 L，观察 CMRR 的变化情况。

请读者思考：

1）如何提高全差分放大器的 CMRR？请给出几种方法，并通过仿真验证你的想法。

2）从仿真波形上可以看出，高频时 CMRR 会恶化得非常厉害。请读者分析是什么原因造成的。

3.7 全差分放大器的 PSRR

3.7.1 特性描述

全差分放大器的两条支路在完全对称的情况下，理论分析 PSRR 时，其差模电源增益 A^+ 和 A^- 均为 0，则 $PSRR^+$ 和 $PSRR^-$ 均为无穷大。但是，如果电路在制造过程中出现失配，则会产生有限的 PSRR。该 PSRR 无法通过计算和仿真得到。

另外，全差分放大器因为有两个输出，通常作为放大器的输入级或者中间级。最终，电源上的噪声对电路的贡献会通过全差分放大器的输出共模量向后一级传递。后一级通过差模处理后，该全差分放大器的电源噪声还是会被很大限度消除。

因此，如果关心全差分放大器的 PSRR，则实际关心的是其共模增益，即观察电源噪声在输出一个端口上产生的噪声输出。下面，我们从理论上分析一下电源噪声的增益。

为了计算全差分放大器的 $PSRR^-$，绘制如图 3-18 所示的小信号等效电路。因为所有 NMOS 管的偏置电压均是以 V_{SS} 为参考的，从而关注 V_{SS} 的噪声信号增益时，M_1、M_2、M_3 的栅极均加载了交流 V_{SS}。由图 3-18，计算出 V_{SS} 到输出端的小信号增益为

$$A^- = -\frac{V_{out}}{V_{ss}} \approx -\frac{R_D/2}{g_{m1}r_{o1}r_{o3}+R_D/2} \tag{3-15}$$

有源电流镜负载差分放大器电路的小信号增益为

$$A_V = -g_{m1}(r_{o1}/\!/R_D) \tag{3-16}$$

从而有

$$PSRR^- = \frac{A_V}{A^-} = \frac{2g_{m1}(r_{o1}/\!/R_D)}{R_D}g_{m1}r_{o1}r_{o3} \tag{3-17}$$

同理，绘制出计算正电源增益的小信号等效电路图如图 3-19 所示，可以计算出

$$PSRR^+ = \frac{g_{m1}(r_{o1} /\!/ R_D)}{\dfrac{g_{m1}r_{o1}r_{o3}+r_{o1}+r_{o3}}{g_{m1}r_{o1}r_{o3}+r_{o1}+r_{o3}+\dfrac{R_D}{2}}} \approx g_{m1}(r_{o1} /\!/ R_D) \qquad (3\text{-}18)$$

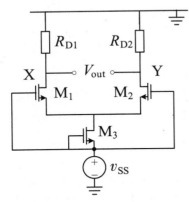

图 3-18　全差分放大器计算
PSRR⁻ 的等效电路

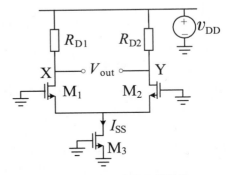

图 3-19　全差分放大器计算
PSRR⁺ 的等效电路

可见，由于 R_D 上分压很小，从而 V_{DD} 上的噪声很容易传递到输出端，从而 $PSRR^+ \approx A_V$。而 V_{SS} 上的噪声则被有效衰减。

本节将仿真全差分放大器的电源抑制比特性。仿真电路图如图 3-20 所示。

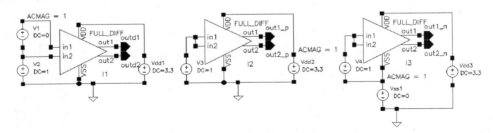

图 3-20　全差分放大器的电源抑制比仿真电路图

3.7.2　仿真波形

仿真波形如图 3-21 所示。

附 Hspice 关键仿真命令：

```
.SUBCKT rnpoly_2t_0 MINUS PLUS segW=180n segL=5u m=1
…（略）
.ENDS rnpoly_2t_0
.SUBCKT FULL_DIFF in1 in2 out1 out2 VDD VSS
VVb1 net9 VSS DC 0.9
m1 out1 in1 net17 VSS mn33 L=1u W=10u M=1
m2 out2 in2 net17 VSS mn33 L=1u W=10u M=1
```

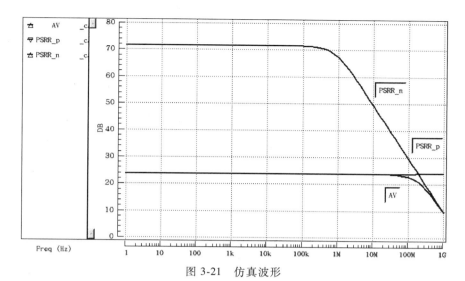

图 3-21 仿真波形

```
m3 net17 net9 VSS VSS mn33 L=1u W=20u M=1
XRd2 out2 VDD rnpoly_2t_0 m=1 segW=180n segL=59.965u
XRd1 out1 VDD rnpoly_2t_0 m=1 segW=180n segL=59.965u
.ENDS FULL_DIFF


XI1 net26 net28 outd1 outd2 net8 0 FULL_DIFF
VVdd1 net8 0 DC 3.3
VV1 net26 net28 DC 0 AC 1
VV2 net28 0 DC 1
XI2 net31 net31 out1_p out2_p net25 0 FULL_DIFF
VV3 net31 0 DC 1
VVdd2 net25 0 DC 3.3 AC 1
XI3 net21 net21 out1_n out2_n net18 net17 FULL_DIFF
VV4 net21 net17 DC 1
VVdd3 net18 0 DC 3.3
VVss1 net17 0 DC 0 AC 1


.lib "/.../spice_model/hm1816m020233rfv12.lib" tt
.lib "/.../spice_model/hm1816m020233rfv12.lib" restypical
.ac dec 10 1 1G
.temp 27
.probe AC v(outd1,outd2) AV=vdb(outd1,outd2) AV_p=vdb(out1_p) AV_n=
vdb(out1_n)
.probe AC PSRR_p=par("vdb(outd1,outd2)-vdb(out1_p)")
.probe AC PSRR_n=par("vdb(outd1,outd2)-vdb(out1_n)")
.end
```

3.7.3　互动与思考

读者可以改变 V_b 以及所有 MOS 管宽长比等参数，观察正负电源的增益，以及正负电源抑制比的差异和变化趋势。

请读者思考：

1）若电路结构不改变，如何提高全差分放大器的电源抑制比？

2）通过本节仿真方法得到的 PSRR，与实际生产出来电路的 PSRR 是否有区别？

3）请读者思考如何从版图设计的角度改善电源抑制比。

4）本节仿真中，是假定 V_{SS} 上所有噪声毫无衰减地传递到所有 NMOS 管的栅极。如果假定 NMOS 管的栅极电压均为恒定偏置，没有受到噪声污染，那么该如何仿真？请读者修改仿真激励，观察仿真结果，并与本节仿真结果进行对比。

3.8　全差分放大器的输出共模电平

3.8.1　特性描述

图 3-22 所示的基本差分对电路中，由于尾电流 I_{SS} 恒定，则流过两个电路的大信号电流为 I_{SS} 的一半，也为恒定值。因此，当差分对电路工作在平衡状态时，我们得到输出结点 X（Y）的直流电压，即共模电平为 $V_{DD}-\dfrac{R_D I_{SS}}{2}$。显然，该电压是一个确定值。

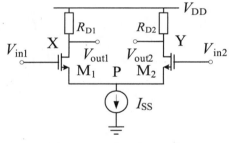

图 3-22　基本差分对电路

让我们来观察图 3-23 所示的电流源负载差分放大器电路，图中给出了简易的偏置电路（偏置电路采用的是电流镜电路，具体原理参见第 4 章）。在理想的电路设计中，我们会保证 $I_{M3}=I_{M4}=I_{M5}/2$。如果 IC 制造中产生误差，比如 M_3、M_4 或者 M_5 的 W 和 L 出现不匹配，会出现什么现象？

假定制造出来的电路中，M_3 的尺寸（宽长比）比期望值大了一点，在 MOS 管工作状态不变的情况下，M_3 的电流比期望值大一点，即 $I_{M3}>I_{SS}/2$，另外一边依然保持 $I_{M4}=I_{SS}/2$。显然，这个状态不会持久，因为流出 V_{DD} 和流入 GND 的电流不相等。电流相等是必须保证的，则 I_{M3} 要变小，直到与 $I_{SS}/2$ 相等为止。

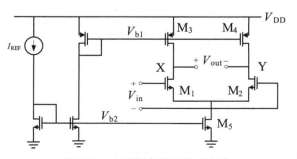

图 3-23　电流源负载差分对电路

M_3 的偏置电压 V_{b1} 是固定偏置电压。一个 MOS 管栅源电压不变的情况下，如何能让电流变小呢？显然，如图 3-24 所示，MOS 管将由 V_{DS} 较高的工作点 B 向 V_{DS} 较低的工作点 A 移动。如果工作点达到 MOS 管饱和区和线性区的临界点时，I_{M3} 依然比 $I_{SS}/2$ 大，则工作点继续向 V_{DS} 更小的方向移动，从而 MOS 管离开饱和区，进入线性区，比如图中的 C 点。这不仅让 M₃ 管离开饱和区，使其特性不再类似于电流源，而且 X 点电平升高得非常厉害。由于 M₃ 管制造产生的尺寸误差是随机数，从而 X 点电平升高多少事先不可评估。

相反，如果 M3 的实际尺寸比预期小，也可以分析出来类似的结论。总之，电流源负载的共源极电路无法得到确定的输出直流电平。

除了电路中作为电流源的 MOS 管尺寸可能出现偏差之外，为电流源提供的偏置电压也可能出现偏差。在图 3-25 中，假定 M₃、M₄ 期望的偏置电压为 V_{GS1}，使得 M₃ 和 M₄ 工作在 B 点上。如果由于前级镜像电流源源头的误差，导致实际加载在 M₃ 和 M₄ 上的偏置电压变大为 V_{GS2}。因为尾电流已经将流过 M₃ 和 M₄ 的偏置电流限定为

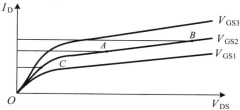

图 3-24 上下电流出现不匹配的情况

I_{D1}，从而，将从图中的 B 点（期望工作点）移动到 A 点（实际工作点），即漏源电压由 V_{DS1} 下降为 V_{DS2}。这说明，偏置电压出现误差的情况下，输出点 X 和 Y 的直流电压也会变化。

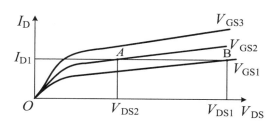

图 3-25 偏置电压出现不匹配的情况

上述分析表明，由于 N 管和 P 管电流存在失配，或者是偏置电压出现偏差，均会导致个别 MOS 管离开期望的工作状态，并且无法保证输出直流电平恒定。这种现象让电流源负载的全差分放大器无法确定共模电平。同样的问题也会出现在电流源负载的共源极放大器上。

解决上述问题的最简单方法不是通过各种努力让 MOS 管尽可能匹配，而是通过负反馈的原理，让尾电流或者负载电流能自动调整，将输出结点的共模电平固定。前人发明了如图 3-26 所示的共模负反馈电路。

通过"共模电平检测电路"，将差分放大器的输出共模电平与某固定参考电平 V_{REF} 进行比较，对尾电流进行调节。对于 M₃ 和 M₄ 而言，在 V_{GS} 不变、尺寸不变的情况下，若电流

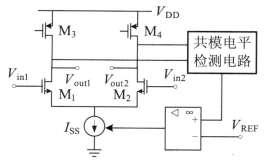

图 3-26 共模负反馈实现机理

变大，则意味着 M_3 和 M_4 的 V_{DS} 变大，从而输出共模电平变低，则误差放大器输出变小，从而调整 I_{SS} 变小，实现了电流调节的负反馈。根据负反馈的原理，若环路增益比较大，则输出共模电平固定在 V_{REF} 的水平，从而实现了输出共模电平的恒定。

本节将仿真一个相对完整的电流源负载差分放大器，仿真电路图如图 3-27 所示。为了验证输出共模电平，可以假定 M_5 的 W 比设计小 5%，观察输出结点 X 和 Y 的直流电平的变化。

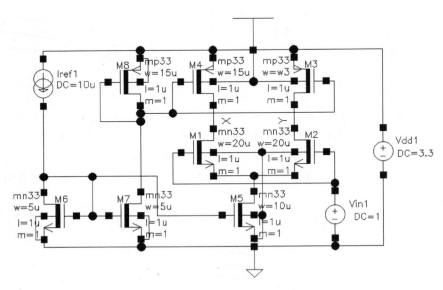

图 3-27　差分放大器的输出共模电平仿真电路图

3.8.2　仿真波形

仿真波形如图 3-28 所示。

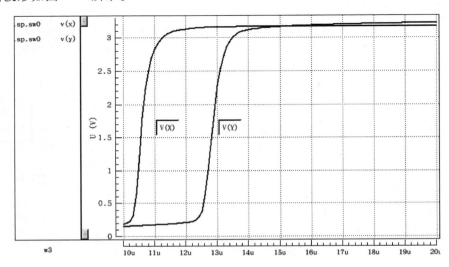

图 3-28　仿真波形

附 Hspice 关键仿真命令：

```
VVdd1 VDD 0 DC 3.3
VVin1 net2 0 DC 1
IIref1 VDD net4 DC 10u
m1 X net2 net11 0 mn33 L=1u W=20u M=1
m2 Y net2 net11 0 mn33 L=1u W=20u M=1
m3 Y net3 VDD VDD mp33 L=1u W=w3 M=1
m4 X net3 VDD VDD mp33 L=1u W=15u M=1
m5 net11 net4 0 0 mn33 L=1u W=10u M=1
m6 net4 net4 0 0 mn33 L=1u W=5u M=1
m7 net3 net4 0 0 mn33 L=1u W=5u M=1
m8 net3 net3 VDD VDD mp33 L=1u W=15u M=1

.lib "/.../spice_model/hm1816m020233rfv12.lib" tt
.param w3='15u'
.op
.dc w3 10u 20u 0.1u
.temp 27
.probe DC v(X) v(Y)
.end
```

3.8.3 互动与思考

读者可以自行调整电路参数以及出现误差的百分比，观察输出直流电平的变化。

请读者思考：

1）若 M_3 和 M_4 的尺寸出现误差，输出共模电平是否会变化？

2）图 3-26 的共模负反馈电路中，某同学无意中将误差放大器的正向输入端和反向输入端接反，请问会出现什么情况？

3.9 交叉互连负载的差分放大器

3.9.1 特性描述

图 3-29 中，M_5 和 M_6 是二极管连接方式的负载，除了能提供负载电流之外，还具有提高线性度、确定输出结点直流电平的功能。M_3 和 M_4 也是差分放大器的负载，只是其栅极输入反向接在了输出结点上。该电路具体工作方式如何？让我们用半边电路法来分析，绘制图 3-30 所示的小信号等效电路。基于电路的对称性，若图中 X 点输出电压为 V_{out-}，则 Y 点输出电压为 $-V_{out-}$。这是绘制图 3-30 的关键点。

X 结点的总电阻为

$$R_{out} = r_{o1} \, / \! / \, r_{o5} \, / \! / \, r_{o3} \tag{3-19}$$

X 结点的总电流为

$$I_{out} = g_{m1}V_{in+} + g_{m5}V_{out-} - g_{m3}V_{out-} \quad (3\text{-}20)$$

同时有

$$V_{out-} = -I_{out}R_{out} \quad (3\text{-}21)$$

所以

$$A_V = -\frac{g_{m1}}{\dfrac{1}{R_{out}} + g_{m5} - g_{m3}} \quad (3\text{-}22)$$

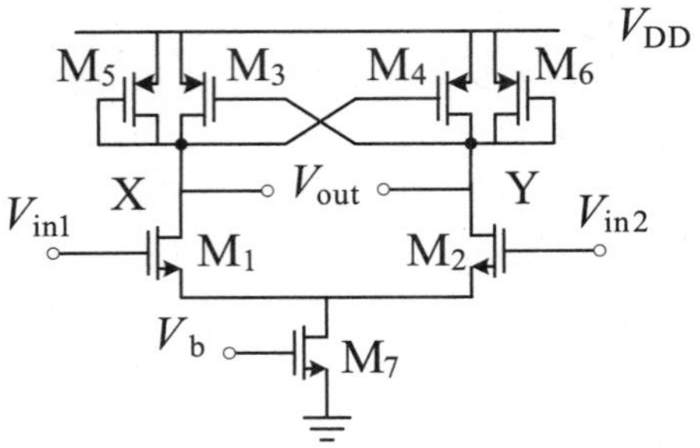

若忽略 MOS 管的沟长调制效应，则增益简化为

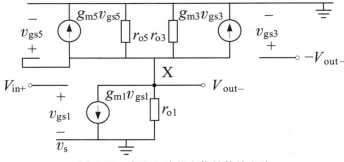

图 3-29　交叉互连负载的差分对电路

$$A_V = -\frac{g_{m1}}{g_{m5} - g_{m3}} \quad (3\text{-}23)$$

图 3-30　半边电路的小信号等效电路

若 M_5 和 M_3 的跨导很接近，则该电路实现了一个非常大的差模增益。

我们还可以从另外一个角度来看这个电路中 M_3 和 M_4 的作用。当 V_{in1} 增加时，显然 X 点电平下降而 Y 点电平上升，从而 M_3 管的漏源电压是增加的，而栅源电压绝对值是减小的。如何能保持电流不变呢？栅源电压绝对值减小要求 M_3 的漏源电压绝对值进一步增加，即 X 点电平加速下降。我们发现，M_3 在电路中起到了"正反馈"的作用。

本节将要仿真图 3-29 所示的交叉互连和二极管并联负载的差分对电路。仿真电路图如图 3-31 所示。

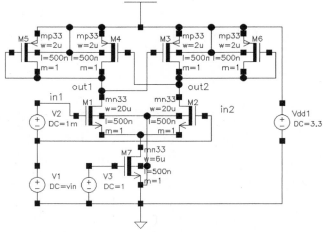

图 3-31　交叉互连负载的差分对电路仿真电路图

3.9.2 仿真波形

仿真波形如图 3-32 所示。

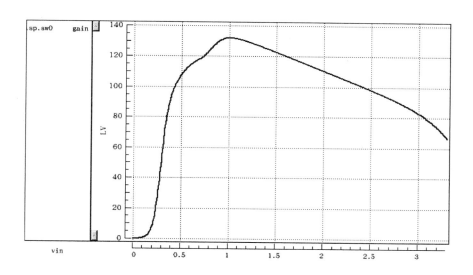

图 3-32 仿真波形

附 Hspice 关键仿真命令：

```
VVdd1 VDD 0 DC 3.3
VV1 in2 0 DC vin
VV2 in1 in2 DC 1m
VV3 net1 0 DC 1
m1 out1 in1 net11 0 mn33 L=500n W=20u M=1
m2 out2 in2 net11 0 mn33 L=500n W=20u M=1
m3 out2 out1 VDD VDD mp33 L=500n W=2u M=1
m4 out1 out2 VDD VDD mp33 L=500n W=2u M=1
m5 out1 out1 VDD VDD mp33 L=500n W=2u M=1
m6 out2 out2 VDD VDD mp33 L=500n W=2u M=1
m7 net11 net1 0 0 mn33 L=500n W=6u M=1

.lib "/.../spice_model/hm1816m020233rfv12.lib" tt
.param vin='1'
.op
.dc vin 0 3.3 0.01
.temp 27
.probe DC v(out1,out2) gain=par("v(out1,out2)/v(in2,in1)")
.end
```

3.9.3　互动与思考

读者可以自行改变 MOS 管参数，观察差模增益的变化。

请读者思考：

1）如果负载严格对称，该电路的增益是否能达到无穷大？限制其增益为无穷大的主要原因是什么？

2）根据式（3-22），若 $\dfrac{1}{R_{\text{out}}}+g_{m5}=g_{m3}$，该电路的增益是否为无穷大？

3）该电路的输出结点共模电平如何确定？

4）如何保证 M_5 和 M_3 的跨导尽可能相等？

5）图 3-29 所示电路有何优势和劣势？

第4章

电流源和电流镜

4.1 基本电流镜

4.1.1 特性描述

在以往所学的电路知识中，我们知道电压在传递中会产生误差，而电流的传递相对更精确。原因是任何导线都有串联的寄生电阻，电流在导线上流动时，会产生电压降。相同材料的导线，横截面积越小，则电阻越大。

我们还知道，CMOS 模拟集成电路中需要提供大量的固定电压和电流信号。比如，设计电流源负载的共源极放大器时，需要为 MOS 管提供一个恒定的栅源电压从而产生负载电流；差分放大器的尾电流也需要为 MOS 管提供恒定栅源电压。如何能保证这个栅极偏置电压是恒定，即不易受电源电压、芯片制造工艺、芯片工作温度的影响呢？目前，人们通过努力，基于自偏置技术、温度补偿机制等多种技术，已经可以设计制作相对恒定的电压源或者电流源。但代价往往较大，需要设计复杂的电路，占用较大的面积，消耗较大的功耗。

因此，为每个电流源单独设计一个基准电压（或者电流）源显然不现实。通常的做法是用较大代价设计一个基准电流源，通过某种机制将这个电流源"复制"到任何需要的地方。基于这个想法，前人发明了电流镜电路。电流镜电路的实现依据是：对于工作在饱和区的两个 MOS 管，有

$$I_D = \frac{\mu_n C_{ax}}{2} \frac{W}{L} (V_{GS} - V_{TH})^2 \tag{4-1}$$

所以，当两个 MOS 管均工作在饱和区，且栅源电压 V_{GS} 相同时，则其电流之比为两器件 W/L 之比。在图 4-1 所示电路中，M_1 和 M_2 具有相同的栅源电压 V_{GS}，M_1 接成了二极管连接的方式，只有 M_1 有电流，则其必定工作在饱和区。若 M_2 输出结点的电压高过 M_2 的过驱动电压，则 M_2 也工作在饱和区。忽略 MOS 管的沟长调制效应，有

$$\frac{I_{OUT}}{I_{REF}} = \frac{\left(\dfrac{W}{L}\right)_2}{\left(\dfrac{W}{L}\right)_1} \tag{4-2}$$

图 4-1 所示的简单电流镜电路中，是通过将 X 点电压，即 M_1 的 V_{GS} 传递到 M_2，实现了电流的复制或者叫镜像。而 X 点电压则由 I_{REF} 决定。因为，工作在饱和区的 MOS 管，当

$V_{GS} = V_{DS}$时，V_{GS}与I_{DS}一一对应。

该电路的特例是，若M_1和M_2尺寸相同，则输出电流将是I_{REF}的复制。那么，复制精度如何？由于 MOS 管的沟长调制效应，即使 MOS 管工作在饱和区，MOS 管漏源电压V_{DS}也会轻微影响其电流，从而有

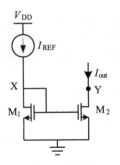

图 4-1 简单
电流镜电路

$$\frac{I_{OUT}}{I_{REF}} = \frac{\left(\dfrac{W}{L}\right)_2 (1+\lambda V_{DS2})}{\left(\dfrac{W}{L}\right)_1 (1+\lambda V_{DS1})} \qquad (4\text{-}3)$$

图 4-1 所示电路中，M_1的V_{GS}是与I_{REF}相关的恒定值。然而，M_2的漏端电压V_{DS2}会随负载变化而变化。从而，I_{OUT}并不是恒定值，存在着与基准电流的镜像误差。

本节将仿真基本电流镜的直流特性。观察参考电流固定，但输出电压改变时输出电流的响应情况。仿真电路图如图 4-2 所示。

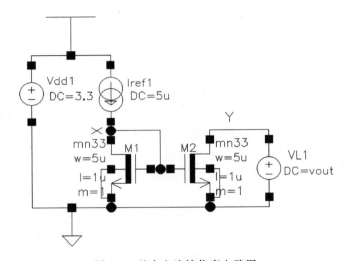

图 4-2 基本电流镜仿真电路图

4.1.2 仿真波形

仿真波形如图 4-3 所示。

附 Hspice 关键仿真命令：

```
VVdd1 VDD 0 DC 3.3
VVL1 Y 0 DC vout
IIref1 VDD X DC 5u
m1 X X 0 0 mn33 L=1u W=5u M=1
m2 Y X 0 0 mn33 L=1u W=5u M=1

.lib "/.../spice_model/hm1816m020233rfv12.lib" tt
.param vout ='1.0'
```

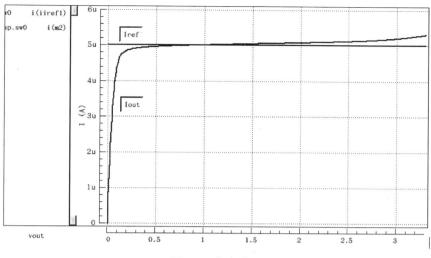

图 4-3　仿真波形

```
.op
.dc vout 0 3.3 0.01
.temp 27
.probe DCi(iiref1) i(m2)
.end
```

4.1.3　互动与思考

读者可以通过改变负载大小、M_1 和 M_2 的尺寸、I_{REF}，观察输出电流的波形变化。

请读者思考：

1）由于 MOS 管沟长调制效应引起的电流镜像误差有办法减轻吗？是否有可能让 M_1 和 M_2 的漏极电压相同？

2）在芯片设计中，可以用两种方式将基准电流镜像到芯片各处。一种是将电流传递到各处，另外一种方法是将图 4-1 中的栅极电压（即 V_x）传递到各处。请分析这两种方法的利弊。

4.2　共源共栅电流源

4.2.1　特性描述

在学习共源共栅放大器时，我们已经提到，共源共栅极的输出阻抗更大，可以用作更加理想的电流源。

我们来比较一下单个 MOS 管电流源和共源共栅电流源。假定固定 MOS 管的栅极电位，观察 V_{out}（V_{DS}）从 0 变化到 V_{DD} 时的输出电流。如图 4-4 所示，在更大的 V_{DS} 变化区域，共源共栅（Cascode）极的输出电流更加稳定，不像单个 MOS 管一样随输出电压变化而产生较大的电流变化。图中的两条虚线，表明了共源共栅极电路中 M_1 和 M_2 工作在饱和区和晶体管区的临界点。

基于上述考虑，前人发明了共源共栅极电流镜，也称 Cascode 电流镜。电路的基本构成形式如图 4-5 所示。

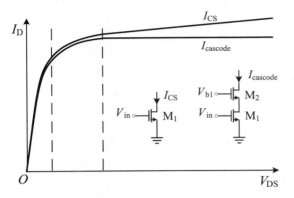

图 4-4　单管电流源和共源共栅电流源

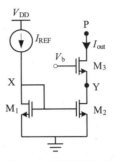

图 4-5　输出为共源共栅极的电流镜

由于输出为共源共栅极，输出电流更加稳定，不易随负载变化，或者称输出电流不易随输出电压变化而变化。为了简化该电流镜中 M_3 的栅极电压的产生方式，通常在 M_1 上方再叠加一个 MOS 管，构成图 4-6 所示的简单 Cascode 电流镜。

图 4-6 所示的电流镜中，M_1 和 M_2 有相同的栅源电压，能实现电流的镜像。而输出支路的共源共栅结构大大提高了输出电阻，从而使输出电流不易受输出电压变化而变化，即输出电流更加恒定。现在，我们来分析一下图中 V_X 是否与 V_Y 相等。如果相等，则由于 M_1、M_2 的沟长调制效应导致的镜像误差将可以很好地避免。假定 4 个 MOS 管尺寸相同，由 $I_1 = I_4$，可知 $V_{GS1} = V_{GS4}$；由 $I_2 = I_3$，可知 $V_{GS2} = V_{GS3}$；另外，因 $V_{GS1} = V_{GS2}$，从而 $V_{GS3} = V_{GS4}$，最终得到 $V_X = V_Y$。

因此，即使 M_1 和 M_2 存在不可忽略的沟长调制效益，但两个 MOS 管有相同的 V_{GS} 和 V_{DS}，其电流严格相等。

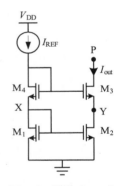

图 4-6　简单 Cascode 电流镜

另外，更一般的情况，只要满足 $\dfrac{\left(\dfrac{W}{L}\right)_2}{\left(\dfrac{W}{L}\right)_1} = \dfrac{\left(\dfrac{W}{L}\right)_3}{\left(\dfrac{W}{L}\right)_4}$，也能实现精确的

电流按比例镜像。

本节将要仿真 Cascode 电流镜的输出电流和电压的关系曲线，仿真电路图如图 4-7 所示。作为比较，可以比较本节输出电流与 4.1 节基本电流镜。

4.2.2　仿真波形

仿真波形如图 4-8 所示。

附 Hspice 关键仿真命令：

```
VVdd1 VDD 0 DC 3.3
VVL1 net1 0 DC vout
```

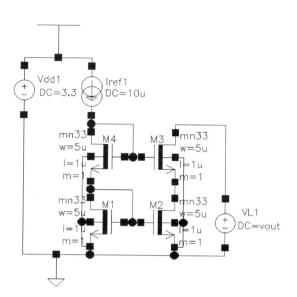

图 4-7　Cascode 电流镜仿真电路图

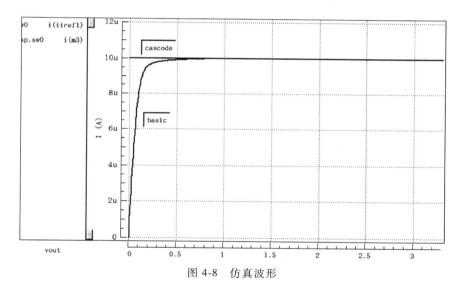

图 4-8　仿真波形

```
IIref1 VDD net5 DC 10u
m1 net2 net2 0 0 mn33 L=1u W=5u M=1
m2 net0 net2 0 0 mn33 L=1u W=5u M=1
m3 net1 net5 net0 0 mn33 L=1u W=5u M=1
m4 net5 net5 net2 0 mn33 L=1u W=5u M=1


.lib "/.../spice_model/hm1816m020233rfv12.lib" tt
.param vout ='1.0'
.op
.dc vout 0 3.3 0.01
```

```
.temp 27
.probe DC i(iiref1) i(m3)
.end
```

4.2.3　互动与思考

读者可以通过改变 4 个 MOS 管的尺寸（注意其比例关系）、I_{REF}，观察输出电流的波形变化，重点关注输出电流与 I_{REF} 的关系。

请读者思考：

1）由于 MOS 管的沟长调制效应引起的电流镜像误差，在 Cascode 电流镜中有改善吗？

2）4 个 MOS 管的尺寸要符合什么要求，电流才能比较好的镜像？

3）图 4-6 中 X 点和 Y 点电压相同吗？这对电流镜像精度有影响吗？

4）简单 Cascode 电流镜的输出电压最低值是多少？

5）只保证 $\dfrac{\left(\dfrac{W}{L}\right)_2}{\left(\dfrac{W}{L}\right)_1} = \dfrac{\left(\dfrac{W}{L}\right)_3}{\left(\dfrac{W}{L}\right)_4}$，但这 4 个 MOS 管的 L 取值不同，对电路带来何种影响？

4.3　共源共栅电流源的输出电压余度

4.3.1　特性描述

在需要使用共源共栅电流镜的场合，往往希望输出点电压的工作范围越广越好，即电路设计人员往往希望输出点的电压 V_{out} 可以在尽可能低的范围内，电路依然能输出恒定的电流。然而，当输出点的电压 V_{out} 降低到一定程度后，例如低于一个 MOS 管的过驱动电压，则 MOS 管离开饱和区，我们推导出来的镜像电流之比等于 MOS 管宽长比之比的关系式也就不成立了。

图 4-9 所示为三种常见的电流镜组成形式。图 4-9a 为基本电流镜，图 4-9b、c 均为共源共栅电流镜。

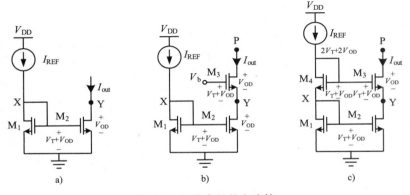

图 4-9　三种常见的电流镜

三个电流镜存在如下两点差异：

1）基本电流镜（见图 4-9a）的输出电流精度不及共源共栅电流镜（见图 4-9b、c）。

2）共源共栅电流镜中，图 4-9b 可以任意选择 M_3 的偏置电压，但需要额外的电路，图 4-9c 无须额外设计偏置电路。基于偏置电压的不同，两种电路的输出电压余度也不同。

图 4-9a 所示基本电流镜的输出电压最低值为

$$V_{\text{out,min}} = V_{\text{GS2}} - V_{\text{TH2}} = V_{\text{OD2}} \tag{4-4}$$

图 4-9b 为低电压 Cascode 电流源，Y 点电压最小值可以低至 M_2 的过驱动电压，即

$$V_{\text{Y,min}} = V_{\text{OD2}} \tag{4-5}$$

则输出电压最低值为

$$V_{\text{out,min}} = V_{\text{GS3}} - V_{\text{TH3}} + V_{\text{OD2}} = V_{\text{OD3}} + V_{\text{OD2}} = 2 V_{\text{OD}} \tag{4-6}$$

式（4-6）中，我们假定 M_2 和 M_3 的过驱动电压相同，均为 V_{OD}。值得注意的是，该电路中有

$$V_{\text{X}} = V_{\text{TH}} + V_{\text{OD}} \tag{4-7}$$

显然有

$$V_{\text{X}} \neq V_{\text{Y}} \tag{4-8}$$

由以上分析可知，图 4-9b 所示电路不能实现精确的电流镜像，输出电流会受到沟长调制效应的影响而产生镜像误差。虽然输出电流与基准电流存在误差，但输出电流本身特性很好，即该输出电流的小信号电阻非常大。

图 4-9c 所示电路为普通 Cascode 电流镜，其输出电压最低值为

$$\begin{aligned} V_{\text{out,min}} &= V_{\text{OD3}} + V_{\text{GS2}} \\ &= V_{\text{OD3}} + V_{\text{GS2}} - V_{\text{TH2}} + V_{\text{TH2}} \\ &= 2 V_{\text{OD}} + V_{\text{TH}} \end{aligned} \tag{4-9}$$

值得注意的是，该电路中有

$$V_{\text{X}} = V_{\text{Y}} \tag{4-10}$$

因而，图 4-9c 所示电路能实现电流的精确镜像，输出电流不受到沟长调制效应的影响。

本节的仿真中，为了便于比较，取每个 MOS 管的过驱动电压 V_{OD} 大致为 0.2V，对输出电压进行直流扫描可得输出电流与输出电压的关系曲线。从曲线上，容易区分出电流复制精度与输出电压余度之间的差异。仿真电路图如图 4-10 所示。

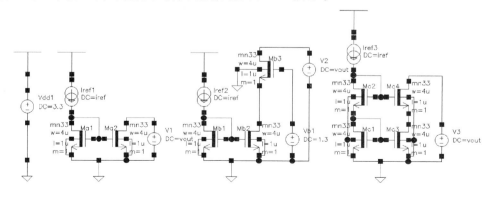

图 4-10 共源共栅电流镜的输出电压余度仿真电路图

4.3.2 仿真波形

仿真波形如图 4-11 所示。

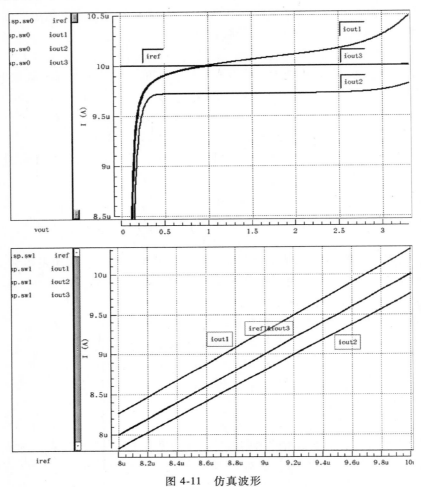

图 4-11   仿真波形

附 Hspice 关键仿真命令：

VVdd1 VDD 0 DC 3.3

VV1 net8 0 DC vout

VV2 net29 0 DC vout

VV3 net1 0 DC vout

VVb1 net21 0 DC 1.3

IIref1 VDD net9 DC iref

IIref2 VDD net17 DC iref

IIref3 VDD net5 DC iref

ma1 net9 net9 0 0 mn33 L=1u W=4u M=1

ma2 net8 net9 0 0 mn33 L=1u W=4u M=1

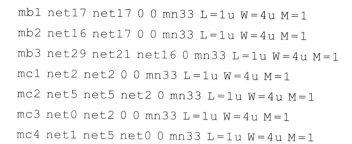

```
mb1 net17 net17 0 0 mn33 L=1u W=4u M=1
mb2 net16 net17 0 0 mn33 L=1u W=4u M=1
mb3 net29 net21 net16 0 mn33 L=1u W=4u M=1
mc1 net2 net2 0 0 mn33 L=1u W=4u M=1
mc2 net5 net5 net2 0 mn33 L=1u W=4u M=1
mc3 net0 net2 0 0 mn33 L=1u W=4u M=1
mc4 net1 net5 net0 0 mn33 L=1u W=4u M=1

.lib"/…/spice_model/hm1816m020233rfv12.lib"tt
.param iref='10u'
.param vout='3'
.temp 27
.dc vout 0 3.3 0.01
.dc iref 8u 10u 0.1u
.probe DC lref=i(iiref1) iout1=i(ma2) iout2=i(mb3) iout3=i(mc4)
.end
```

4.3.3 互动与思考

读者可以改变 I_{REF}、V_b、所有 MOS 管的宽长比（注意构成电流镜的每一对 MOS 管的 W 和 L 均需要相同）等参数，观察输出电压余度和电流复制精度的差异。

请读者思考：

1）在实际电路设计中，图 4-9b 所示电流镜中偏置电压 V_b 通常如何设计？设计的基本原则是什么？

2）实际电路设计中，镜像电流源的两个 MOS 管可以使用不同的宽长比吗？为什么？可以设计成不同的 L 吗？为什么？

3）当镜像电流源的负载变化时，输出结点的电压也会变化。请问输出电压的变化对输出电流的精度有影响吗？

4.4 一种低压共源共栅电流源

4.4.1 特性描述

前例介绍的两种 Cascode 电流镜中，普通自偏置电流镜无法适应低电压工作环境，而低压 Cascode 电流镜则需要额外提供偏置。图 4-12 给出了一种产生 M_3 偏置电压的电路实现方法，即低压共源共栅电流镜。为了输出点 P 点电压尽可能低（即最低为 M_2 和 M_3 的过驱动电压之和），则 Y 点电压为 M_2 的过驱动电压 V_{OD}，Z 点电压 $V_b = V_Y + V_{GS3} = 2\,V_{OD} + V_{THN}$。如何利用 M_7 和 M_5 产生这个电压呢？依据 MOS 管饱和区 I/V 公式 $I = \frac{1}{2}\mu_n C_{ox} \frac{W}{L} V_{OD}^2$ 可知，只需满足

$4\left(\dfrac{W}{L}\right)_5 = \left(\dfrac{W}{L}\right)_3 = \left(\dfrac{W}{L}\right)_1 = \left(\dfrac{W}{L}\right)_2$，即可实现 M_5 的过

驱动电压为 M_1、M_2、M_3 的两倍，从而得到 M_5 的
栅极电压为 $V_b = 2\,V_{OD} + V_{THN}$。上述分析中，忽略了
M_3 的衬底偏置效应。同时，假定流过 M_7 和 M_8 的电
流相等。

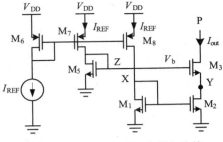

图 4-12　一种低压共源共栅电流镜

　　然而在实际电路设计中，由于 M_3 的衬底偏置
效应，阈值电压会变大一点，则要求 M_3 的栅极电
压也变大一点，即要求 M_5 的尺寸变小一点，电流

才能相同。实际电路设计中，M_5 通常取更小的宽长比，比如 $5\left(\dfrac{W}{L}\right)_5 = \left(\dfrac{W}{L}\right)_3$，或者

$6\left(\dfrac{W}{L}\right)_5 = \left(\dfrac{W}{L}\right)_3$，具体取决于器件模型。这里将该比值取为 7，即 $7\left(\dfrac{W}{L}\right)_5 = \left(\dfrac{W}{L}\right)_3$。

　　对图 4-12 所示电路进行直流扫描，可以仿真得到输出电压和电流的关系曲线，仿真电
路图如图 4-13 所示。

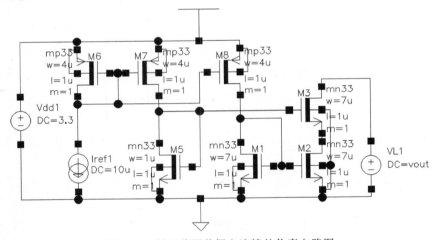

图 4-13　低压共源共栅电流镜的仿真电路图

4.4.2　仿真波形

　　仿真波形如图 4-14 所示。
　　附 Hspice 关键仿真命令：

```
VVdd1 VDD 0 DC 3.3
VVL1 net1 0 DC vout
IIref1 net28 0 DC 10u
m1 net19 net19 0 0 mn33 L=1u W=7u M=1
m2 net0 net19 0 0 mn33 L=1u W=7.25u M=1
m3 net1 net2 net0 0 mn33 L=1u W=7u M=1
m5 net2 net2 0 0 mn33 L=1u W=1u M=1
```

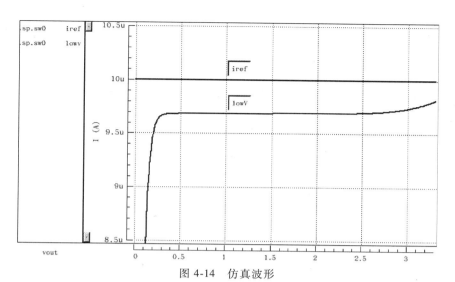

图4-14　仿真波形

```
m6 net28 net28 VDD VDD mp33 L=1u W=4u M=1
m7 net2 net28 VDD VDD mp33 L=1u W=4u M=1
m8 net19 net28 VDD VDD mp33 L=1u W=4u M=1

.lib "/.../spice_model/hm1816m020233rfv12.lib" tt
.param vout='1.0'
.op
.dc vout 0 3.3 0.01
.temp 27
.probe DC Iref=i(iiref1) low V=i(m3)
.end
```

4.4.3　互动与思考

读者可以调整 M_5 的宽长比,观察理论设计值 1/4 和经验值 1/6 时输出 I/V 特性的差异。请读者思考:

1)本电路中 M_1 和 M_2 的 V_{DS} 不同,请问这会带来什么问题?是否有改进措施?

2)能否用多个尺寸为 $\left(\dfrac{W}{L}\right)_3$ 的器件串联起来替代 M_5?实际工作效果如何?

3)输出电流与基准电流之间的镜像精度如何?

4.5　一种改进的低压共源共栅电流源

4.5.1　特性描述

前面的例子中,由于 M_1 和 M_2 的 V_{DS} 不同,在不能忽略其沟长调制效应时,会导致电流镜像时出现误差，即输出电流并不完全等于流过 M_1 的电流。改进的方法是在 M_1 上方增加一个 MOS 管 M_X，并将 M_1 的栅极电压移动至 M_X 的漏极，具体实现电路如图 4-15 所示。显然，改进后的电路中，M_1 和 M_2 的镜像精度大大提高，而且依然能保证很高的输出电压余度。

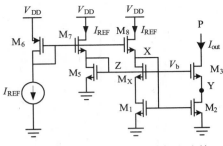

图 4-15　改进的低压共源共栅电流镜

对图 4-15 所示电路进行直流扫描，可以仿真得到输出电压和电流的关系曲线，仿真电路图如图 4-16 所示。

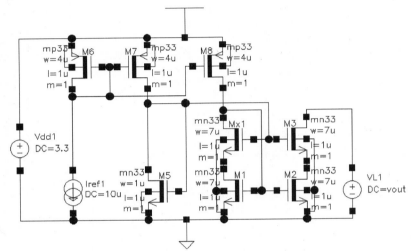

图 4-16　改进的低压共源共栅电流镜的仿真电路图

4.5.2　仿真波形

仿真波形如图 4-17 所示。

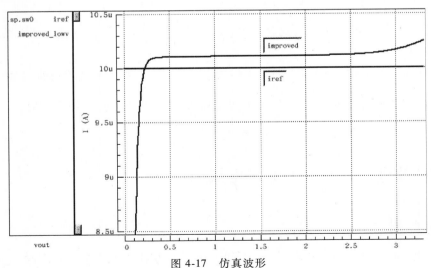

图 4-17　仿真波形

附 Hspice 关键仿真命令：

```
VVdd1 VDD 0 DC 3.3
VVL1 net1 0 DC vout
IIref1 net28 0 DC 10u
m1 net3 net6 0 0 mn33 L=1u W=7u M=1
m2 net0 net6 0 0 mn33 L=1u W=7u M=1
m3 net1 net2 net0 0 mn33 L=1u W=7u M=1
m5 net2 net2 0 0 mn33 L=1u W=1u M=1
m6 net28 net28 VDD VDD mp33 L=1u W=4u M=1
m7 net2 net28 VDD VDD mp33 L=1u W=4u M=1
m8 net6 net28 VDD VDD mp33 L=1u W=4u M=1
mx1 net6 net2 net3 0 mn33 L=1u W=7u M=1

.lib "/.../spice_model/hm1816m020233rfv12.lib" tt
.param vout='1.0'
.op
.dc vout 0 3.3 0.01
.temp 27
.probe DC Iref=i(iiref1)improved_lowV=i(m3)
.end
```

4.5.3 互动与思考

读者可以对图 4-15 所示电路和图 4-12 所示电路进行对比，观察增加 M_X 之后电路镜像精度是否有改进。

请读者思考：

1）是否还有其他产生 M_3 的偏置电压 V_b 的方法？

2）请问 M_1、M_2、M_X 是否必须是相同尺寸？

3）M_7、M_8 要镜像 M_6 的电流，请问 M_7、M_8 的沟长调制效应对镜像电流的精度影响大吗？

4）图 4-15 所示电路中 M_5 的尺寸选择与图 4-12 的有区别吗？

4.6 有源电流镜负载差分放大器差动特性

4.6.1 特性描述

像有源器件一样来处理信号（此处的信号特指携带信息的变化的信号，即小信号）的电流镜叫作有源电流镜。图 4-18 是一个处理信号的有源电流镜的例子。图中，输入电流信号通过电流镜镜像到输出，输入电流信号变化时，输出电流信号也按比例变化，比例为 M_2

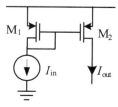

图 4-18 处理信号的
有源电流镜的例子

和 M_1 的宽长比之比。相对应地，传递固定不变的电流信号的电流镜就是普通电流镜，不能称其为"有源"电流镜。

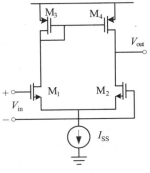

有源电流镜最大的用途是构成如图 4-19 所示的有源电流镜负载差分放大器电路。在该电路中，有源电流镜是差分放大器的负载。

基于图 4-20 来分析该电路的大信号特性。当输入差分信号 $V_{in}=0$ 时，则两边电路工作完全对称，即 M_1 和 M_2 工作状态相同，且流过相同的电流，均为尾电流 I_{SS} 的一半，从而 M_3 和 M_4 也流过相同的电流，而且 $V_{DS4}=V_{DS3}=V_{GS3}$。当输入差分信号 $V_{in}>0$ 时，两边电路的对称被打破，从而有 $I_{M1}>I_{M2}$，但两个电流之和依然等于尾电流。另外，依据电流镜像关系，忽略 M_3 和 M_4 的沟长调制效应，有 $I_{M3}=I_{M1}=I_{M4}$，从而有 $I_{M4}>I_{M2}$。显然，如果存在负载电流通路，则上述假定成立，负载电流 $I_L=I_{M4}-I_{M2}$。反之，如果没有负载电流通路，则输出结点电压出现大范围的变化，通过改变 MOS 管的 V_{DS} 来调制其电流，从而强制满足结点电流定理，这极易让 M_2 和 M_4 离开期望的饱和区。

图 4-19 有源电流镜
负载差分放大器电路

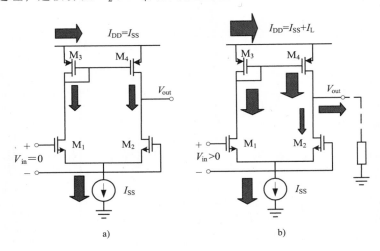

a)   b)

图 4-20   有源电流镜负载差分放大器电路大信号分析

从上述分析得知，如果没有输出电流的通路，则差分电路不会按照正常的差分模式工作。为此，电路仿真中，一定要提供一个负载电流通路，比如加一个电压源或者接一个电容。

第 3 章分析差分电路增益最简单的方法是采用半边电路法，然而本节的有源电流镜差分放大器却无法使用该方法。因为有源电流镜差分放大器电路并不完全对称。

为分析该电路的小信号增益，绘制图 4-21 所示的小信号等效电路，图中忽略了衬底偏置效应。图中加入了有源电流镜负载中公共结点的等效总电容 C_x、尾电流处的等效总电容 C_p 和输出电阻 R_{ss}。

根据输出结点的小信号电流，以及输出结点的小信号电阻，可知该电路的低频小信号增益大致为

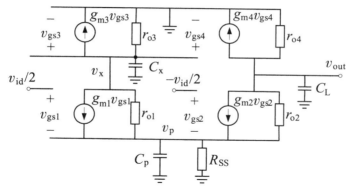

图 4-21 有源电流镜负载差分放大器小信号等效电路

$$A_V \approx g_m(r_{o2} /\!/ r_{o4}) \tag{4-11}$$

这是一个与电流源负载的差分放大器相同的小信号增益。

本节中，我们可通过仿真，观察当输入信号差动变化时，输出电压的变化情况。仿真电路图如图 4-22 所示。

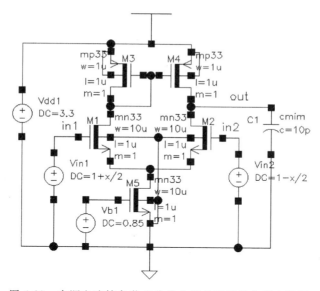

图 4-22 有源电流镜负载差分放大器差动特性仿真电路图

4.6.2 仿真波形

仿真波形如图 4-23 所示。

附 Hspice 关键仿真命令：

```
VVb1 net6 0 DC 0.85
VVin1 in1 0 DC "1+x/2"
VVin2 in2 0 DC "1-x/2"
VVdd1 VDD 0 DC 3.3
```

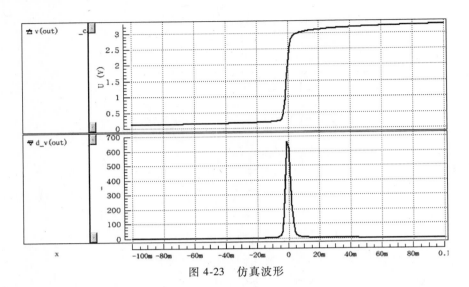

图 4-23 仿真波形

```
m1 net7 in1 net11 0 mn33 L=1u W=10u M=1
m2 out in2 net11 0 mn33 L=1u W=10u M=1
m3 net7 net7 VDD VDD mp33 L=1u W=1u M=1
m4 out net7 VDD VDD mp33 L=1u W=1u M=1
m5 net11 net6 0 0 mn33 L=1u W=10u M=1
XC1 out 0 cmim m=1 w=60u l=166.67u

.lib "/.../spice_model/hm1816m020233rfv12.lib" tt
.lib "/.../spice_model/hm1816m020233rfv12.lib" captypical
.param x='0'
.op
.dc x-0.1 0.1 1m
.temp 27
.probe DC v(out)
.end
```

4.6.3 互动与思考

读者可以调整 V_b、V_{in} 直流部分、M_5 的宽长比、M_1 和 M_2 的宽长比、M_3 和 M_4 的宽长比、$M_1 \sim M_4$ 的 L 来看 A_V 与输入电压的关系的变化。

请读者思考：

1）M_3 和 M_4 的电流相同吗？为什么？

2）M_3 和 M_4 的漏极电压相同吗？为什么？

3）M_3 和 M_4 的尺寸对差分增益有关系吗？电路设计中，如何设计 M_3 和 M_4 的 W 和 L？

4）有源电流镜负载的差分放大器和尺寸相同的电流源负载的差分放大器，其差动特性是否相同？

5）有源电流镜负载的差分放大器不是全差分电路，不能使用半边电路法简易计算增益。然而计算出来的增益又与只取一半电路计算出来的增益相同，是否可以说该电路依然可以使用半边电路法？

6）如果将有源电流镜负载的差分放大器的输出悬空，则输出端电压与输入电压之间有何关系？

7）接不同类型的负载，对输出电压波形会变化吗？请思考容性负载、阻性负载、电流源负载、电压源负载、RC 负载等情况下，输出电压的相应情况。

4.7 有源电流镜负载差分放大器的共模输入范围

4.7.1 特性描述

图 4-24 中的有源电流镜差分放大器，输入共模电压出现变化时，电路的工作特性也会变化。人们最关心的是，输入共模电压在什么范围内时，电路能实现比较大，而且尽可能与输入共模电平无关的差模增益。下面来确定该电路的共模输入范围。

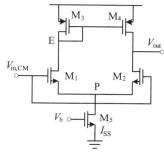

图 4-24 有源电流镜负载差分放大器电路共模响应

由 M_1、M_2、M_5 工作在饱和区，可得

$$V_{\text{incom, min}} = V_{\text{GS1}} + V_{\text{b}} - V_{\text{THN}} \qquad (4\text{-}12)$$

由 M_4 和 M_2 工作在饱和区，可得

$$V_{\text{incom, max1}} = V_{\text{DD}} - V_{\text{OV}} + V_{\text{THN}} \qquad (4\text{-}13)$$

由 M_1 和 M_3 工作在饱和区，可得

$$V_{\text{incom, max2}} = V_{\text{THN}} + (V_{\text{DD}} - |V_{\text{GS3}}|) \qquad (4\text{-}14)$$

显然：$V_{\text{incom, max1}} > V_{\text{incom, max2}}$，所以共模输入范围为

$$V_{\text{GS1}} + V_{\text{b}} - V_{\text{THN}} \leqslant V_{\text{incom}} \leqslant V_{\text{THN}} + (V_{\text{DD}} - |V_{\text{GS3}}|) \qquad (4\text{-}15)$$

当输入电压的共模电压部分在式（4-15）规定的范围内时，所有 MOS 管均工作在饱和区，电路具有良好的放大特性。

3.8 节讲到，电流源负载的全差分放大器的输出共模电平本身不确定，需要共模负反馈来确定。那么，此处的有源电流镜负载差分放大器的输出共模电平确定吗？当两边电路对称工作时，负载的 M_3 和 M_4 具有相同的电流和栅源电压，则必然有相同的漏源电压。而 M_3 的漏源电压等于栅源电压，从而可知输出结点的直流电平是定值。这也是相对于电流源负载的差分放大器、有源电流镜负载的差分放大器最突出的优点之一。该电

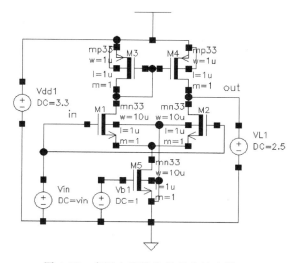

图 4-25 有源电流镜负载差分放大器电路共模输入范围仿真电路图

路既解决了负载自偏置的问题，还保证了输出结点有固定的直流电平。

相对于电流源负载的差分放大器，有源电流镜负载的差分放大器另外一个优点是，能将差分模式的输入信号，放大后变为单端输出信号。

观察有源电流镜负载差分放大器共模输入范围的仿真电路图如图 4-25 所示。对输入共模电压进行直流扫描，观察 M1 的电流是否恒定，从而判断是否为合适的共模输入电压。

4.7.2 仿真波形

仿真波形如图 4-26 所示。

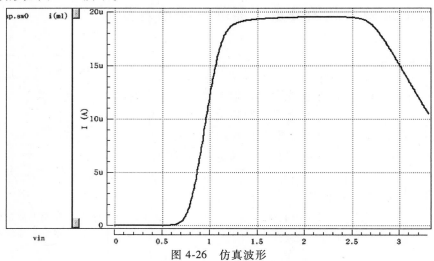

图 4-26　仿真波形

附 Hspice 关键仿真命令：

```
VVdd1 VDD 0 DC 3.3
VVin in 0 DC vin
VVb1 net6 0 DC 1
VVL1 out 0 DC 2.5
m1 net7 in net11 0 mn33 L=1u W=10u M=1
m2 out in net11 0 mn33 L=1u W=10u M=1
m3 net7 net7 VDD VDD mp33 L=1u W=1u M=1
m4 out net7 VDD VDD mp33 L=1u W=1u M=1
m5 net11 net6 0 0 mn33 L=1u W=10u M=1

.lib "/.../spice_model/hm1816m020233rfv12.lib" tt
.param vin='1'
.op
.dc vin 0 3.3 0.01
.temp 27
.probe DC i(m1)
.end
```

4.7.3 互动与思考

读者可以调整 V_b、$M_1 \sim M_4$ 的宽长比、M_5 的宽长比，观察共模输入范围的变化。

请读者思考：

1）有源电流镜负载的差分放大器和尺寸相同的电流源负载的差分放大器，其共模输入范围是否相同？

2）如何能提高有源电流镜负载的差分放大器的共模输入范围？

3）请读者观察，电路工作状态改变后，输出信号的直流电平是否会变化。

4）提供尾电流的 M_5 管的偏置电压是否会影响共模输入范围？

4.8 有源电流镜负载差分放大器的 CMRR

4.8.1 特性描述

与全差分放大器不同的是，有源电流镜负载差分放大器电路为单端输出，那么该电路只存在共模到共模的共模增益（即 A_{CM}），而不存在共模到差模的共模增益（即 A_{CM-DM}）。考虑到电路对称，而且输入接共模电平，则计算共模响应采用图 4-27 所示的简化电路，图中输出结点电压等于 E 点电压。

假设 r_{o3}、r_{o4}、r_{o1}、r_{o2} 无穷大，在电路能正常放大的输入共模电压范围内，有

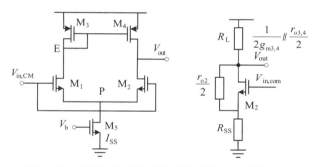

图 4-27 有源电流镜负载差分放大器电路共模响应

$$A_{CM} = \frac{V_{OC}}{V_{IC}} \approx -\frac{2g_{m1}}{1+2g_{m1}R_{SS}} \cdot \frac{1}{2g_{m3}} \tag{4-16}$$

$$= \frac{-1}{1+2g_{m1}R_{SS}} \cdot \frac{g_{m1}}{g_{m3}}$$

从而有

$$CMRR = \left| \frac{A_{DM}}{A_{CM}} \right| = g_{m3}(r_{o1} /\!/ r_{o3})(1+2g_{m1}R_{ss}) \tag{4-17}$$

需要注意的是，因为本节电路是单端输出，从而不存在全差分放大器中的共模到差模的增益，只存在共模至共模的增益。即使由于各种原因导致了两边电路的不对称，也只存在共模至共模的增益。

本节将仿真电路的共模增益、差模增益以及 CMRR。如果增益单位都用 dB 表示，则从图中可以看出，CMRR 为差模增益与共模增益之差。仿真电路图如图 4-28 所示。

4.8.2 仿真波形

仿真波形如图 4-29 所示。

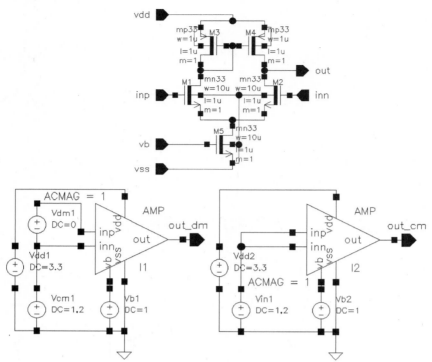

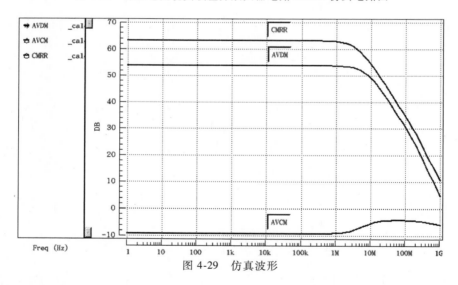

图 4-28 有源电流镜负载差分放大器电路 CMRR 仿真电路图

图 4-29 仿真波形

附 Hspice 关键仿真命令：

```
.SUBCKT AMP inn inp vb vdd vss out
m1 net7 inp net11 vss mn33 L=1u W=10u M=1
m2 out inn net11 vss mn33 L=1u W=10u M=1
m5 net11 vb vss vss mn33 L=1u W=10u M=1
m3 net7 net7 vdd vdd mp33 L=1u W=1u M=1
m4 out net7 vdd vdd mp33 L=1u W=1u M=1
```

```
.ENDS AMP

XI1 net0 net6 net3 net8 0 out_dm AMP
VVdd1 net8 0 DC 3.3
VVb1 net3 0 DC 1
VVdm1 net6 net0 DC 0 AC 1
VVcm1 net0 0 DC 1.2
XI2 net10 net10 net4 net12 0 out_cm AMP
VVdd2 net12 0 DC 3.3
VVb2 net4 0 DC 1
VVin1 net10 0 DC 1.2 AC 1

.lib "/.../spice_model/hm1816m020233rfv12.lib" tt
.ac dec 10 1 1G
.temp 27
.probe AC AVDM=vdb(out_dm) AVCM=vdb(out_cm) CMRR=par("vdb(out_dm)-
vdb(out_cm)")
.end
```

4.8.3　互动与思考

读者可以调整 V_b、$M_1 \sim M_4$ 的宽长比、M_5 的宽长比，观察共模增益、差模增益和 CMRR 的变化。

请读者思考：

1）有源电流镜负载的差分放大器和电流源负载的差分放大器的共模抑制比有差异吗？

2）为什么在计算共模抑制比时，有源电流镜负载的差分放大器采用了与全差分放大器不同的公式？

3）有源电流镜负载的差分放大器的 CMRR 在高频时迅速恶化，原因是什么？

4.9　有源电流镜负载差分放大器的 PSRR

4.9.1　特性描述

由 4.6 节，图 4-30 所示有源电流镜负载差分放大器电路的小信号增益为

$$A_V = g_{m1}(r_{o2} /\!/ r_{o4}) \tag{4-18}$$

根据前面章节计算 PSRR 的计算方法，此处忽略细致的分析过程，直接给出 V_{SS} 到输出的小信号增益为

$$A^- = \frac{1}{1 + 2g_{m1}g_{m3}r_{o1}r_{o5}} \tag{4-19}$$

从而有

$$PSRR^- = \frac{A_V}{A^-} \approx \frac{g_{m1}(r_{o2} /\!/ r_{o4})}{\dfrac{1}{2\,g_{m1}g_{m3}r_{o1}r_{o5}}} \qquad (4\text{-}20)$$

$$= 2\,g_{m1}^2 g_{m3} r_{o1} r_{o5} (r_{o2} /\!/ r_{o4})$$

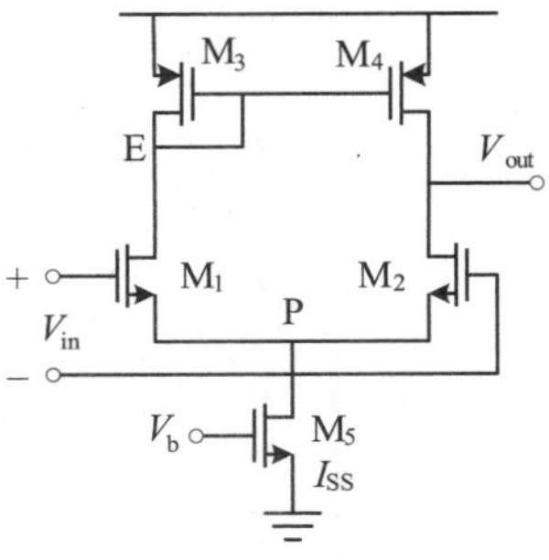

同理，可以计算出 V_{DD} 到输出端的小信号增益为 1。可以直观地理解为流过 M_3 的电流为恒定值，当 V_{DD} 上有小信号噪声时，会直接传递到图中 E 点，以维持 V_{GS3} 为恒定值。M_3 和 M_4 工作在平衡状态时，两个 MOS 管的漏端电压也应该相同，即 V_{DD} 上的小信号噪声原样传递到输出结点。从而有

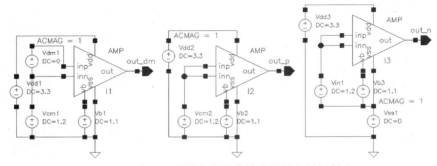

图 4-30　有源电流镜
负载差分放大器电路

$$PSRR^+ = \frac{A_V}{A^+} \approx \frac{g_{m1}(r_{o2} /\!/ r_{o4})}{1} = g_{m1}(r_{o2} /\!/ r_{o4}) \qquad (4\text{-}21)$$

可见，正电源抑制比几乎等于差模增益，而负电源抑制比要比差模增益大很多。

本节将仿真有源电流镜负载差分放大器的电源抑制比特性，仿真电路图如图 4-31 所示。

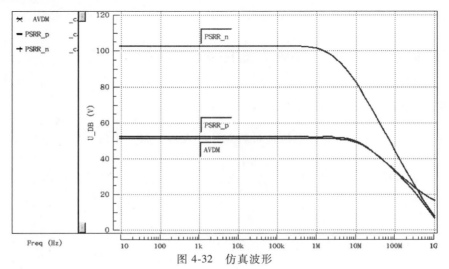

图 4-31　有源电流镜负载差分放大器的电源抑制比

4.9.2　仿真波形

仿真波形如图 4-32 所示。

图 4-32　仿真波形

附 Hspice 关键仿真命令：

```
.SUBCKT AMP inn inp vb vdd vss out
m5 net11 vb vss vss mn33 L=1u W=10u M=1
m1 net7 inp net11 vss mn33 L=1u W=10u M=1
m2 out inn net11 vss mn33 L=1u W=10u M=1
m4 out net7 vdd vdd mp33 L=1u W=1u M=1
m3 net7 net7 vdd vdd mp33 L=1u W=1u M=1
.ENDS AMP


XI1 net0 net6 net3 net8 0 out_dm AMP
VVdd1 net8 0 DC 3.3
VVb1 net3 0 DC 1.1
VVcm1 net0 0 DC 1.2
VVdm1 net6 0 DC 0 AC 1
XI2 net10 net10 net4 net12 0 out_p AMP
VVdd2 net12 0 DC 3.3 AC 1
VVb2 net4 0 DC 1.1
VVcm2 net10 0 DC 1.2
XI3 net1 net1 net9 net14 net2 out_n AMP
VVdd3 net14 0 DC 3.3
VVb3 net9 net2 DC 1.1
VVin1 net1 net2 DC 1.2
VVss1 net2 0 DC 0 AC 1


.lib "/.../spice_model/hm1816m020233rfv12.lib" tt
.ac dec 10 1 1G
.temp 27
.probe AC AVDM=vdb(out_dm) vdb(out_p) vdb(out_n)
.probe AC PSRR_p=par("vdb(out_dm)-vdb(out_p)")
.probe AC PSRR_n=par("vdb(out_dm)-vdb(out_n)")
.end
```

4.9.3　互动与思考

读者可以调整 V_b、$M_1 \sim M_4$ 的宽长比以及 M_5 的宽长比，观察两个电源抑制比的变化趋势。

请读者思考：

1）有源电流镜负载差分放大器和电流源负载差分放大器的 PSRR 有何异同？

2）直观上，请读者解释为什么正电源抑制比几乎等于差模增益，而负电源抑制比要比差模增益大许多。

3）在忽略其他电路设计限制时，请读者思考如何提高正电源的电源抑制比PSRR⁺。

4.10 差分放大器的压摆率

4.10.1 特性描述

差分放大器中，如果输入信号有很小的阶跃，输出不会摆动，瞬态响应近似为线性响应。如果输入信号为一个大幅度的阶跃信号（比如刚上电），运算放大器将因没有足够的电流为频率补偿电容和负载电容充、放电，则电路未能进入 MOS 管的正常工作状态，即未达到差分放大器的平衡工作状态。此时，由于阶跃信号幅值过大，使得电路以一个恒定的电流对输出端的电容充电（或者放电），从而使得放大器的输出电压以一个恒定的速率上升或者下降，该过程被称为阶跃响应的转换过程（有的书籍也称为压摆过程）。这个速率被称为放大器的转换速率或者叫作压摆率（Slew Rate，SR）。SR 定义为

$$SR = \frac{dV_{out}}{dt} = \frac{d(Q/C)}{dt} = \frac{1}{C}\frac{dQ}{dt} \tag{4-22}$$

当放大器的输入出现大的阶跃时，其输出信号总的建立时间等于大信号建立时间（压摆时间，或者叫转换时间）与小信号建立时间（线性建立时间）之和。

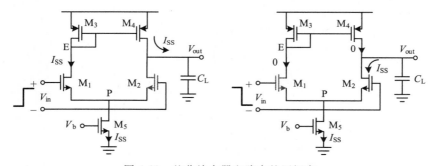

图 4-33　差分放大器电路中的压摆率

在图 4-33 所示的有源电流镜差分放大器中，当输入信号为正的阶跃时，M_1导通，而 M_2 完全截止，从而 M_1、M_3、M_4流过的电流为I_{SS}，给 C_L充电的电流也为I_{SS}。反过来，当输入信号为负的阶跃时，M_1截止，而 M_2导通并流过大小为I_{SS}的电流，此时 M_3、M_4均截止。此时 C_L通过 M_2，以 I_{SS}的电流放电。因此，无论M_1管截止还是M_2管截止，对负载电容C_L充电或者放电的最大电流均为I_{SS}。该电路的压摆率为

$$SR = \frac{1}{C}\frac{dQ}{dt} = \frac{I_{SS}}{C_L} \tag{4-23}$$

为了获得高的压摆率，最简单的办法是增大尾电流I_{SS}，但这将增大功耗。另外一个方法是减小负载电容 C_L。然而，有时候负载电容无法减小，则尾电流成为唯一决定压摆率的因素。实际电路设计中，往往根据 SR 的设计指标来选择合适的尾电流。

为了深入理解有源电流镜负载的差分放大器的 SR，下面来和电流源负载的全差分放大器做一个对比。如图 4-34 中，如果输入出现一个正的阶跃，则 M_1导通，M_2截止，从而尾电

流 I_{SS} 全部从 M_1 流过，M_2 中无电流。阶跃不会影响 M_3 和 M_4 的电流，M_3 和 M_4 中还是流过恒定的 $I_{SS}/2$。从而，如图所示，负载电容将以 $I_{SS}/2$ 的电流大小充电或者放电，则 SR 为

$$SR = \frac{I_{SS}}{2C_L} \tag{4-24}$$

可见，该 SR 表达式与有源电流镜负载的差分放大器是不同的。

通常，具有高闭环增益的反馈放大器（指由基本放大器、反馈网络等环节组成的完整反馈网络）不易受到压摆率的影响。因为闭环增益较高时，在基本放大器输出摆幅一定的情况下，反馈放大器输入端承受的阶跃幅度往往较小，基本放大器差分输入端的阶跃赋值也较小，从而使得这种放大器不易受到压摆的影响。

本节将仿真有源电流镜负载的差分放大器的压摆率，仿真电路图如图 4-35 所示。

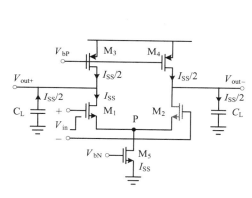

图 4-34　电流源负载的全差分放大器的 SR

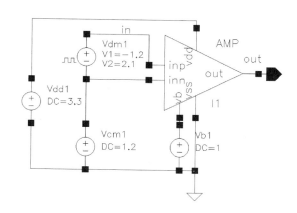

图 4-35　有源电流镜负载差分放大器的 SR 仿真电路图

4.10.2　仿真波形

仿真波形如图 4-36 所示。

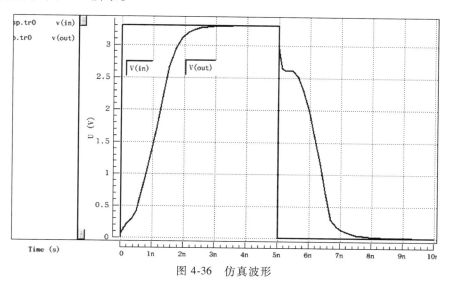

图 4-36　仿真波形

附 Hspice 关键仿真命令:

```
.SUBCKT AMP inn inp vb vdd vss out
m5 net11 vb vss vss mn33 L=1u W=10u M=1
m1 net7 inp net11 vss mn33 L=1u W=10u M=1
m2 out inn net11 vss mn33 L=1u W=10u M=1
m3 net7 net7 vdd vdd mp33 L=1u W=1u M=1
m4 out net7 vdd vdd mp33 L=1u W=1u M=1
.ENDS AMP

XI1 net0 in net3 net8 0 out AMP
VVdm1 in net0 0 PULSE(-1.2 2.1 0 1p 1p 5n 10n)
VVb1 net3 0 DC 1
VVcm1 net0 0 DC 1.2
VVdd1 net8 0 DC 3.3

.lib "/.../spice_model/hm1816m020233rfv12.lib" tt
.tran 1p 10n
.temp 27
.probe TRAN v(in) v(out)
.end
```

4.10.3 互动与思考

读者可以改变 C_L、V_b、所有 MOS 管宽长比等参数,观察 SR 波形的变化。

请读者思考:

1)在功耗不变、负载电容不变、增益不变的前提下,是否有可能提高差分放大器的压摆率?

2)二极管负载、电阻负载的差分放大器,是否也存在 SR?与本节的有源电流镜负载差分放大器的 SR 是否有差异?

第5章

放大器的频率特性

5.1 共源极放大器的频率响应

5.1.1 特性描述

放大器以及其他电路中，不可避免地存在大量的寄生电容。依据电容的构成原理，只要有电信号的两个导体（导线）之间有绝缘体，则两个导体（导线）之间存在电容。作为最常见的平板电容，电容值正比于两个平板之间重叠的面积，反比于两个平板之间的距离。比如从 MOS 管栅极看进去，就等效为电容；MOS 管除了源和漏两端之间不存在寄生电容之外，其他任意两端之间均存在寄生电容；导线和导线之间存在寄生电容，导线和衬底之间存在寄生电容等。

当电路工作在低频下时，这些电容不会对电路带来影响。当电路工作在较高频下时，电容将限制电路性能。频率响应定义为放大器对输入不同频率的正弦波信号的稳态响应。输入信号是正弦波，电路的内部信号以及输出信号也都是稳态的正弦信号，这些信号的频率相同，但幅值和相位则各不相同。

对一个电路的频率响应的分析，最方便的方式不是在时域做分析，而是在复频域。建立输出信号与输入信号的复频域传递函数，可以轻松得到电路的频率响应特性。最便捷的仿真，也是进行交流仿真，即频率扫描，观察输入信号在不同频率下的输出特性。输出特性分为两部分，即输出相对于输入的信号幅值差异，以及输出相对于输入的信号相角差异。两个图像合称伯德图，伯德图由频率响应的对数幅值特性图和相角特性图组成。在对数幅值特性图中，频率轴采用对数分度；幅值轴取为 20lg，单位为分贝（dB），采用线性分度。在相角特性图中，频率轴也采用对数分度；角度轴是线性分度，单位为度。伯德图的优点是可将幅值相乘转化为对数幅值相加，而且在只需要频率响应的粗略信息时常可归结为绘制由直线段组成的渐近特性线，绘图非常简便。如果需要精确曲线，则可在渐近线的基础上进行修正，绘制也比较简单。

为了分析共源极放大器的频率特性，我们可以采用两种方法，第一种方法叫作密勒等效法，密勒等效法能将复杂的问题简单化。对于一个增益为 $-A$ 的放大器，其输入和输出端跨接了一个反馈电容 C_F，如图 5-1 所示，可以将该电容等效为输入电容 C_{in} 和输出电容 C_{out}。根据密勒定理，则有

$$C_{in} = (1+A) C_F \tag{5-1}$$

$$C_{\text{out}} = \left(1 + \frac{1}{A}\right) C_{\text{F}} \tag{5-2}$$

当 A 很大时，$C_{\text{in}} \approx A\,C_{\text{F}}$，$C_{\text{out}} \approx C_{\text{F}}$。这样的考虑可以给频率特性的分析带来便利。

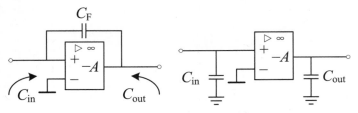

图 5-1　反馈电容的密勒等效

密勒等效将跨接在放大器两端的电容等效到了输入结点和输出结点。电路中，结点和传递函数的极点可以轻松对应。考虑如图 5-2 所示的放大器的级联结构。假定图中两个放大器为理想运算放大器，则每个放大器的输入阻抗为无穷大，而输出阻抗为 0。从而，图中 1、2、3 号结点看到的所有等效电阻和等效电容依次为 R_1、C_2，R_2、C_2，R_3、C_3，则输入电压和输出电压的传递函数为

$$\frac{V_{\text{out}}}{V_{\text{in}}}(s) = \frac{1}{1 + R_1 C_1 s} \cdot \frac{A_1}{1 + R_2 C_2 s} \cdot \frac{A_2}{1 + R_3 C_3 s} \tag{5-3}$$

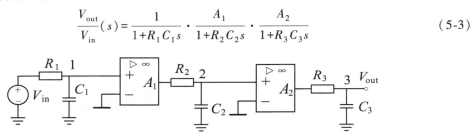

图 5-2　放大器的级联结构

通过密勒等效之后，式（5-3）将电路中的结点和传递函数中的极点一一对应起来。采用这种方法分析电路的频率特性，简单方便。但是，该方法的局限有二：①我们通常仅仅用密勒等效将跨接在放大器两端的电容等效到输入结点和输出结点，电容之外的器件往往不能采用密勒等效；②因为将原有的两个信号通路（正向通过放大器的信号通路以及反向通过跨接在放大器两端的电容的反馈通路）简化为一个信号通路，传递函数中的零点将被忽略。然而，这种联系为我们快速估算电路的传递函数提供了一种直观、便捷、有效的手工分析方法。

图 5-3 为电阻负载共源极放大器的高频模型，考虑了三个最显著的寄生电容，分别是 C_{GS}、C_{GD} 和 C_{DB}。此处忽略了最小的电容 C_{GB}。考虑到输入信号不是理想的电压源，加上该信号源的内阻 R_{s}。该内阻会影响到输入结点 X 的频率特性。

电阻负载共源极放大器的低频增益为

$$A_{\text{V}} = -g_{\text{m}} R_{\text{D}} \tag{5-4}$$

C_{GD} 跨接在放大器的输入和输出两端，可利用密

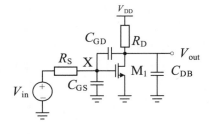

图 5-3　共源极放大器的高频模型

勒等效法将该电容等效到输入端口和输出端口。采用密勒等效方法后，输入结点 X 总的等效电容为

$$C_X = C_{GS} + (1 + g_m R_D) C_{GD} \tag{5-5}$$

从而输入结点的极点频率为

$$\omega_{in} = \frac{1}{R_S [C_{GS} + (1 + g_m R_D) C_{GD}]} \tag{5-6}$$

输出结点的密勒等效电容为

$$C_{out} = C_{DB} + \left(1 + \frac{1}{g_m R_D}\right) C_{GD} \approx C_{DB} + C_{GD} \tag{5-7}$$

从而输出结点的极点频率为

$$\omega_{out} = \frac{1}{R_D (C_{DB} + C_{GD})} \tag{5-8}$$

因此，整个电路的传递函数为

$$\frac{V_{out}}{V_{in}}(s) = \frac{-g_m R_D}{\left(1 + \dfrac{s}{\omega_{in}}\right)\left(1 + \dfrac{s}{\omega_{out}}\right)} \tag{5-9}$$

提示：这种采用密勒等效法得到的传递函数存在两点误差。首先是没有考虑电路零点的存在。本电路中，从输入结点到输出结点，其实有两条信号通道，放大器本身是主要的信号通道，而跨接在输入输出之间的 C_{GD}，则为信号提供了另外一条"前馈通道"。当前馈通道的电流和放大器本身的电流相等时，则输出电流为零。直接进行密勒等效，也就忽略了这个真实存在的零点。其次是放大器的增益采用的是低频增益，在频率较高时依然使用低频增益进行密勒等效，肯定存在误差。

但是，密勒等效的方法简单，在手工分析中很实用。

第二种方法叫作小信号等效电路法，采用 MOS 管完整的高频小信号模型来分析电路的频率特性。

考虑了寄生电容后，电阻负载共源极放大器的小信号等效电路如图 5-4 所示。

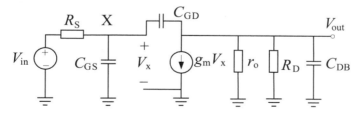

图 5-4 高频下的电阻负载共源极放大器小信号等效电路

根据结点电流定律，在忽略沟长调制效应后，写出输入结点和输出结点的电流公式如下：

$$\frac{V_X - V_{in}}{R_S} + V_X C_{GS} s + (V_X - V_{out}) s C_{GD} = 0 \tag{5-10}$$

$$(V_{out} - V_X) C_{GS} s + g_m V_X + \frac{V_{out}}{R_D} + V_{out} s C_{DB} = 0 \tag{5-11}$$

联立上述两式，可得到输入到输出的传递函数为

$$\frac{V_{\text{out}}}{V_{\text{in}}}(s) = \frac{sC_{\text{GD}} - g_{\text{m}}}{R_{\text{S}}R_{\text{D}}\xi s^2 + [R_{\text{S}}(1 + g_{\text{m}}R_{\text{D}})C_{\text{GD}} + R_{\text{S}}C_{\text{GS}} + R_{\text{D}}(C_{\text{GD}} + C_{\text{DB}})]s + 1} \quad (5\text{-}12)$$

式中，$\xi = C_{\text{GS}}C_{\text{GD}} + C_{\text{GS}}C_{\text{DB}} + C_{\text{GD}}C_{\text{DB}}$。式（5-12）的分母很复杂，但可以看出是二阶函数，即该传递函数存在两个极点。系统存在两个极点频率，其中 ω_{p1} 为主极点，ω_{p2} 为次主极点（即第二个极点）。假定两个极点频率相距较远，即 $\omega_{\text{p1}} \ll \omega_{\text{p2}}$，则分母可以直观地表示为

$$\left(\frac{s}{\omega_{\text{p1}}} + 1\right)\left(\frac{s}{\omega_{\text{p2}}} + 1\right) = \frac{s^2}{\omega_{\text{p1}}\omega_{\text{p2}}} + \left(\frac{1}{\omega_{\text{p1}}} + \frac{1}{\omega_{\text{p2}}}\right)s + 1 \quad (5\text{-}13)$$

$$\approx \frac{s^2}{\omega_{\text{p1}}\omega_{\text{p2}}} + \frac{1}{\omega_{\text{p1}}}s + 1$$

对比式（5-12），可求出主极点频率为

$$\omega_{\text{p1}} = \frac{1}{R_{\text{S}}(1 + g_{\text{m}}R_{\text{D}})C_{\text{GD}} + R_{\text{S}}C_{\text{GS}} + R_{\text{D}}(C_{\text{GD}} + C_{\text{DB}})} \quad (5\text{-}14)$$

对比式（5-14）和式（5-6），发现采用小信号等效电路计算出来的主极点频率的分母，比用密勒等效法计算出来的分母，多了 $R_{\text{D}}(C_{\text{GD}} + C_{\text{DB}})$。这是容易解释的，因为 C_{GS} 是工作在饱和区的 MOS 管中最大的寄生电容，从而 $R_{\text{D}}(C_{\text{GD}} + C_{\text{DB}}) \ll R_{\text{S}}(1 + g_{\text{m}}R_{\text{D}})C_{\text{GD}}$。

次主极点的频率可以由式（5-12）的 s^2 的系数求得，即

$$\omega_{\text{p2}} = \frac{R_{\text{S}}(1 + g_{\text{m}}R_{\text{D}})C_{\text{GD}} + R_{\text{S}}C_{\text{GS}} + R_{\text{D}}(C_{\text{GD}} + C_{\text{DB}})}{R_{\text{S}}R_{\text{D}}(C_{\text{GS}}C_{\text{GD}} + C_{\text{GS}}C_{\text{DB}} + C_{\text{GD}}C_{\text{DB}})} \quad (5\text{-}15)$$

因为 C_{GS} 是最大的，式（5-15）中分子分母中仅保留带有 C_{GS} 的项，从而可以变换为

$$\omega_{\text{p2}} \approx \frac{R_{\text{S}}C_{\text{GS}}}{R_{\text{S}}R_{\text{D}}(C_{\text{GS}}C_{\text{GD}} + C_{\text{GS}}C_{\text{DB}})} = \frac{1}{R_{\text{D}}(C_{\text{GD}} + C_{\text{DB}})} \quad (5\text{-}16)$$

该频率与通过密勒等效计算出来的式（5-8）相同。然而，此处的分子忽略了 $R_{\text{S}}(1 + g_{\text{m}}R_{\text{D}})C_{\text{GD}}$，这其实有点勉强。但总体而言，采用简单直观的密勒等效方法推导出来的两个极点频率，基本能反映出电路的频率特性。

对该传递函数进行分析，我们还发现采用小信号等效电路法计算出来的传递函数，比用密勒等效法多了一个零点。这在介绍密勒等效时就已经提到，因为存在一个电容反馈通路（也称为前馈通道），还存在一个通过 MOS 管的主要放大通路，即信号从输入到输出有两条通道。可能在某个频率下，流过前馈通道电容的电流正好等于流过 MOS 管的电流，从而输出结点与地之间的电流为零，此时输出电压为零，即传递函数中必然存在一个零点。

这里介绍另外一种简单的方法，直接求出使用密勒等效法漏掉的零点。

我们知道，当 $s = s_{\text{Z}}$ 时，传递函数 $\dfrac{V_{\text{out}}}{V_{\text{in}}}(s)$ 必须下降为零。对于有限的输入电压 V_{in}，这意味着此时的输出电压 $V_{\text{out}}(s_{\text{Z}}) = 0$。即在这个频率下，输出相当于对地短路，绘制等效电路如图 5-5 所示。

R_{D} 上没有电流。因此，流过 C_{GD} 和 M_1 的两路电流，必须大小相等而且方向相反：

$$V_{\text{X}}C_{\text{GD}}s_{\text{Z}} = g_{\text{m}}V_{\text{X}} \quad (5\text{-}17)$$

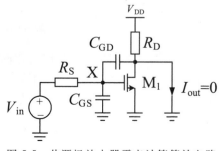

图 5-5 共源极放大器零点计算等效电路

从而可得 $s_Z = \dfrac{g_m}{C_{GD}}$，这就是采用密勒等效法计算时漏掉的那个零点频率。

更一般的情况是，如果主放大器的输入和输出之间还并联了一个前馈（非反馈）通道，则存在零点。图 5-5 中，C_{GD} 为放大器提供一个前馈通道，当该通道的小信号电流和 M_1 的小信号电流相同时，则没有电流从输出结点流出，即输出结点电压为零。

本节仿真共源极放大器的频率特性。为了模拟更加实际的电路工作情况，在放大器的输入处增加串联的电阻 R_S，可取值 100Ω；放大器的负载为 5pF 的电容。仿真电路图如图 5-6 所示。

从仿真中我们会发现本电路有两个极点，以及一个频率较高的零点。

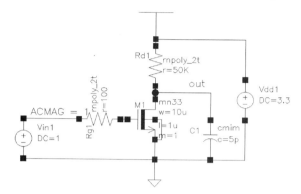

图 5-6　共源极放大器的交流小信号仿真电路图

5.1.2　仿真波形

仿真波形如图 5-7 所示。

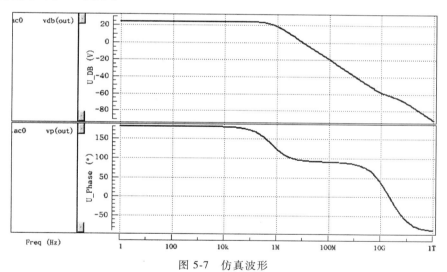

图 5-7　仿真波形

附 Hspice 关键仿真命令：

```
. SUBCKT rnpoly_2t_0 MINUS PLUS segW=180n segL=5u m=1
XR0 PLUS MINUS rnpoly_2t w=" segW" l=" segL"
. ENDS rnpoly_2t_0
. SUBCKT rnpoly_2t_1 MINUS PLUS segW=180n segL=5u m=1
…（略）
. ENDS rnpoly_2t_1

VVdd1 VDD 0 DC 3.3
```

```
VVin1 net2 0 DC 1 AC 1
m1 out net1 0 0 mn33 L=1u W=10u M=1
XRg1 net1 net2 rnpoly_2t_0 m=1 segW=1u segL=14.365u
XRd1 out VDD rnpoly_2t_1 m=1 segW=180n segL=58.895u
XC1 out 0 cmim m=1 w=60u l=83.335u

.lib "/.../spice_model/hm1816m020233rfv12.lib" tt
.lib "/.../spice_model/hm1816m020233rfv12.lib" restypical
.lib "/.../spice_model/hm1816m020233rfv12.lib" captypical
.ac dec 20 1 1000G
.temp 27
.probe AC vdb(out) vp(out)
.end
```

5.1.3　互动与思考

读者可以调整 R_S、R_D、C_L、M_1 的宽长比，观察放大器频率响应的变化。特别地，本节中输入端的密勒等效电容非常可观，则输入结点有可能成为系统的主极点，而输出结点变成系统的次主极点。如果负载电容很大，则输出结点有可能变成主极点。

请读者思考：

1）从仿真结果上，可以看到几个极点和几个零点？为了便于观察，可以尽可能将交流分析的频率范围扩大。

2）采用密勒等效方法分析出来的频率特性，与实际情况有多大的误差？通常观察频率响应时代表频率的横轴用的是对数坐标，分析结果和仿真结果的差异是数量级的吗？

3）仿真出的零点，与手工推导的零点频率有多大误差？

5.2　源极跟随器阶跃响应的减幅振荡

5.2.1　特性描述

为了计算源极跟随器高频下的输出阻抗，绘制如图 5-8 所示的小信号等效电路，求得源极跟随器的输出阻抗为

$$Z_{out} = \frac{V_X}{I_X} = \frac{sR_SC_{GS}+1}{g_m+sC_{GS}} \qquad (5\text{-}18)$$

分析两种特殊情况下的输出阻抗特性：

（1）当信号频率较低时

$$Z_{out} \approx \frac{1}{g_m} \qquad (5\text{-}19)$$

（2）当信号频率较高时

$$Z_{out} \approx R_S \qquad (5\text{-}20)$$

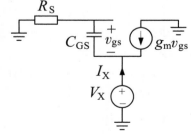

图 5-8　计算源极跟随器输出阻抗等效电路图

由于该电路通常的用途是缓冲器，一般都有$\frac{1}{g_m}<R_S$。因此，源极跟随器的输出阻抗一般显现出图5-9所示的特性，即随着频率的增加，源极跟随器的输出阻抗增加。

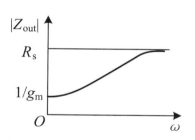

本节将要仿真源极跟随器在不同频率下的输出阻抗，仿真电路图如图5-10所示。

理论推导显示，随着频率的增加，源极跟随器的输出阻抗是增加的。因为电感也随着频率的增加其阻抗是增加的，源极跟随器的输出阻抗表现出电感的特性。然而，这

图5-9 源极跟随器的输出阻抗示意图

并未给出表现出电感特性的频率区间。仿真结果显示，只在较窄的频率范围内，输出阻抗具有电感特性，其他频率范围内则不是电感特性。另外，实际仿真中，当频率很高时出现了输出阻抗的下降现象，最后甚至会接近0。原因是，我们在分析交流通路时做过一个假设，即忽略了图5-7中的C_{GD}。由于C_{GD}的存在，导致出现了一个从漏极到源极的交流通路，在频率很高时体现很低的阻抗，而且由于该支路与R_S并联，输出阻抗会下降。实际上即便C_{GD}不考虑，仍然有可能通过C_{DB}和C_{SB}形成从漏极到源极的交流通路。

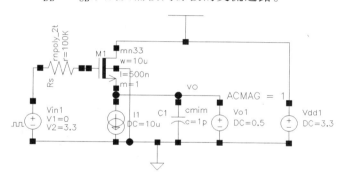

图5-10 源极跟随器的输出阻抗和阶跃响应仿真电路图

如果输出具有电感特性的源极跟随器驱动一个容性负载，在输入阶跃信号下，将出现"衰减振荡"的输出电压。

本节还将仿真源极跟随器的阶跃响应，如果输出出现"衰减振荡"现象，则表明源极跟随器具感性输出阻抗特性。

5.2.2 仿真波形

仿真波形如图5-11所示。

附Hspice关键仿真命令：

```
.SUBCKT rnpoly_2t_0 MINUS PLUS segW=180n segL=5u m=1
…(略)
.ENDS rnpoly_2t_0

VVdd1 VDD 0 DC 3.3
VVo1 vo 0 DC 0.5 AC 1
```

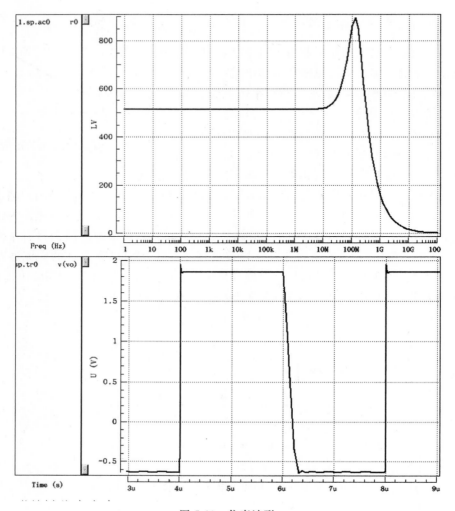

图 5-11　仿真波形

VVin1 net1 0 2 * PULSE (0 3.3 1n 1n 1n 2u 4u)

II1 vo 0 DC 10u

m1 VDD net6 vo 0 mn33 L=500n W=10u M=1

XRs net6 net1 rnpoly_2t_0 m=1 segW=180n segL=59. 965u

XC1 vo 0 cmim m=1 w=60u l=16. 67u

.lib "/.../spice_model/hm1816m020233rfv12.lib" tt

.lib "/.../spice_model/hm1816m020233rfv12.lib" restypical

.lib "/.../spice_model/hm1816m020233rfv12.lib" captypical

* .tran 0.01u 10u

.ac dec 10 1 100g

.temp 27

* .probe TRAN v(vo)

```
.probe AC R0=par("v(vo)/i(vvo1)")
.end
```

5.2.3　互动与思考

读者可以调整R_S、I_{SS}、C_L、W、L，观察输出阶跃波形的振荡特性。特别地，读者可通过调整C_L和R_S来观察衰减速度快慢。

请读者思考：

1）实际仿真和手工分析差得比较远，手工分析的意义体现在哪里？手工分析产生误差的主要来源是什么？

2）源极跟随器对外表现出与电感类似的频率特性，我们可以如何避免，或是如何利用？

5.3　共源共栅极中的密勒效应

5.3.1　特性描述

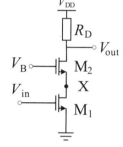

图 5-12　电阻负载共源共栅放大器

前例电路中，我们发现跨接在共源极放大器输入输出之间的C_{GD}，会在乘以放大器的增益倍数后，贡献到输入结点，从而大大降低输入结点的极点频率。

本小节分析共源共栅极中的密勒效应对电路带来的影响。在图5-12所示的电阻负载共源共栅放大器中，M_1的C_{GD}跨接在输入和 X 结点之间。因此，计算该电容的密勒等效时应该乘以从输入到 X 结点的增益A_1。忽略 M_1 的沟长调制效应以及 M_2 的衬底偏置效应，则 X 结点的等效输出阻抗为

$$r_X = r_{o1} \mathbin{/\mkern-5mu/} \frac{1}{g_{m2}+g_{mb2}} \approx \frac{1}{g_{m2}} \tag{5-21}$$

则

$$A_1 = -g_{m1} \frac{1}{g_{m2}} \tag{5-22}$$

若 M_1 和 M_2 器件尺寸相同，因为两者电流相同，则式（5-22）化简为$A_1 \approx -1$。从而，输入端的等效密勒电容为

$$C_{in} = (1-A_1)C_{GD} \approx 2\,C_{GD} \tag{5-23}$$

显然，这是一个比单纯的共源极放大器小得多的等效电容值，从而有助于共源共栅极电路工作在较高频率下。

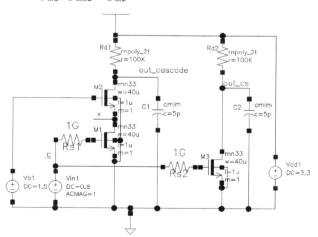

图 5-13　共源共栅放大器交流特性仿真电路图

本例将仿真共源共栅极的交流特性，仿真电路图如图 5-13 所示。为便于理解，可对比观察共源极放大器的输入结点的极点频率。仿真中，为了清楚看到共源共栅和共源极这两个电路的密勒效应对输入节点的极点频率的影响，我们故意加大信号源内阻为 $1\text{G}\Omega$，让输入节点成为放大器传递函数中的主极点。从而，密勒效应产生的电容的差异将导致主极点频率的差异。

5.3.2 仿真波形

仿真波形如图 5-14 所示。

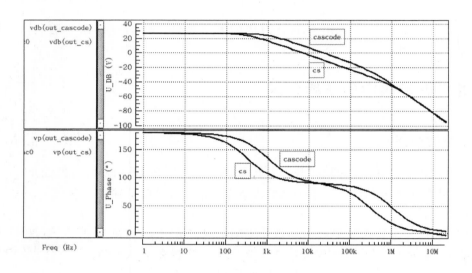

图 5-14 仿真波形

附 Hspice 关键仿真命令：

```
.SUBCKT rnpoly_2t_0 MINUS PLUS segW=180n segL=5u m=1
…（略）
.ENDS rnpoly_2t_0
VVdd1 VDD 0 DC 3.3
VVb1 net12 0 DC 1.5
VVin1 in 0 DC 0.8 AC 1
m1 x net1 0 0 mn33 L=1u W=40u M=1
m2 out_cascode net12 x 0 mn33 L=1u W=40u M=1
XRd1 out_cascode VDD rnpoly_2t_0m=1 segW=180n segL=59.965u
RRs1 in net1 1G
XC1 out_cascode 0 cmim m=1 w=60u l=83.335u
m3 out_cs net4 0 0 mn33 L=1u W=40u M=1
XRd2 out_cs VDD rnpoly_2t_0m=1 segW=180n segL=59.965u
RRs2 in net4 1G
```

```
XC2 out_cs 0 cmim m=1 w=60u l=83.335u

.lib"/……/spice_model/hm1816m020233rfv12.lib"tt
.lib"/……/spice_model/hm1816m020233rfv12.lib"restypical
.lib"/……/spice_model/hm1816m020233rfv12.lib"captypical
.ac dec 10 1 20MEG
.temp 27
.probe AC vdb(out_cascode)vdb(out_cs)
.probe AC vp(out_cascode)vp(out_cs)
.end
```

5.3.3 互动与思考

读者可以改变 M_1 和 M_2 的尺寸、信号源内阻 R_S、负载电阻和负载电容等，观察输入结点的极点频率变化情况。

请读者思考：

1）有人说共源共栅极电路的确提高了放大器输入结点的极点频率，但由于共源共栅极电路的输出电阻大大提高，大幅降低了输出结点的极点频率，而且通常输出结点为系统的主极点，从而使用共源共栅极电路来提高电路工作频率毫无意义。请解释上述说法是否有道理。

2）有人说进行密勒等效时，应该关注从输入到输出结点的电容，而本节关注的是输入到 X 结点的电容。请解释该说法的漏洞在哪里。

3）共栅极的 MOS 管 M_2 是否存在跨接在输入和输出端的电容？为什么？

5.4 共源共栅放大器的频率响应

5.4.1 特性描述

在图 5-15 所示的共源共栅放大器中，绘制了 MOS 管所有的寄生电容。与之前的共源极放大器一样，输入端要考虑到前一级的输出电阻 R_S。

信号从输入到输出，依次经过三个结点 A、X 和 B，则贡献三个极点。A 点关联的极点频率为

$$\omega_{P,A}=\frac{1}{R_S[C_{GS1}+(1-A_1)C_{GD1}]}\approx\frac{1}{R_S(C_{GS1}+2C_{GD1})}$$

(5-24)

式中，A_1 为 A 点到 X 点的小信号增益，通过前一节分析得知该值大约为 -1。

C_{GD1} 在 X 点的密勒等效电容为

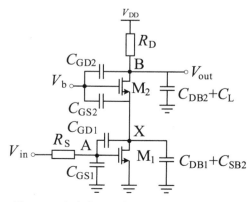

图 5-15 含有寄生电容的共源共栅放大器

$$C_{\text{X, Miller}} = \left(1 - \frac{1}{A_1}\right) C_{\text{GD1}} \approx 2\,C_{\text{GD1}} \tag{5-25}$$

忽略 M1 和 M2 的沟长调制效应，从而 X 点关联的极点频率为

$$\omega_{\text{P, X}} = \frac{g_{\text{m2}} + g_{\text{mb2}}}{2\,C_{\text{GD1}} + C_{\text{DB1}} + C_{\text{SB2}} + C_{\text{GS2}}} \tag{5-26}$$

输出结点 B 关联的极点频率为

$$\omega_{\text{P, B}} = \frac{1}{R_{\text{D}}(C_{\text{GD2}} + C_{\text{DB2}} + C_{\text{L}})} \tag{5-27}$$

从而，完整的增益表达式为

$$A_{\text{V}}(s) = \frac{-g_{\text{m1}}\left[R_{\text{D}} \,//\, (g_{\text{m2}} r_{o2} r_{o1})\right]}{\left(1 + \dfrac{s}{\omega_{\text{P, A}}}\right)\left(1 + \dfrac{s}{\omega_{\text{P, X}}}\right)\left(1 + \dfrac{s}{\omega_{\text{P, B}}}\right)} \tag{5-28}$$

本节将仿真共源共栅放大器的频率特性。为了模拟更加实际的电路工作情况，在放大器的输入处增加串联的电阻 R_{S}，可取值 100Ω；放大器的负载为 5pF 电容。仿真电路图如图 5-16 所示。

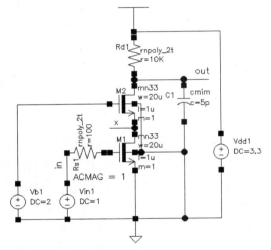

图 5-16　共源共栅电路的频率特性仿真电路图

5.4.2　仿真波形

仿真波形如图 5-17 所示。

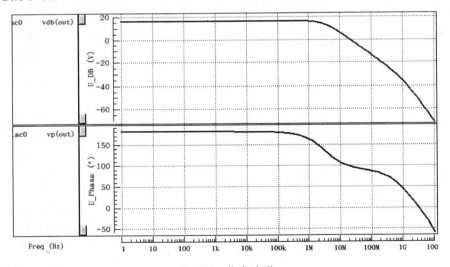

图 5-17　仿真波形

附 Hspice 关键仿真命令：

`.SUBCKT rnpoly_2t_0 MINUS PLUS segW=180n segL=5u m=1`

…（略）

```
. ENDS rnpoly_2t_0
. SUBCKT rnpoly_2t_1 MINUS PLUS segW=180n segL=5u m=1
XR0 PLUS MINUS rnpoly_2t w="segW" l="segL"
. ENDS rnpoly_2t_1

VVdd1 VDD 0 DC 3.3
VVb1 net12 0 DC 2
VVin1 in 0 DC 1 AC 1
m1 x net6 0 0 mn33 L=1u W=20u M=1
m2 out net12 x 0 mn33 L=1u W=20u M=1
XRd1 out VDD rnpoly_2t_0 m=1 segW=180n segL=54.965u
XRs1 net6 in rnpoly_2t_1 m=1 segW=1u segL=14.365u
XC1 out 0 cmim m=1 w=60u l=83.335u

. lib "/.../spice_model/hm1816m020233rfv12.lib" tt
. lib "/.../spice_model/hm1816m020233rfv12.lib" restypical
. lib "/.../spice_model/hm1816m020233rfv12.lib" captypical
. ac dec 10 1 10g
. temp 27
. probe AC vdb(out) vp(out)
. end
```

5.4.3 互动与思考

读者可以改变电路中R_S、C_L以及其他各器件的参数，观察三个极点的相对位置。

请读者思考：

1）主极点位于何处？如何确定？

2）该电路只有三个 s 左半平面极点吗？是否还有其他零点或者极点？提示：如果只有三个 s 左半平面极点，则总的相移将是270°。

3）如何提高共源共栅放大器的带宽？

4）X 点到输出结点之间的电容是$C_{GD2} /\!/ C_{GS2}$吗？

5.5 全差分放大器差模增益的频率特性

5.5.1 特性描述

对于图 5-18a 中的基本差分对电路，可以画出图 5-18b 的半边等效电路。为分析频率特性，图中加入了相关的寄生电容值。可见，对于差动信号的频率响应，与共源极放大器没有差别，表现出C_{GD}的密勒乘积项。最终，电路表现出两个极点、一个零点的频率特性。

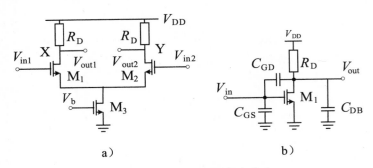

图 5-18　差动对电路的频率响应

本节将仿真差动对电路的频率特性，得到该电路的伯德图。注意，输入电压信号的内阻 R_S 以及电路驱动的负载电容 C_L，在仿真中均需要加载。仿真电路图如图 5-19 所示。

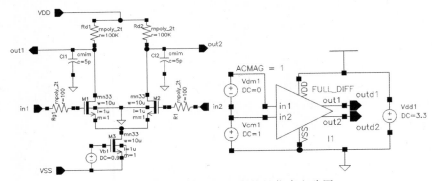

图 5-19　差动对电路的频率特性仿真电路图

5.5.2　仿真波形

仿真波形如图 5-20 所示。

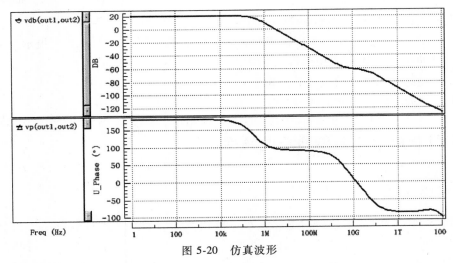

图 5-20　仿真波形

附 Hspice 关键仿真命令：

```
.SUBCKT rnpoly_2t_0 MINUS PLUS segW=180n segL=5u m=1
…(略)
.ENDS rnpoly_2t_1
.SUBCKT FULL_DIFF in1 in2 out1 out2 VDD VSS
m3 net17 net9 VSS VSS mn33 L=1u W=10u M=1
m1 out1 net0 net17 0 mn33 L=1u W=10u M=1
m2 out2 net1 net17 0 mn33 L=1u W=10u M=1
VVb1 net9 VSS DC 0.9
XR1 in2 net1 rnpoly_2t_0 m=1 segW=1u segL=14.365u
XRg1 net0 in1 rnpoly_2t_0 m=1 segW=1u segL=14.365u
XRd2 out2 VDD rnpoly_2t_1 m=1 segW=180n segL=59.965u
XRd1 out1 VDD rnpoly_2t_1 m=1 segW=180n segL=59.965u
XCl2 out2 0 cmim m=1 w=60u l=83.335u
XCl1 out1 0 cmim m=1 w=60u l=83.335u
.ENDS FULL_DIFF

XI1 net5 net3 outd1 outd2 VDD 0 FULL_DIFF
VVcm1 net3 0 DC 1
VVdm1 net5 net3 DC 0 AC 1
VVdd1 VDD 0 DC 3.3

.lib "/.../spice_model/hm1816m020233rfv12.lib" tt
.lib "/.../spice_model/hm1816m020233rfv12.lib" restypical
.lib "/.../spice_model/hm1816m020233rfv12.lib" captypical
.ac dec 10 1 100T
.temp 27
.probe AC v(outd1,outd2) vdb(outd1) vdb(outd2) vdb(outd1,outd2)
.probe AC vp(outd1) vp(outd2) vp(outd1,outd2)
.end
```

5.5.3 互动与思考

读者可以改变 M_1、M_2、M_3 的宽长比，以及 R_D、C_L、R_S、V_B，来观察差分对电路的差模增益频率特性的变化趋势。请重点关注其主极点、次主极点的相对位置。读者还可以在输入 MOS 管的栅极和漏极之间并联一个可观的电容 C_C，观察由此带来的极点位置的变化。

请读者思考：

1）在理论分析中，差分对的频率特性与单端放大器相同。此处是否有忽略某些因素？是什么因素？

2）尾电流大小以及其输出电阻对全差分放大器的差模增益频率特性是否有影响？

3）如何提高主极点的频率？

5.6 全差分放大器共模增益的频率特性

5.6.1 特性描述

绘制图 5-21 来分析差动对电路高频下的共模响应。其中 C_P 为 P 结点所有寄生电容之和，C_L 为输出结点等效的电容之和，包括负载电容和 MOS 管寄生电容。如果假定差分对电路两边完全对称，并且忽略输入对管的衬底偏置效应，忽略信号源内阻，则本电路的低频共模增益为

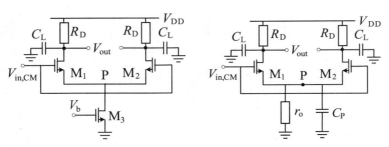

图 5-21 差动对电路的共模响应

$$A_{CM} = \frac{2g_{m1,2}\dfrac{R_D}{2}}{1 + 2g_{m1,2}r_{o3}} \qquad (5\text{-}29)$$

式中，r_{o3} 为尾电流 M_3 的等效输出电阻。考虑了器件的寄生电容后，将式（5-29）中的 r_{o3} 替换为 $r_{o3} // \dfrac{1}{sC_p}$，$\dfrac{R_D}{2}$ 替换为 $\dfrac{R_D}{2} // \dfrac{1}{2sC_L}$，即可得到共模增益的频率响应。可见，公共结点 P 的寄生电容会导致该点的等效阻抗在高频下显著降低，从而导致基本差分对电路的共模增益增加。这不是人们期望的。

本电路具有显而易见的两个极点：输入结点、输出结点。分析这两个极点的简易方法是密勒等效法，方法类似于共源极放大器。

另外，全差分放大器在考虑共模增益的频率特性时，也同样需要考虑电路两边出现不匹配（输入 MOS 管不匹配，负载电阻不匹配）的情况。例如，当输入 MOS 管不匹配时产生的共模到差模的增益为

$$A_{CM\text{-}DM} = \frac{\Delta g_m R_D}{1 + (g_{m1} + g_{m2})r_{o3}} \qquad (5\text{-}30)$$

同上，将负载阻抗和 r_{o3} 替换，得

$$A_{CM\text{-}DM} = \frac{\Delta g_m \left(\dfrac{R_D}{2} // \dfrac{1}{2sC_L} \right)}{1 + (g_{m1} + g_{m2})\left(r_{o3} // \dfrac{1}{sC_p} \right)} \qquad (5\text{-}31)$$

本节将仿真基本差分对电路的共模增益频率响应曲线。需要注意的是，输入电压信号的

内阻R_S以及电路驱动的负载电容C_L，在仿真中均需要加载。仿真电路图如图 5-22 所示。为了简单起见，此处仅仅仿真A_{CM}，而不仿真A_{CM-DM}，因为仿真A_{CM-DM}需要用到蒙特卡罗模型。

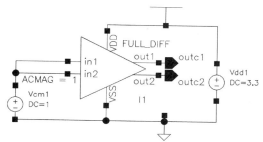

图 5-22　基本差动对电路的共模响应

5.6.2　仿真波形

仿真波形如图 5-23 所示。

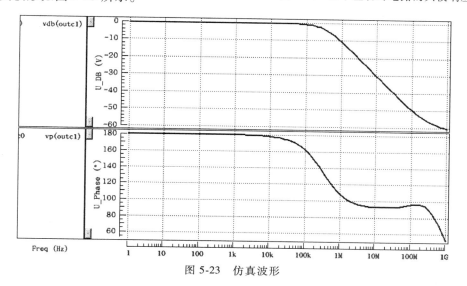

图 5-23　仿真波形

附 Hspice 关键仿真命令：

```
.SUBCKT rnpoly_2t_0 MINUS PLUS segW=180n segL=5u m=1
XR0 PLUS MINUS rnpoly_2t w="segW" l="segL"
.ENDS rnpoly_2t_0
.SUBCKT rnpoly_2t_1 MINUS PLUS segW=180n segL=5u m=1
…（略）
.ENDS rnpoly_2t_1
.SUBCKT FULL_DIFF in1 in2 out1 out2 VDD VSS
m3 net17 net9 VSS VSS mn33 L=1u W=10u M=1
m1 out1 net0 net17 0 mn33 L=1u W=10u M=1
m2 out2 net1 net17 0 mn33 L=1u W=10u M=1
VVb1 net9 VSS DC 0.9
XR1 in2 net1 rnpoly_2t_0 m=1 segW=1u segL=14.365u
XRg1 net0 in1 rnpoly_2t_0 m=1 segW=1u segL=14.365u
XRd2 out2 VDD rnpoly_2t_1 m=1 segW=180n segL=59.965u
XRd1 out1 VDD rnpoly_2t_1 m=1 segW=180n segL=59.965u
XCl2 out2 0 cmim m=1 w=60u l=83.335u
```

```
XCl1 out1 0 cmim m=1 w=60u l=83.335u
.ENDS FULL_DIFF

XI1 net14 net14 outc1 outc2 VDD 0 FULL_DIFF
VVcm1 net14 0 DC 1 AC 1
VVdd1 VDD 0 DC 3.3

.lib "/.../spice_model/hm1816m020233rfv12.lib" tt
.lib "/.../spice_model/hm1816m020233rfv12.lib" restypical
.lib "/.../spice_model/hm1816m020233rfv12.lib" captypical
.ac dec 10 1 1g
.temp 27
.probe AC v(outc1) vdb(outc1) vp(outc1)
.end
```

5.6.3 互动与思考

读者可以改变 $M_1 \sim M_3$ 的宽长比、R_D、C_L、R_S、V_B，以及与尾电流并联的电容 C_P，来观察差分对电路的共模增益的变化趋势。除了观察低频增益之外，大家需要关注其主极点、次主极点的相对位置。特别是，当 C_P 的值比较大时共模增益的变化。

请读者思考：

1）采用什么方法可以减小尾电流并联的电容 C_P 值？

2）系统的主极点位于何处？

3）我们发现共模增益的频率响应曲线中出现了一个 s 左半平面的零点。请问该零点是如何产生的？

5.7 采用电容中和技术消除密勒效应

5.7.1 特性描述

共源极放大器的输入和输出之间的 C_{GD} 需要经过密勒等效后，计入输入结点和输出结点的总电容中，差分电路也是如此。因此，密勒电容降低了输入结点的极点频率。在普通的全差分放大器中，在输入和输出之间交叉接入两个相同的频率补偿电容 C_C，如图 5-24 所示，会呈现出何种特性呢？

为了分析该电路的频率特性，需要分析其输入端的密勒等效电容，绘制图 5-25 所示的小信号等效电路。绘制小信

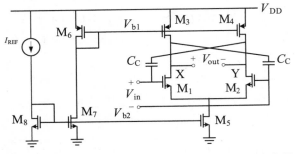

图 5-24　采用电容中和技术消除密勒效应的差分放大器

号等效电路时，充分考虑了电路的对称性。

由 C_{GD} 产生的密勒等效电容为

$$C_{GD,\,miler} = (1+g_m r_o) C_{GD} \quad (5\text{-}32)$$

此处的 $g_m r_o$ 为差分放大器差模增益。由于 C_C 与反向放大部分相连，可知由 C_C 产生的密勒等效电容为

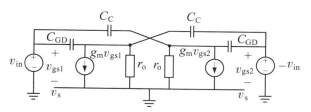

图 5-25　计算输入结点密勒等效电容的小信号电路图

$$C_{C,\,miler} = (1-g_m r_o) C_C \quad (5\text{-}33)$$

这两个电容是并联的关系，因此输入端总的密勒等效电容为

$$C_{IN,\,miler} = (1+g_m r_o) C_{GD} + (1-g_m r_o) C_C \quad (5\text{-}34)$$

若 $g_m r_o \gg 1$，则

$$C_{IN,\,miler} = g_m r_o (C_{GD} - C_C) \quad (5\text{-}35)$$

电路设计中，若选取合适的 C_C，使其等于 C_{GD}，则可以消除因为密勒效应等效到输入结点的大电容。

本节将要仿真分析采用电容中和技术如何消除密勒效应，为了便于理解电容中和技术的效果，可以将本节电路与无电容中和技术的差分放大器进行对比仿真。仿真电路图如图 5-26 所示。同理，为了更加显著地观察电容中和密勒效应的影响，设置信号源内阻为 $1G\Omega$。

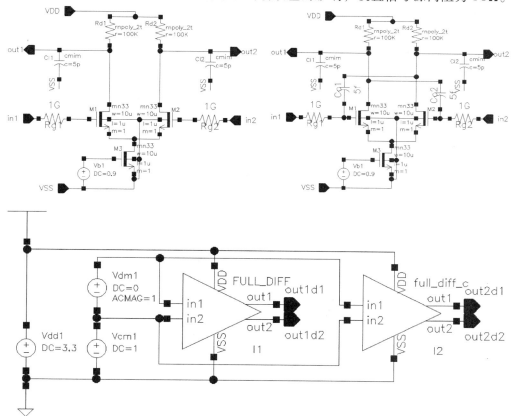

图 5-26　基本差动对电路的共模响应

5.7.2　仿真波形

仿真波形如图 5-27 所示。

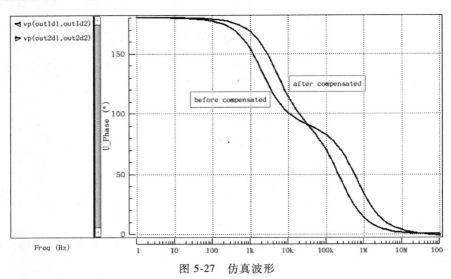

图 5-27　仿真波形

附 Hspice 关键仿真命令:

```
.SUBCKT rnpoly_2t_0 MINUS PLUS segW=180n segL=5u m=1
…(略)
.ENDS rnpoly_2t_0
.SUBCKT rnpoly_2t_1 MINUS PLUS segW=180n segL=5u m=1
…(略)
.ENDS rnpoly_2t_1
.SUBCKT full_diff in1 in2 out1 out2 VDD VSS
m3 net17 net9 VSS VSS mn33 L=1u W=10u M=1
m1 out1 net2 net17 0 mn33 L=1u W=10u M=1
m2 out2 net1 net17 0 mn33 L=1u W=10u M=1
VVb1 net9 VSS DC 0.9
Rg2 in2 net1 1G
Rg1 net2 in1 1G
XRd2 out2 VDD rnpoly_2t_1 m=1 segW=180n segL=59.965u
XRd1 out1 VDD rnpoly_2t_1 m=1 segW=180n segL=59.965u
XCl2 out2 0 cmim m=1 w=60u l=83.335u
XCl1 out1 0 cmim m=1 w=60u l=83.335u
CCc1 out2 net2 4f
CCc2 out1 net1 4f
.ENDS full_diff
```

```
XI1 net5 net3 outd1 outd2 VDD 0 FULL_DIFF
VVcm1 net3 0 DC 1
VVdm1 net5 net3 DC 0 AC 1
VVdd1 VDD 0 DC 3.3

.lib "/../spice_model/hm1816m020233rfv12.lib" tt
.lib "/../spice_model/hm1816m020233rfv12.lib" restypical
.lib "/../spice_model/hm1816m020233rfv12.lib" captypical
.ac dec 10 1 100g
.temp 27
.probe AC v(outd1,outd2) vdb(outd1) vdb(outd2) vdb(outd1,outd2)
.probe AC vp(outd1) vp(outd2) vp(outd1,outd2)
.end
```

5.7.3 互动与思考

读者可以改变 M_1、M_2 的宽长比，输入信号源的内阻 R_S 以及 C_C 的值，观察该电路频率响应中极点位置的相对变化。

请读者思考：

1）有人说，采用电容中和技术，消除了输入结点的等效电容，因而输入结点不再产生极点。请问这个说法正确吗？为什么？

2）电容中和技术提高了输入结点的极点频率，对输出结点的极点频率有影响吗？读者是否有办法提供该放大器的主极点频率？

3）电容中和技术的要求是 $C_{GD} = C_C$。请问电路中的 C_{GD} 如何测量？是定值吗？

5.8 有源电流镜负载差分放大器的零极点分布

5.8.1 特性描述

图 5-28 所示的有源电流镜负载差分放大器中，从输入到输出端有多个结点，从而电路必然存在多个极点。

输入差分信号有两条到输出的信号通道：第一条是小信号电流通过 M_1、M_2 直接流到输出结点；第二条是小信号电流通过 M_2、M_1，经过 M_3、M_4 流到输出结点。前者路径短，可称之为"快速路径"；后者路径长，可称之为"慢速路径"。

在忽略输入信号的信号源内阻情况下，信号在快速路径传递时有一个结点，则产生一个极点，极点频率与输出结点的等效总电阻和总电容有关。信号在慢速路径传递时出现两个极点，除了与快速通道上同频率的极点之外，还会在图中 E 结点

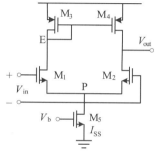

图 5-28　有源电流镜
负载差分放大器

产生另外一个极点。

若输出结点的总等效电容为C_L，E 结点的总等效电容为C_E，则慢速通道的增益表达式为

$$A_{V,s}=\frac{A_{V0}}{2}\cdot\frac{1}{1+s/\omega_{p1}}\cdot\frac{1}{1+s/\omega_{p2}} \tag{5-36}$$

快速通道的增益为

$$A_{V,F}=\frac{A_{V0}}{2}\cdot\frac{1}{1+s/\omega_{p1}} \tag{5-37}$$

式中，$A_{V0}=g_{m1}(r_{on}/\!/r_{op})$，$\omega_{p1}=\dfrac{1}{(r_{on}/\!/r_{op})\,C_L}$，$\omega_{p2}=\dfrac{g_{mp}}{C_E}$。这两个极点中，$p_1$ 极点的频率较低，为主极点，p_2 为次主极点。因为两条路径输出的是小信号电流，而且电流在输出结点相加，因此，该电路总的增益应该是上述两个增益之和，即

$$A_V=A_{V,s}+A_{V,F} \tag{5-38}$$

代入式（5-36）和式（5-37）可得

$$A_V=A_{V0}\frac{1+s/(2\,\omega_{p2})}{(1+s/\omega_{p1})(1+s/\omega_{p2})} \tag{5-39}$$

从式（5-39）可知，当信号有两个通道时，该电路还会产生一个零点，位于高频极点（次主极点）的 2 倍频率处。

本节将仿真有源电流镜负载差分放大器的幅频响应，从幅频响应曲线来分析其零极点分布情况。为了更清楚地知道零点和极点频率，也可以直接采用零极点仿真命令 pz，从输出文件中读出零极点分布。因为该电路往往驱动容性负载，可以在输出端带 1~10pF 的电容负载，仿真电路图如图 5-29 所示。

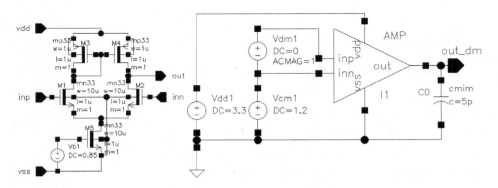

图 5-29　有源电流镜负载差分放大器的幅频响应仿真电路图

5.8.2　仿真结果

仿真结果如图 5-30 所示。

```
####################### pole/zero analysis begin #######################

      input = vvdm1    output = v(out_dm)

         poles (rad/sec)                     poles (hertz)

            real            imag           real           imag        Qfactor
1     -23.4863k          0.           -3.7380k         0.          500.0000m
2     -820.5799x         0.           -130.5993x       0.          500.0000m
3     -2.0867g           0.           -332.1113x       0.          500.0000m

         end poles

         zeros (rad/sec)                     zeros (hertz)

            real            imag           real           imag        Qfactor
1     -1.3116g           0.           -208.7431x       0.          500.0000m
2     -4.0228g           0.           -640.2560x       0.          500.0000m
3     -248.9120g         0.           -39.6156g        0.          500.0000m

         end zeros

constant factor = 16.6001u

DC gain = 542.1033

####################### pole/zero analysis end #######################
```

图 5-30 仿真结果

附 Hspice 关键仿真命令：

```
.SUBCKT AMP inn inp vdd vss out
m5 net11 net2 vss vss mn33 L=1u W=10u M=1
m1 net7 inp net11 vss mn33 L=1u W=10u M=1
m2 out inn net11 vss mn33 L=1u W=10u M=1
VVb1 net2 vss DC 0.85
m4 out net7 vdd vdd mp33 L=1u W=1u M=1
m3 net7 net7 vdd vdd mp33 L=1u W=1u M=1
.ENDS AMP

VVdd1 net5 0 DC 3.3
VVdm1 net3 net0 DC 0 AC 1
VVcm1 net0 0 DC 1.2
XI1 net0 net3 net5 0 out_dm AMP
XC0 out_dm 0 cmim m=1 w=60u l=83.335u

.lib "/.../spice_model/hm1816m020233rfv12.lib" tt
.lib "/.../spice_model/hm1816m020233rfv12.lib" captypical
.ac dec 10 1 1G
.temp 27
.probe AC vdb(out_dm) vp(out_dm)
.pz v(out_dm) vvdm1
.end
```

5.8.3　互动与思考

读者可以自行调整负载电容C_L大小，或者在 E 结点（见图 5-28）额外接一个电容，观察有源电流镜负载差分放大器的零极点发布的变化。

请读者思考：

1）哪个极点是系统的主极点？如何提高主极点频率？

2）本电路有多个极点和零点，当电路接成负反馈的结构后，电路能否稳定工作？

3）图 5-28 中 P 结点对零点和极点有贡献吗？

4）从输入到输出还有一个信号通道，即输入 MOS 管 M_2 的 C_{GD}，该电容会引入另外一个零点吗？

5.9　放大器的增益带宽积

5.9.1　特性描述

增益和带宽是放大器最重要的两个设计指标。让我们用最简单的电阻负载共源极放大器来分析这两个指标，以及它们之间的关系。

电阻负载共源极放大器的低频增益为

$$A_V = -g_m(R_D /\!/ r_o) \tag{5-40}$$

当增益降低到比低频增益低 3dB 时，对应的带宽也被称为−3dB 带宽，而−3dB 带宽正好位于主极点频率处。本电路的主极点位于输出结点，从而带宽表达式为

$$BW = \omega_p = \frac{1}{(R_D /\!/ r_o)C_L} \tag{5-41}$$

式中，C_L 为放大器输出结点总的等效电容；$(R_D /\!/ r_o)$ 为输出结点总的等效电阻。依据频率和角频率的关系式，BW 对应的频率f_{-3dB}为

$$f_{-3dB} = \frac{1}{2\pi(R_D /\!/ r_o)C_L} \tag{5-42}$$

图 5-23 是一个常见的单极点系统增益的频率特性图。为了理解和使用方便，其纵轴和横轴都采用对数坐标。一个一阶系统完整的增益表达式为

$$\frac{V_{out}}{V_{in}}(s) = \frac{A_V}{1+\dfrac{s}{\omega_p}} \tag{5-43}$$

该系统中，当频率超过ω_p后，增益逐渐降低。假设增益正好为单位"1"，从而放大器的幅频响应曲线穿过 X 轴，即

$$\left|\frac{V_{out}}{V_{in}}(s)\right| = \left|\frac{A_V}{1+\dfrac{s}{\omega_p}}\right| = 1 \tag{5-44}$$

则此时的频率为

$$\omega_u = A_V \omega_p \tag{5-45}$$

第5章 放大器的频率特性

ω_u对应的频率即为图 5-31 中的单位增益频率f_u。通常，将增益与带宽相乘并取绝对值，定义一个新的概念：增益带宽积（GBW）。从数值上看，GBW 即为电路的单位增益带宽ω_u。

由式（5-40）和式（5-41），电阻负载共源极放大器的 GBW 为

$$GBW = \frac{g_m}{2\pi C_L} \tag{5-46}$$

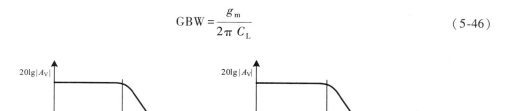

图 5-31　放大器的频率特性

从上述关系式中，可得到如下两个结论：①放大器的增益与输出阻抗成正比，然而带宽与输出阻抗成反比。如果希望通过增大输出阻抗来提高增益，则会减小带宽；②在负载电容固定时，只能通过提高放大器的跨导来提高放大器的 GBW。然而，根据 1.8 节的相关知识，在功耗一定的情况下，要提高 MOS 管的跨导并非易事。

本节将通过仿真看到放大器的增益、带宽、增益带宽积之间的关系。仿真电路图如图 5-32 所示。为便于比较，我们仿真的输入 MOS 管的尺寸和偏置均相同，比较不同电阻负载下，电路的增益、带宽以及增益带宽积的差异。

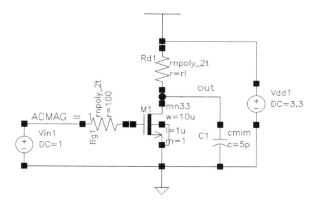

图 5-32　增益带宽积仿真电路图

5.9.2　仿真波形

仿真波形如图 5-33 所示。

附 Hspice 关键仿真命令：

```
.SUBCKT rnpoly_2t_0 MINUS PLUS segW=180n segL=5u m=1
XR0 PLUS MINUS rnpoly_2t w="segW" l="segL"
.ENDS rnpoly_2t_0
.SUBCKT rnpoly_2t_1 MINUS PLUS segW=180n segL=5u m=1
…（略）
.ENDS rnpoly_2t_1

m1 out net1 0 0 mn33 L=1u W=10u M=1
XRg1 net1 net2 rnpoly_2t_0 m=1 segW=1u segL=14.365u
XRd1 out VDD rnpoly_2t_1 m=1 segW=180n
+segL="(((2.44373e-07* ((rl/28)-0))-0)/7.41)+0"
```

161

```
XC1 out 0 cmim m=1 w=60u l=83.335u
VVdd1 VDD 0 DC 3.3
VVin1 net2 0 DC 1 AC 1

.lib "/.../spice_model/hm1816m020233rfv12.lib" tt
.lib "/.../spice_model/hm1816m020233rfv12.lib" restypical
.lib "/.../spice_model/hm1816m020233rfv12.lib" captypical
.param rl='5k'
.ac dec 20 1 10G
.temp 27
.probe AC vdb(out) vp(out)
.alter
.param rl='50k'
.end
```

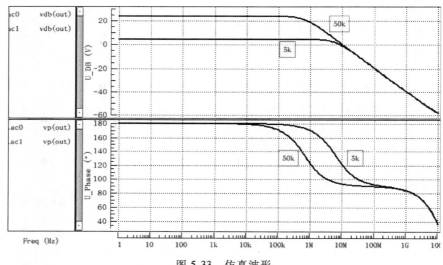

图 5-33　仿真波形

5.9.3　互动与思考

读者可分别只改变电阻负载 R_D 和负载电容 C_L 的值，看电路增益、带宽、增益带宽积之间的变化趋势及关系。

请读者思考：

1）如果负载电容相同，而且输入 MOS 管也相同，当输入信号的直流偏置也相同时，那么电阻负载的共源极放大器和电流源负载的共源极放大器的−3dB 带宽、增益带宽积相同吗？

2）在负载电容固定的情况下，我们需要更大的带宽以及更大的增益，请问有何措施？能实现吗？

3）如果次主极点的频率低于单位增益频率，那么 GBW 和 ω_u 之间有何关系？

5.10 考虑频率特性的放大器宏模型

5.10.1 特性描述

放大器在模拟电路中应用广泛，几乎无处不在。在电路结构级或者系统级设计中，往往需要根据系统要求反推放大器的设计指标，或者根据放大器性能指标来评估系统性能。在该阶段，往往还未涉及具体晶体管级电路设计。

例如，图 5-34 所示的低压差（Low DropOut，LDO）电压调制器是一个典型的闭环反馈系统，在具体的晶体管级电路设计之前，就需要通过抽象模型（行为级模型或者宏模型）确定好环路的零极点分布，或者通过改进电路结构，从而对零极点的分布进行调整，在保证环路稳定性的前提下提高电路的其他性能，以提高电路的设计效率。

对于运算放大器的宏模型，需要反映它的最基本特性，即小信号增益、输入阻抗和输出阻抗。一个理想的运算放大器可以用图 5-35 所示的模型代替。由该模型可知，运算放大器的增益为 A_V，小信号输入阻抗为无穷大，小信号输出阻抗为 r_o（理想放大器的 r_o 为零）。根据戴维南和诺顿的电路变换方法，该模型还可以表示成受控电流源与电阻并联的形式。

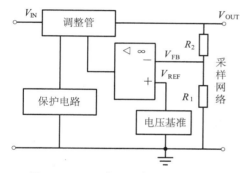

图 5-34　LDO 稳压器典型电路结构图

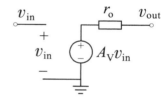

图 5-35　理想运算放大器的宏模型

然而，该模型不具有频率特性。为了给该模型赋予频率特性，可以采用图 5-36 的宏模型。

显然，增益表达式为

$$\frac{v_{out}}{v_{in}} = g_m \left(R_1 \mathbin{/\mkern-5mu/} \frac{1}{s\,C_1} \right) \qquad (5-47)$$

这是一个具有单极点的运算放大器，其带宽 BW 为

$$BW = \frac{1}{2\pi R_1 C_1} \qquad (5-48)$$

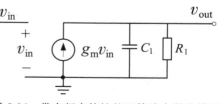

图 5-36　带有频率特性的运算放大器宏模型

而实际的放大器可能还存在着高阶极点、零点、输入失调电压、输入共模电压限制、输出摆幅限制等其他诸多小信号增益特性、小信号频率特性、大信号静态特性。在一般的仿真和分析中，运算放大器的大信号动态特性、噪声特性、电源抑制特性可以忽略。推导过程比较复杂，此处直接给出图 5-37 所示的运算放大器完整宏模型。

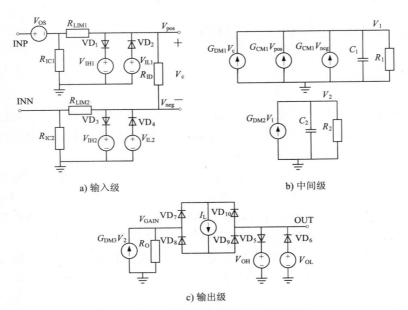

a) 输入级　　　　　　　　　　b) 中间级

c) 输出级

图 5-37　相对完整的运算放大器宏模型

运算放大器的小信号增益包括了差模增益和共模增益。图 5-37 中的三个电压控制电流源 G_{DM1}、G_{CM1}、G_{CM2} 为中间级的第一级放大，将运算放大器输入端的共模信号和差模信号分别放大，并合并到第一级输出电压 V_1，则第一级输出电压 V_1 的表达式为

$$V_1 = \left[(V_{POS} - V_{NFG}) G_{DM1} + V_{POS} G_{CM1} + V_{NEG} G_{CM2} \right] \left(R_1 /\!/ \frac{1}{sC_1} \right) \tag{5-49}$$

显然，第一级放大器产生了一个极点，极点频率为

$$\omega_{p1} = \frac{1}{R_1 C_1} \tag{5-50}$$

如果要模拟产生第二个极点，只需在第一级放大之后再增加一级放大，则第二级放大的输出电压为

$$V_2 = V_1 G_{DM2} \left(R_2 /\!/ \frac{1}{sC_2} \right) \tag{5-51}$$

第二个极点的频率为

$$\omega_{p1} = \frac{1}{R_2 C_2} \tag{5-52}$$

如果运算放大器的输出负载包含电容，还可以产生第三个极点和零点。

上述第一级放大和第二级放大均可以直接作为输出级，但这种模型的输出电阻不是一个定值，受信号频率的影响。为此，可以单独添加一级输出级，如图 5-37 所示，该运算放大器的输出电阻固定为 R_o。则该运算放大器总的输出电压表示如下：

$$V_{OUT} = \left[(V_{POS} - V_{NFG}) G_{DM1} + V_{POS} G_{CM1} + V_{NEG} G_{CM2} \right] \cdot \left(R_1 /\!/ \frac{1}{sC_1} \right) G_{DM2} \left(R_2 /\!/ \frac{1}{sC_2} \right) G_{DM3} \cdot R_o \tag{5-53}$$

在上述建模中，为了更简单地表示出运算放大器的差模增益倍数，设 R_1、R_2 均为 1Ω。而

R_o 为运算放大器的输出电阻。设 $G_{DM2} = 1$，G_{DM3} 在数值上为 $\dfrac{1}{R_o}$，则运算放大器的差模增益为 G_{DM1}。

另外，为了建模方便，本书设计的宏模型中二极管为理想二极管，即导通压降为 0，仅仅定义一个很小的反向饱和电流 I_S 即可。

为了对运算放大器的共模增益和差模增益同时建模，此处引入了共模输入电阻 R_{IC1} 和 R_{IC2}，以及差模输入电阻 R_{ID}。

为了在宏模型中体现运放的共模输入范围（Input Common Mode Range，ICMR），引入了 4 个二极管和 4 个独立电压源，分别为：VD_1、VD_2、VD_3、VD_4、V_{IH1}、V_{IL1}、V_{IH2}、V_{IL2}。在仿真中，如果在运放的输入端接入一理想电压源，在使得 VD_1、VD_2、VD_3 和 VD_4 中的任何一个二极管导通时，流过二极管的电流将是无穷大，这破坏了任何一种仿真工具的算法要求。为此，在宏模型中加入两个限流电阻 R_{LIM1} 和 R_{LIM2}。

同理，输出电压摆幅由 VD_5、VD_6、V_{OH} 和 V_{OL} 决定。

运算放大器的输出电流能力决定了运放的驱动电容性负载的压摆率 SR，在 LDO 设计中，由于运算放大器的输出要驱动调整管的栅极，对于大尺寸的调整管而言，大的运算放大器输出电流决定了 LDO 快速的瞬态响应。为了对运算放大器的输出电流能力进行建模，此处引入独立电流源 I_L，在 4 个理想二极管 VD_7、VD_8、VD_9 和 VD_{10} 的配合下，将运算放大器的输出电流限制在了 I_L。

运算放大器宏模型的器件名称、含义及默认参数见表 5-1。

表 5-1　运算放大器宏模型参数一览表

模型器件及对应物理量	器件含义	器件参数值
R_{ID}	输入差模电阻	10MΩ
V_{OS}	输入失调电压	0.001V
R_{IC1}、R_{IC2}	输入共模电阻	100MΩ
R_{LIM1}、R_{LIM2}	输入限流电阻	0.0001Ω
V_{IH1}、V_{IH2}	共模输入的高电平限制	2.8V
V_{IL1}、V_{IL2}	共模输入的低电平限制	0.5V
VD_1、VD_2、VD_3、VD_4	共模输入范围限制电路	$I_s = 1.0 \times 10^{16}$ A
G_{DM1}、G_{DM2}、G_{DM3}	差模增益电压控制电流源	$G_{DM1} = 1000$、$G_{DM2} = 1$、$G_{DM3} = 0.001$
G_{CM1}、G_{CM2}	共模增益电压控制电流源	$G_{CM1} = 0.05$、$G_{CM2} = 0.05$
R_1、C_1	第一级放大器输出电阻和电容	$R_1 = 1\Omega$、$C_1 = 159\mu F$、$f_{p1} = 1kHz$
R_2、C_2	第二级放大器输出电阻和电容	$R_2 = 1\Omega$、$C_2 = 0.0159\mu F$、$f_{p1} = 10000kHz$
R_o	运算放大器输出电阻	$R_o = 1k\Omega$
G_{DM3}	输出级电压控制电流源	$G_{DM3} = 0.001$
I_L	输出限流独立电流源	$I_L = 2\mu A$
VD_7、VD_8、VD_9、VD_{10}	输出限流电路	$I_s = 1.0 \times 10^{16}$ A
V_{OL}、V_{OH}	共模输入的低电平限制	$V_{OL} = 0.4V$、$V_{OH} = 2.9V$
VD_5、VD_6	输入摆幅限制电路	$I_s = 1.0 \times 10^6$ A

上述宏模型在模拟运算放大器的频率特性时采用了用电阻和电容构成极点的方法。如果要构成零点，需要增加结点，而且不如极点直观。Spice 模拟电路仿真平台还支持三种简单的方法来设置宏模型的零、极点位置，这三种方法分别是拉普拉斯转换法、零极点函数法、频率响应表法。三种方法中，零极点函数法最直观，能清楚地显示某受控源的零点和极点。例如在 Spice 网表中添加如下电压控制电流源：

```
GDM n+ n- POLE in+ in- 100 10k 0 / 1 1k 0
```

上述 Spice 命令表示了一个电压控制电流源，其增益为 100，零点频率为 10kHz，极点频率为 1kHz。输出与输入的函数关系为

$$H(s) = \frac{100(s - 10000)}{(s - 1000)} \tag{5-54}$$

本节将仿真该运算放大器宏模型的小信号特性和大信号特性，仿真电路图如图 5-38 所示（仿真电路和仿真命令中，二级管用 D 表示）。

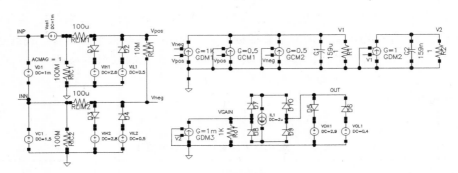

图 5-38　运算放大器宏模型仿真电路图

5.10.2　仿真波形

仿真波形如图 5-39 所示。

附 Hspice 关键仿真命令：

```
DD10 OUT net22 DIODE
DD9 net26 OUT DIODE
DD8 net26 VGAIN DIODE
DD7 VGAIN net22 DIODE
DD6 net5 OUT DIODE
DD5 OUT net2 DIODE
DD4 net12 Vneg DIODE
DD3 Vneg net11 DIODE
DD2 net7 Vpos DIODE
DD1 Vpos net4 DIODE
RRo1 0 VGAIN 1K
RR2 0 V2 1
```

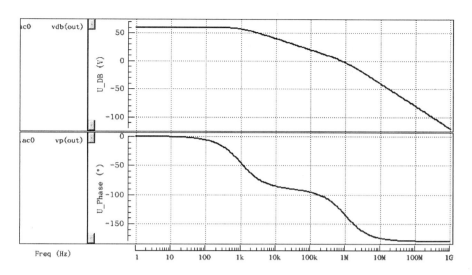

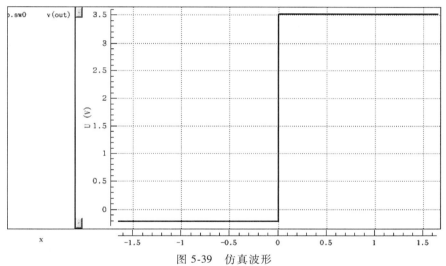

图 5-39　仿真波形

RR1 0 V1 1

RRLD1 Vneg Vpos 10Meg

RRIC2 0 INN 100Meg

RRIC1 0 net15 100Meg

RRLIM2 INN Vneg 100u

RRLIM1 net15 Vpos 100u

CC2 V2 0 159n

CC1 V1 0 159u

GGDM1 0 V1 VCCS Vpos Vneg 1000

GGDM2 0 V2 VCCS V1 0 1

GGDM3 0 VGAIN VCCS V2 0 1m

GGCM1 0 V1 VCCS Vpos 0 50m

```
GGCM2 0 V1 VCCS Vneg 0 50m
VVOH1 net2 0 DC 2.9
VVOL1 net5 0 DC 0.4
VVIL2 net12 0 DC 0.5
VVIH2 net11 0 DC 2.8
VVIL1 net7 0 DC 0.5
VVIH1 net4 0 DC 2.8
VVos1 INP net15 DC 1m
* VVC1 INN 0 DC 1.5
* VVD1 INP INN DC 1m AC 1
VVC1 INN 0 DC 1.65-x
VVD1 INP 0 DC 1.65+x
IIL1 net22 net26 DC 2u

.model diode d level=1 IS=1e-16
.param x='0'
.temp 27
.dc x -1.65 1.65 1m
.probe DC v(out)
* .ac dec 20 1 1G
* .probe AC vdb(out) vp(out)
.end
```

5.10.3 互动与思考

读者可以自行改变本模型中的任何一个值，仿真观察其大信号和小信号特性的变化。
请读者思考：

1）表 5-1 表示的放大器的 ICMR 是多少？

2）运算放大器常见的普通性能指标，例如低频增益、输入阻抗、输出阻抗、带宽等参数，在宏模型中如何调整？

3）请使用本节介绍的运算放大器宏模型，设计一个有源低通滤波器电路。

4）请使用本节介绍的运算放大器宏模型，设计一个模拟加法器。

5.11 反馈系统的增益带宽积

5.11.1 特性描述

图 5-40 是一个基本的反馈系统框图。其中 $A(s)$ 为前馈放大器，β 为反馈放大器。为简单起见，此处假定 $A(s)$ 为单极点系统，而 β

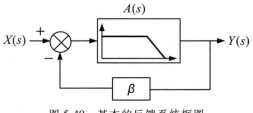

图 5-40　基本的反馈系统框图

为一个与频率无关的反馈系统，通常为用相同材料、相同器件实现的比例放大器，比如电阻分压网络。

前馈放大器在ω_0处有一个极点，即ω_0为放大器的-3dB带宽。其传递函数为

$$A(s) = \frac{A_0}{1+s/\omega_0} \qquad (5\text{-}55)$$

整个反馈系统的闭环传递函数为

$$\frac{Y}{X}(s) = \frac{A(s)}{1+\beta A(s)} \qquad (5\text{-}56)$$

代入式（5-55）可得

$$\frac{Y}{X}(s) = \frac{\dfrac{A_0}{1+s/\omega_0}}{1+\beta\dfrac{A_0}{1+s/\omega_0}} = \frac{\dfrac{A_0}{1+\beta A_0}}{1+\dfrac{s}{(1+\beta A_0)\omega_0}} \qquad (5\text{-}57)$$

式（5-57）表示，反馈环节的引入，让放大器的闭环低频增益下降为$1/(1+\beta A_0)$，而带宽增大为$(1+\beta A_0)$倍。显然，无论反馈环节的β取值多少，闭环系统的GBW是恒定值，即为前馈放大器$A(s)$自身的GBW。

为更好理解闭环系统GBW为恒定值的概念，绘制图5-41。图中包含了未加反馈环节开环增益A_0以及加入反馈环节后的闭环增益A_{C1}和A_{C2}的伯德图。注意，此处为示意图，即直接用了直线代替。

我们发现，无论是否引入反馈环节，无论反馈环节的反馈系数β为何值，系统的增益带宽积为定值，即前馈放大器的增益带宽积

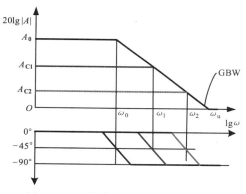

图 5-41 反馈带来的增益和带宽变化

$$A_0\omega_0 = A_{C1}\omega_1 = A_{C2}\omega_2 = \text{GBW} \qquad (5\text{-}58)$$

另外，图中的两个闭环增益A_{C1}和A_{C2}中，低频增益满足$A_{C1}>A_{C2}$，这要求$\beta_1<\beta_2$。显然，当负反馈系数$\beta=0$时，闭环增益就是开环增益。当负反馈系数$\beta=1$时，也就是将放大器接成单位增益负反馈的形式，$(1+\beta A_0)\approx A_0$，此时的闭环增益将为1，则闭环系统的带宽达到GBW，即一个放大器能工作的最大带宽。

可见，负反馈系数$\beta=1$和0，是反馈系统的两个极限情况。接成单位增益负反馈的放大器的GBW，是该放大器能工作的最大带宽。

本节将仿真由一个宏模型表示的放大器、电阻网络组成的反馈系统。仿真电路图如图5-42所示。仿真中，观看存在反馈网络和不存在反馈网络时幅频响应曲线的差异。为了将问题聚焦到反馈系统的增益带宽积上，放大器采用简化的宏模型。

5.11.2 仿真波形

仿真波形如图5-43所示。

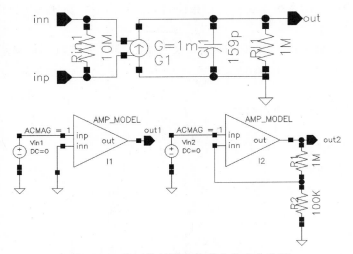

图 5-42　反馈网络的增益和带宽仿真电路图

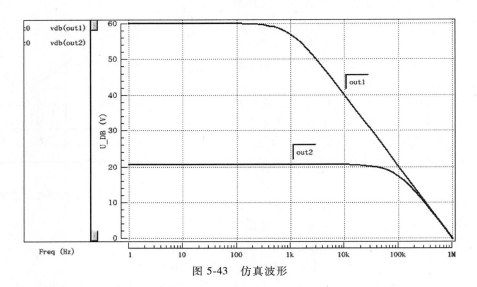

图 5-43　仿真波形

附 Hspice 关键仿真命令：

```
.SUBCKT AMP_MODEL inn inp out
CCl1 out 0 159p
RRl1 out 0 1Meg
RRin1 inn inp 10Meg
GG1 0 out VCCS inp inn 1m
.ENDS AMP_MODEL

XI1 0 net0 out1 AMP_MODEL
VVin1 net0 0 DC 0 AC 1
RR1 out2 net10 1Meg
```

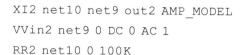

```
XI2 net10 net9 out2 AMP_MODEL
VVin2 net9 0 DC 0 AC 1
RR2 net10 0 100K

.ac dec 10 1 1000k
.temp 27
.probe AC vdb(out1) vdb(out2)
.end
```

5.11.3 互动与思考

读者可以自行改变放大器宏模型的增益、主极点频率等参数以及反馈网络的反馈系数，观察 GBW 的差异。

请读者思考：

1）在幅频响应曲线上，为何闭环传递函数的低频增益和带宽的交点（即$-3dB$增益点）始终位于$-20dB/dec$的斜线上？

2）反馈网络中的R_1和R_2应该如何取值？如果不考虑面积，是选择大的阻值，还是应该选择小的阻值？

3）放大器的增益对反馈系统有何影响？

## 第6章

二级放大器

6.1 二级放大器的增益带宽积

6.1.1 特性描述

当一级放大器遇到增益不够、带宽不够、驱动能力不够，或者输出摆幅不够等种种问题时，往往需要采用多级放大器。

比如，二级放大器总的增益为第一级增益与第二级增益之积。放大器级联能增大总的增益。

比如，在第 2 章我们学过，在共源极放大器的后面，级联一级源极跟随器，则无论带什么样的负载，放大器的增益不会明显变化。此处的源极跟随器是第二级，可以改善放大器的驱动能力。

前面我们学习过，假定某放大器的低频增益为 $A_V = -g_m r_{out}$，极点频率为 $\omega_d = \dfrac{1}{r_{out} C_{out}}$，带宽 $BW = \dfrac{1}{2\pi\, r_{out} C_{out}}$，从而增益带宽积 GBW（定于为放大器低频增益和带宽的乘积）为

$$GBW = A_V \times BW = \frac{g_m}{2\pi\, C_{out}} \tag{6-1}$$

若放大器驱动的负载电容 C_{out} 是定值，则放大器的增益带宽积仅仅取决于放大器跨导 g_m。增大输出阻抗可以提高低频增益，但代价是降低了带宽。为了在保证带宽的同时能增大增益，简单的做法是采用多级放大器。

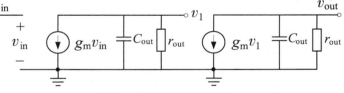

图 6-1 两个放大器串联

让两个特性相同的放大器级联，如图 6-1 所示，则考虑频率特性后，总的增益表达式为

$$A_V(s) = \frac{g_m r_{out}}{1 + \dfrac{s}{\omega_d}} \cdot \frac{g_m r_{out}}{1 + \dfrac{s}{\omega_d}} \tag{6-2}$$

让放大器串联，则带宽由两个放大器中带宽较低的那个放大器决定（图 6-1 的两个放大器的增益和带宽均相同），而低频增益则是两个放大器增益的乘积。从而，二级放大器的 GBW 为

$$GBW = \frac{g_m g_m r_{out}}{2\pi\, C_{out}} = g_m r_{out} \cdot \frac{g_m}{2\pi\, C_{out}} \tag{6-3}$$

显然，二级放大器级联有效提高了 GBW。当然，上述计算忽略了很多因素，特别是容性和阻性负载。

本节将仿真二级放大器的 GBW，作为对比，还可以关注第一级放大器的 GBW。为了忽略次要因素，可以直接采用图 6-1 所示的宏模型电路进行仿真。仿真电路图如图 6-2 所示。

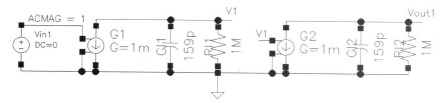

图 6-2　二级差分放大器 GBW 仿真电路图

6.1.2　仿真波形

仿真波形如图 6-3 所示。

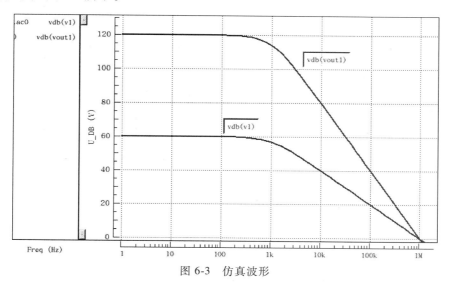

图 6-3　仿真波形

附 Hspice 关键仿真命令：
VVin1 net2 0 DC 0 AC 1
CCl2 Vout1 0 159p
CCl1 V1 0 159p
RRl2 Vout1 0 1Meg
RRl1 V1 0 1Meg

```
GG2 Vout1 0 VCCS V1 0 1m
GG1 V1 0 VCCS net2 0 1m

.ac dec 10 1 1G
.temp 27
.probe AC vdb(v1)   vdb(vout1)
.end
```

6.1.3 互动与思考

读者可以自行改变放大器宏模型各参数，观察二级放大器 GBW 的变化以及与一级放大器 GBW 的区别。

请读者思考：

1) 在负载电容不变的条件下，如何提高二级放大器的 GBW？

2) 如何在负载电容不同，而且 GBW 不变的情况下，提高放大器的增益？或者如何提高带宽？

3) 放大器串联后，整体电路带宽由带宽较低的那个放大器决定。请问带宽较高的那个放大器的带宽对多级放大器的影响是什么？

6.2 全差分二级放大器的频率响应

6.2.1 特性描述

如图 6-4 所示的二级全差分放大器电路中，第一级为高增益的 Cascode 负载的 Cascode 放大器，第二级为普通的电流源负载共源极放大器。图中省略了偏置电路以及共模负反馈电路，只绘制了放大器核心电路。

若忽略所有 MOS 管的衬底偏置效应，则低频增益为二级放大器增益的乘积，即

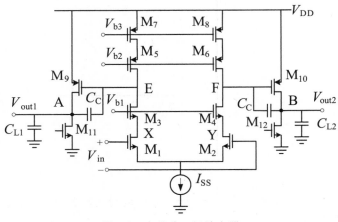

图 6-4 全差分二级放大器

$$A_V = g_{m1}\left[\left(g_{m3}r_{o3}r_{o1}\right) /\!/ \left(g_{m5}r_{o5}r_{o7}\right)\right]g_{m9}\left(r_{o9}/\!/r_{o11}\right) \tag{6-4}$$

二级放大器在提高增益（主要由第一级实现）的同时，还会增大输出电压摆幅（第二级电路的输出摆幅比第一级大很多）。然而，该电路有至少 4 个极点，需要关注放大器的频率响应，从而保证基于本放大器构成的反馈电路能稳定工作。

电路的 4 个极点分别位于输入结点、X、E 和 A 点。其中，X 点的电阻和电容均很小，因此该点的极点频率较高，在分析中可不用考虑。输入结点处的密勒等效电容很小（见本书 5.3 节），在信号的内阻也很有限的情况下，该结点的极点频率也较高。另外，E 点电阻

很大（Cascode 的输出阻抗为 MOS 管小信号输出电阻r_o的本征增益倍），而且存在 M_9的栅漏电容 C_{GD} 的密勒等效项，这也是一个较大的值。因此，我们可以推断，E 点对应的极点频率较低。而 A 点由于带有负载，负载电容值也可能比较可观，A 点的输出也在 MOS 管的小信号输出电阻 r_o 数量级。因此，E 点和 A 点均可能为主极点。如果两个极点的频率都很低，则增益交点频率（即单位增益频率ω_u）处的相位接近 $0°$。基于该放大器组成的反馈系统显然不能稳定工作。

解决两个极点比较靠近带来的稳定性问题，最简单的方法是采用密勒电容进行补偿，即在图 6-4 中增加 C_c。为了深入理解二级放大器的频率特性以及密勒补偿原理，我们先看图 6-5 所示的二级放大器简化小信号等效电路。图中，r_{on} 是输出结点 n 看进去的总电阻，C_n 是输出结点 n 看进去的总电容（$n=1$，2）。

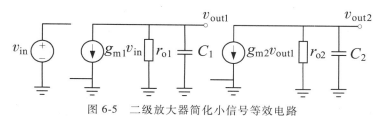

图 6-5　二级放大器简化小信号等效电路

图 6-5 中的电路有两个极点（此处忽略了输入结点的极点），极点频率分别是

$$\omega_{p1} = \frac{1}{r_{o1}C_1} \tag{6-5}$$

$$\omega_{p2} = \frac{1}{r_{o2}C_2} \tag{6-6}$$

如果上述两个极点的频率都会低于单位增益带宽，即放大器的幅频响应曲线穿过增益为 0 dB 的频率比上述两个极点频率高，就会导致该放大器的相位裕度 PM 过低，由此构成的反馈系统不稳定。该电路的伯德图如图 6-6 所示。

为解决稳定性，最简单的解决方法是前人发明的一种叫作"极点分裂"的频率补偿技术。该方法是在图 6-5 所示电路中加入密勒补偿电容 C_C，电路图如图 6-7 所示。

C_C 等效到第一级输出结点的电容为$g_{m2}r_{o2}C_C$，远大于C_1，从而补偿后第一级的极点频率降低为

$$\omega'_{p1} = \frac{1}{r_{o1}g_{m2}r_{o2}C_C} \tag{6-7}$$

第二级的极点频率本来可以通过严格的推导得出，但过程稍显复杂，感兴趣的读者可以自行推导，或者阅读其他书籍学习。此处我们

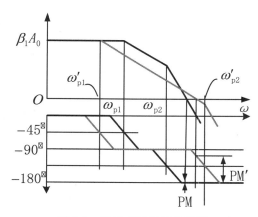

图 6-6　双极点系统的伯德图

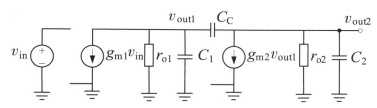

图 6-7　加入密勒补偿的二级放大器简化小信号等效电路

通过直观的分析，并直接给出结果。C_C 为跨接在第二级放大器的输入和输出之间的电容，为第二级放大器在高频下提供了一个极低阻抗的反馈回路，近似为将 M2 的漏极和栅极端接。从而，从第二级输出结点看到的输出阻抗由原来的 r_{o2}，变为更小的 $1/g_{m2}$（这也是二极管连接方式的 MOS 管从漏极看进去的阻抗）。补偿后第二级的极点频率增加为

$$\omega'_{p2} = \frac{g_{m2}}{C_2} \tag{6-8}$$

上述密勒等效的结果是，让一个极点向高频移动，另一个极点向低频移动。因此，向高频移动的极点变成系统的次主极点，向低频移动的极点变成系统的主极点。该方法是将两个非常靠近的低频极点进行分裂，从而系统相位裕度会增加，故该方法被称为"极点分裂法"。采用密勒补偿后，双极点系统的伯德图也绘制在了图 6-6 中。图中，ω_{p1} 在补偿后变为更低频的 ω'_{p1}，ω_{p2} 在补偿后变为更高频的 ω'_{p2}，这带来的最直接的结果是，相位裕度由 PM 变为 PM'。

"极点分裂法"的另外一种理解可以基于前面章节由小信号等效电路精确计算出的传递函数表达式（5-12）。我们将式（5-12）简化表示为

$$A = A_0 \frac{1-cs}{1+as+bs^2} \tag{6-9}$$

同样，假定两个极点频率相隔比较远，则低频极点（主极点）可以表示为

$$\omega_{p1} = -\frac{1}{a} \tag{6-10}$$

从而，高频极点（次主极点）可以表示为

$$\omega_{p2} = -\frac{a}{b} \tag{6-11}$$

当采用 C_C 密勒电容补偿后，该电容乘以第二级放大器的增益后，等效到了第一级放大器的输出结点，从而将第一级放大器输出结点的低频极点降低，即增大式（6-10）中的 a，显而易见，a 的增大将直接导致次主极点频率 ω_{p2} 增加。

本节将对全差分二级放大器进行交流分析，得到其增益的频率特性曲线（伯德图），仿真电路图如图 6-8 所示。仿真中，假定输入信号 V_{in} 的内阻无穷小或者为 50Ω，放大器的负载电容 C_L 为 5pF。仿真没加密勒补偿电容的情况时，可以设置 C_C 的值为 0。

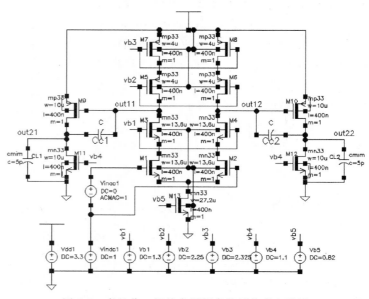

图 6-8 全差分二级放大器频率特性仿真电路图

6.2.2 仿真波形

仿真波形如图 6-9 所示。

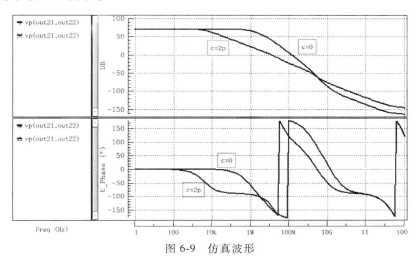

图 6-9 仿真波形

附 Hspice 关键仿真命令：

```
VVdd1 VDD 0 DC 3.3
VVb5 vb5 0 DC 0.82
VVb4 vb4 0 DC 1.1
VVb3 vb3 0 DC 2.325
VVb2 vb2 0 DC 2.25
VVb1 vb1 0 DC 1.3
VVindc1 net0 0 DC 1
VVinac1 net4 net0 DC 0 AC 1
CCc2 out12 out22 c
CCc1 out21 out11 c
XCL2 out22 0cmim m=1 w=60u l=83.335u
XCL1 out21 0cmim m=1 w=60u l=83.335u
m13 net2 vb5 0 0 mn33 L=400n W=27.2u M=1
m12 out22 vb4 0 0 mn33 L=400n W=10u M=1
m11 out21 vb4 0 0 mn33 L=400n W=10u M=1
m10 out22 out12 VDD VDD mp33 L=400n W=10u M=1
m9 out21 out11 VDD VDD mp33 L=400n W=10u M=1
m8 net37 vb3 VDD VDD mp33 L=400n W=4u M=1
m7 net29 vb3 VDD VDD mp33 L=400n W=4u M=1
m6 out12 vb2 net37 VDD mp33 L=400n W=4u M=1
m5 out11 vb2 net29 VDD mp33 L=400n W=4u M=1
m4 out12 vb1 net28 0 mn33 L=400n W=13.6u M=1
```

```
m3 out11 vb1 net11 0 mn33 L=400n W=13.6u M=1
m2 net28 net0 net2 0 mn33 L=400n W=13.6u M=1
m1 net11 net4 net2 0 mn33 L=400n W=13.6u M=1

.lib "/.../spice_model/hm1816m020233rfv12.lib" tt
.lib "/.../spice_model/hm1816m020233rfv12.lib" captypical
.param c="0p"
.op
.ac dec 10 1 100T
.temp 27
.probe ACv(out21,out22) vdb(out21,out22) vp(out21,out22)
.pz v(out21,out22) vvinac1
.alter
.param c="2p"
.end
```

6.2.3　互动与思考

读者可以通过改变密勒电容C_C值，观察主极点和次主极点相对位置的变化以及相位裕度的变化情况。

读者可以思考：

1）通过密勒电容C_C能否彻底解决频率稳定问题？

2）有人将密勒电容接在第二级输出和 X（Y）点（见图 6-4）之间。请问，这样连接电路是否具有频率补偿的作用？效果如何？此时主极点有变化吗？

3）第一级也存在密勒效应。该效应是否有可能让输入结点变为频率比较低的极点？为什么？

4）本节中，主极点位于 A 点还是 E 点？如何判断？

5）极点分裂技术让原来主极点的频率变得更低，即放大器的带宽更小。请解释该技术存在的价值。

6）式（6-8）忽略了哪些因素？该式成立需要哪些前提假设？

6.3　全差分二级放大器中的零点

6.3.1　特性描述

如图 6-4 所示电路，通过在第一级输出和第二级输出之间接一个密勒电容C_C，实现了两个低频极点的分离。然而，由于密勒电容C_C的引入，第二级放大器的输入和输出之间存在了两个信号通道，从而会引入一个 s 右半平面的零点。零点减缓了幅值的下降速度，从而使增益交点向高频处移动，结果使稳定性变差。

为了避免该零点引起的频率稳定性变差，前人已经发明了多种方法，其中最简单的方法如图 6-10 所示，通过增加一个与密勒补偿电容串联的电阻 R_Z，从而将该零点移动到高频处或者移到 s 左半平面，进行频率补偿。此时零点的频率为

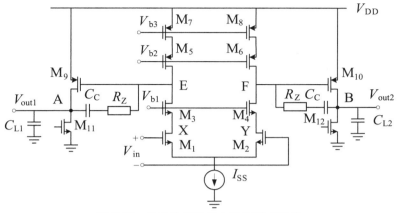

图 6-10　全差分二级放大器的零点补偿

$$\omega_Z = \frac{1}{C_C(g_{m9}^{-1} - R_Z)} \qquad (6\text{-}12)$$

选择合适的 R_Z，只需 $R_Z = g_{m9}^{-1}$，则该零点被消除，或者说移到了频率无穷远处。

选择合适的 R_Z，只需 $R_Z \geqslant g_{m9}^{-1}$，则 $\omega_Z \leqslant 0$，从而也可以将该零点移动到 s 左半平面。移到 s 左半平面后，还可以消除次主极点，要求有

$$\frac{1}{C_C(g_{m9}^{-1} - R_Z)} = \frac{-g_{m9}}{C_L + C_E} \qquad (6\text{-}13)$$

即

$$R_Z \approx \frac{C_L + C_C}{g_{m9}C_C} \qquad (6\text{-}14)$$

但是，由于 g_{m9} 不易精确控制，因此实际中无法选择到合适的串联电阻值，以便恰好消除次主极点。本节将在前例仿真全差分二级放大器进行交流小信号分析的基础上，分析如何改善零点位置从而提高稳定性。仿真电路图如图 6-11 所示。读者要特别注意伯德图中的零点和极点位置。

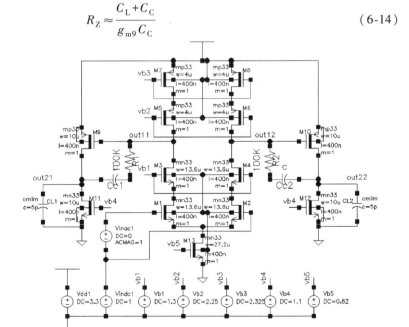

6.3.2　仿真结果

仿真结果如图 6-12 所示。

图 6-11　全差分二级放大器频率特性仿真电路图

```
################## pole/zero analysis begin ##################

    input = vvinac1    output = v(out21, out22)

        poles (rad/sec)                  poles (hertz)

       real           imag             real           imagQfactor
1   -23.9878k      0.               -3.8178k       0.           500.0000m
2   -181.1487x    -103.5479x       -28.8307x     -16.4802x     575.9226m
3   -181.1487x     103.5479x       -28.8307x      16.4802x     575.9226m
4   -7.9330g      -184.9040m       -1.2626g      -29.4284m     500.0000m
5   -14.5858g      8.0621m         -2.3214g       1.2831m      500.0000m

        end poles

        zeros (rad/sec)                  zeros (hertz)

       real           imag             real           imag         Qfactor
1    152.3617g     0.                24.2491g       0.          -500.0000m
2    39.7683g      457.2303u         6.3293g        72.7705u    -500.0000m
3   -5.0915x       0.               -810.3367k      0.           500.0000m
4   -14.5755g      0.               -2.3198g        0.           500.0000m

        end zeros

constant factor = 950.6131k

DC gain = 3.5373k

################## pole/zero analysis end ##################
```

图 6-12   仿真结果

附 Hspice 关键仿真命令：

VVdd1 VDD 0 DC 3.3

VVb5 vb5 0 DC 0.82

VVb4 vb4 0 DC 1.1

VVb3 vb3 0 DC 2.325

VVb2 vb2 0 DC 2.25

VVb1 vb1 0 DC 1.3

VVindc1 net0 0 DC 1

VVinac1 net4 net0 DC 0 AC 1

CCc2 net1 out22 c

CCc1 out21 net3 c

RR2 net1 out12 100K

RR1 net3 out11 100K

XCL2 out22 0cmim m=1 w=60u l=83.335u

XCL1 out21 0cmim m=1 w=60u l=83.335u

m13 net2 vb5 0 0 mn33 L=400n W=27.2u M=1

m12 out22 vb4 0 0 mn33 L=400n W=10u M=1

m11 out21 vb4 0 0 mn33 L=400n W=10u M=1

m10 out22 out12 VDD VDD mp33 L=400n W=10u M=1

m9 out21 out11 VDD VDD mp33 L=400n W=10u M=1

m8 net37 vb3 VDD VDD mp33 L=400n W=4u M=1

m7 net29 vb3 VDD VDD mp33 L=400n W=4u M=1

m6 out12 vb2 net37 VDD mp33 L=400n W=4u M=1

m5 out11 vb2 net29 VDD mp33 L=400n W=4u M=1

```
m4 out12 vb1 net28 0 mn33 L=400n W=13.6u M=1
m3 out11 vb1 net11 0 mn33 L=400n W=13.6u M=1
m2 net28 net0 net2 0 mn33 L=400n W=13.6u M=1
m1 net11 net4 net2 0 mn33 L=400n W=13.6u M=1

.lib "/.../spice_model/hm1816m020233rfv12.lib" tt
.lib "/.../spice_model/hm1816m020233rfv12.lib" captypical
.param c='2p'
.ac dec 10 1 100T
.temp 27
.probe AC v(out21,out22) vdb(out21,out22) vp(out21,out22)
.pz v(out21,out22) vvinac1
.end
```

6.3.3　互动与思考

读者可以自行调整电阻R_Z、C_C的值，通过伯德图观察零点和极点位置的变化以及系统稳定性。

另外，读者还可以把频率补偿网络（R_Z和C_C的串联支路）从图 6-10 中的 E（F）点切换至 X（F）点，观察频率补偿效果，以及该补偿方式下的R_Z和C_C选值。

请读者思考：

1）电阻在制造中可能出现较大误差。如果无法让零点和极点抵消，会对放大器的频率响应带来什么影响？

2）假如通过多次仿真迭代，确保了式（6-4）的精确成立，但实际制造出来的电路还是发现零点没有完全消除，请解释可能出现的原因。

6.4　典型的二级放大器

6.4.1　设计过程

基于人们对单端输出、差分输入放大器的需求，发明了如图 6-13 所示的典型差分二级放大器，其在模拟电路中得到了广泛的应用。该电路第一级为有源电流镜负载的差分放大器，第二级为电流源负载的共源极放大器。为了增强放大器的稳定性，该电路采用了密勒补偿，密勒补偿电容为C_C。

本节将讨论在给定设计指标和电路结构的情况下，如何完成本电路的参数设计。这里所说的参数设计包括每一个器件的宽长比以及所有器件的偏置电压。

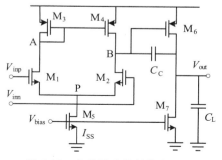

图 6-13　差分输入单端输出二级放大器电路图

为简化起见，用符号S_i表示第i个晶体管的W和L的比，即$S_i = W_i/L_i = \left(\dfrac{W}{L}\right)_i$，用符号$K_i'$

表示第i个晶体管的μ与C_{ox}的乘积，即$K_i' = (\mu C_{ox})_i = \left(\mu\dfrac{\varepsilon_{ox}}{t_{ox}}\right)_i$，并且令$\beta_i = S_i K_i'$，其中 NMOS

管$\mu = \mu_n$，PMOS 管$\mu = \mu_p$。

设计过程中，需要用到放大器的一些关键性能指标的重要关系。假设$g_{m1} = g_{m2} = g_{mI}$，$g_{m6} = g_{mII}$，$g_{ds6} + g_{ds7} = G_{II}$，有如下关系式：

整个放大器的压摆率 SR 由第一级放大器的尾电流和密勒补偿电容来决定：

$$SR = \frac{I_5}{C_C} \tag{6-15}$$

第一级放大器低频增益为

$$A_{V1} = -\frac{g_{m1}}{g_{ds2} + g_{ds4}} = -\frac{2 g_{m1}}{I_5(\lambda_2 + \lambda_4)} \tag{6-16}$$

第二级放大器低频增益为

$$A_{V2} = -\frac{g_{m6}}{g_{ds6} + g_{ds7}} = -\frac{g_{m6}}{I_6(\lambda_6 + \lambda_7)} \tag{6-17}$$

整个电路的增益带宽积为

$$GBW = \frac{g_{m1}}{C_C} \tag{6-18}$$

输出极点频率为

$$\omega_{p2} = -\frac{g_{m6}}{C_L} \tag{6-19}$$

请读者注意，输出结点处的极点频率不再是$1/[(r_{o6}\,/\!/\,r_{o7})C_L]$，而是式（6-19）所示的值，因为密勒补偿电容将原来的极点频率$1/[(r_{o6}\,/\!/\,r_{o7})C_L]$推向了更高频率$g_{m6}/C_L$处。直观的理解是：高频下，$C_C$建立了一个极低阻抗的反馈通路，将$M_6$的漏极和栅极连接在一起，从而$M_6$工作在类似于二极管连接的 MOS 状态，从而输出结点的等效电阻由原来的（$r_{o6}\,/\!/\,r_{o7}$）变成$1/g_{m6}$。阻抗的大幅降低，意味着该极点频率的大幅提高。

s右半平面（RHP）零点频率为

$$\omega_{Z1} = \frac{g_{m6}}{C_C} \tag{6-20}$$

共模输入电压最大值，即正 ICMR 为

$$V_{in(max)} = V_{DD} - \sqrt{\frac{I_5}{\beta_3}} - |V_{TH3}| + V_{TH1} \tag{6-21}$$

负 ICMR 为

$$V_{in(min)} = V_{SS} + \sqrt{\frac{I_5}{\beta_1}} + V_{DS5(sat)} + V_{TH1} \tag{6-22}$$

式中，$V_{DS5(sat)}$表示M_5管饱和时的漏源电压。

饱和电压降为

$$V_{\text{DS}i(\text{sat})} = \sqrt{\frac{2 I_i}{\beta_i}} \qquad (6\text{-}23)$$

注：式中的饱和电压为临界饱和电压，即 MOS 管的过驱动电压，$V_{\text{DS}(\text{sat})} = V_{\text{GS}} - V_{\text{TH}}$。

在上面的关系中，需保证所有晶体管都工作在饱和区。

在通常的电路设计中，会给出如下设计指标：低频增益 A_V、增益带宽 GBW、输入共模范围 ICMR、负载电容 C_L、摆率 SR、输出电压摆幅、功耗 P_{diss}。

现在开始设计，首先选择在整个电路中使用的器件栅长。这个值将确定沟道长度调制参数 λ 的值，这是计算放大器增益时所必需的参数。因为 MOS 器件模型随沟道长度变化很大。

管子栅长选好后，可以确定补偿电容 C_C 的最小值。控制理论告诉我们，设置输出极点（次主极点）ω_{p2} 高于 2.2GBW 时可以获得 60° 的相位裕量，又假设 RHP 零点 ω_{z1} 高于 10GBW 以上。此处关于零极点位置的建议，读者可以用 MATLAB 或者手工简单分析快速获得。

这样的极、零点位置导致对 C_C 的最小值有下面的要求：

$$C_C > (2.2/10) C_L \qquad (6\text{-}24)$$

根据压摆率要求，可以确定尾电流 I_5。由式（6-15），I_5 的值确定为

$$I_5 = \text{SR} \, C_C \qquad (6\text{-}25)$$

如果没有给出摆率的指标，可以按建立时间要求选值。在后面设计中如果有需要还可以修改 I_5 的数值。现在可以确定 M_3（M_4）的宽长比，它可根据输入共模范围要求来确定。由式（6-21）可推出 $\left(\dfrac{W}{L}\right)_3$ 的设计公式为

$$S_3 = \left(\frac{W}{L}\right)_3 = \frac{I_5}{K'_3 \left[V_{\text{DD}} - V_{\text{in}(\max)} - | V_{\text{TH3}} | + V_{\text{TH1}} \right]^2} \qquad (6\text{-}26)$$

输入管的跨导要求可以由 C_C 和 GBW 的知识来确定。跨导 g_{m1} 可以用下面的公式计算：

$$g_{m1} = \text{GBW} \cdot C_C \qquad (6\text{-}27)$$

宽长比 $\left(\dfrac{W}{L}\right)_1$ 直接由 g_{m1} 得出如下：

$$S_1 = \left(\frac{W}{L}\right)_1 = \frac{g_{m1}^2}{K'_1 I_5} \qquad (6\text{-}28)$$

下面计算 M_5 管的饱和电压。用 ICMR 公式计算 V_{DS5}，由式（6-22）推导出下面的关系：

$$V_{\text{DS5}(\text{sat})} = V_{\text{in}(\min)} - V_{\text{SS}} - \sqrt{\frac{I_5}{\beta_1}} - V_{\text{TH1}} \qquad (6\text{-}29)$$

确定了 $V_{\text{DS5}(\text{sat})}$ 后，$\left(\dfrac{W}{L}\right)_5$ 可以用式（6-23）按下面的方法得到：

$$S_5 = \left(\frac{W}{L}\right)_5 = \frac{2 I_5}{K'_5 V_{\text{DS5}(\text{sat})}^2} \qquad (6\text{-}30)$$

到这里，运算放大器的第一级设计完成了。接下来考虑输出级。

为了有 60° 的相位裕度，假定将输出极点设置在 2.2GBW 处。基于这个假设和式（6-19）中 p_2 极点的频率 ω_{p2}，跨导 g_{m6} 可以用下面的关系确定：

$$g_{m6} = 2.2 \, g_{m2} \frac{C_L}{C_C} \tag{6-31}$$

通常，为了得到合理的相位裕度，g_{m6} 的值近似取输入跨导 g_{m1} 的 10 倍。此时，有两种可能的方法来完成 M_6 的设计，即设计适当的 $\left(\dfrac{W}{L}\right)_6$ 或者适当的 I_6。首先为达到图 6-13 中第一级电流镜负载（M_3 和 M_4）的正确镜像，就要求 $V_{SG4} = V_{SG6}$。因为 $g_m = K'(V_{GS} - V_{TH})$，可以写出

$$S_6 = S_4 \frac{g_{m6}}{g_{m4}} \tag{6-32}$$

知道了 g_{m6} 和 S_6，就可以用下面的公式来确定直流电流 I_6：

$$I_6 = \frac{g_{m6}^2}{2 \, K_6' \left(\dfrac{W}{L}\right)_6} = \frac{g_{m6}^2}{2 \, K_6' S_6} \tag{6-33}$$

下面检查最大输出电压要求是否得到满足。如果不满足，那么可增加电流或 W/L 以获得更小的 $V_{DS(sat)}$。

第二种设计输出级的方法是用 g_{m6} 的值和 M_6 所要求的 $V_{DS(sat)}$ 来确定电流。考虑 g_m 的定义式和 $V_{DS(sat)}$，得出一个与 (W/L)、$V_{DS(sat)}$、g_m 和工艺参数相关联的公式。利用此关系，由输出范围指标得到 $V_{DS(sat)}$ 要求，可得到 (W/L) 如下：

$$S_6 = \left(\frac{W}{L}\right)_6 = \frac{g_{m6}}{K_6' V_{DS6(sat)}} \tag{6-34}$$

然后，I_6 的值可由式（6-33）计算。在确定 I_6 的任何一种方式中，应该检查功耗的要求，因为 I_6 是功耗的主要部分。

M_7 管的尺寸可以由下式决定：

$$S_7 = \left(\frac{W}{L}\right)_7 = \left(\frac{W}{L}\right)_5 \frac{I_6}{I_5} = S_5 \frac{I_6}{I_5} \tag{6-35}$$

至此完成了所有 MOS 管尺寸的初步设计。

最后，可按式（6-36）检查总的放大增益是否满足要求：

$$A_V = \frac{2 \, g_{m1} g_{m6}}{I_5 (\lambda_2 + \lambda_4) I_6 (\lambda_6 + \lambda_7)} \tag{6-36}$$

附加的考虑还包括噪声或 PSRR。输入电压噪声主要由第一级输入管和负载管引起，有热噪声和 $1/f$ 噪声。任何管子的 $1/f$ 噪声可以通过增加管子面积（即增加 WL）来降低。任何管子的热噪声可以通过增大自身 g_m 来减小。这可以由增大 W/L、增大电流，或者同时增大两者来实现。可以通过减小 g_{m3}/g_{m1}（g_{m4}/g_{m2}）的比值，来减小由负载管引起的有效输入噪声电压。必须注意，进行噪声性能的调整时不要反过来影响运算放大器的其他重要性能。

电源抑制比在很大程度上是由所采取的结构决定的。对负 PSRR 的改进可通过增大 M_5 的输出电阻来实现。这通常是在不影响其他性能的情况下成比例地增大 W_5 和 L_5 来完成的。

6.4.2 互动与思考

请读者思考：

1）如何根据复杂的工艺库模型，得到手工设计电路需要的一级模型参数？

2）有哪些方法可以提高放大器的增益？

3）读者能找到放大器设计中几个重点关注的折中性能指标吗？请读者自行尝试找出几个这样的例子，比如增益与功耗、增益与带宽等。

4）如果输出极点没有设置在 2.2GBW 处，而是正好设置在了 GBW 处，则系统的相位裕度是多少？

6.5 二级放大器的共模输入范围

6.5.1 特性描述

二级放大器的共模输入范围（ICMR）对保证运算放大器正常工作至关重要。共模输入电压太低，或者太高，都将导致部分 MOS 管离开饱和区，电路不能正常工作。3.4 节介绍了全平衡差分放大器的共模响应，并介绍了仿真方法，本节介绍另外一种简易的仿真方法：采用单位增益结构来测量或仿真二级放大器的 ICMR，图 6-14 给出了仿真电路图。

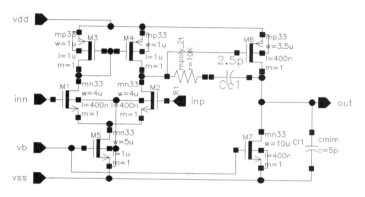

本节中，对 V_{IN} 从 0V 扫描到 V_{DD}。当 V_{IN} 较小时，尾电流 MOS 管并未进入人们期待的饱和区。随着 V_{IN} 的增加，刚刚进入共模输入范围时，运算放大器的尾电流进入饱和区，达到恒定值 I_5，以此作为 ICMR 的起点。当 V_{IN} 较大，离开共模输入范围时，输出 V_{OUT} 不再跟随 V_{IN} 线性变化，以此作为 ICMR 的终点。

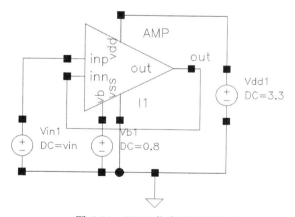

图 6-14 ICMR 仿真测试线路图

因此，我们需要同时观测输出电压与输入电压的关系曲线，以及 I_5 与输入电压的关系曲线，找出尾电流（大约）为恒定值，而且输出电压能紧紧跟随输入电压变化的输入电压范围，即为本电路的 ICMR。

6.5.2 仿真波形

仿真波形如图 6-15 所示。

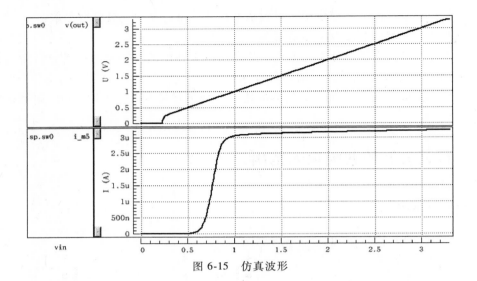

图 6-15　仿真波形

附 Hspice 关键仿真命令：

. SUBCKT rnpoly_2t_0 MINUS PLUS segW＝180n segL＝5u m＝1

XR5 net4 MINUS rnpoly_2t w＝" segW" l＝" segL"

XR4 net3 net4 rnpoly_2t w＝" segW" l＝" segL"

XR3 net2 net3 rnpoly_2t w＝" segW" l＝" segL"

XR2 net1 net2 rnpoly_2t w＝" segW" l＝" segL"

XR1 net0 net1 rnpoly_2t w＝" segW" l＝" segL"

XR0 PLUS net0 rnpoly_2t w＝" segW" l＝" segL"

. ENDS rnpoly_2t_0

. SUBCKT AMP inn inp vb vdd vss out

CCc1 net1 out 2. 5p

m7 out vb vss vss mn33 L＝400n W＝10u M＝1

m5 net11 vb vss vss mn33 L＝1u W＝5u M＝1

m1 net7 inn net11 vss mn33 L＝400n W＝4u M＝1

m2 net2 inp net11 vss mn33 L＝400n W＝4u M＝1

XCl1 out vss cmim m＝1 w＝60u l＝83. 335u

m6 out net2 vdd vdd mp33 L＝400n W＝3. 5u M＝1

m4 net2 net7 vdd vdd mp33 L＝1u W＝1u M＝1

m3 net7 net7 vdd vdd mp33 L＝1u W＝1u M＝1

XR1 net1 net2 rnpoly_2t_0 m＝1 segW＝180n segL＝54. 965u

. ENDS AMP

XI1 out net8 net3 net2 0 out AMP

VVin1 net8 0 DC vin

VVb1 net3 0 DC 0. 8

```
VVdd1 net2 0 DC 3.3

.lib "/.../spice_model/hm1816m020233rfv12.lib" tt
.lib "/.../spice_model/hm1816m020233rfv12.lib" restypical
.lib "/.../spice_model/hm1816m020233rfv12.lib" captypical
.param vin='1'
.op
.dc vin 0 3.3 0.01
.temp 27
.probe DC v(out)  i_m5=i(xi1.m5)
.end
```

6.5.3 互动与思考

读者可以自行调整 $M_1 \sim M_5$ 的 W/L 以及 V_b，观察共模输入范围的变化趋势。

请读者思考：

1）如果改变 V_b，共模输入范围该如何变化？

2）如果仅改变 M_5 的 W/L，共模输入范围该如何变化？

3）有哪些增大共模输入范围的方式？

4）本例中，我们说 M_5 从线性区进入饱和区，也就是看 M_5 的电流是否恒定，作为判断共模输入电压的最小值，那么共模输入电压的最大值受到什么因素的影响？其他条件都不变的情况下，如何进一步提高共模输入电压的最大值？

6.6 二级放大器的输出电压范围

6.6.1 特性描述

放大器的输出电压范围应与后一级电路的输入电压范围相匹配，否则后一级电路不能正常工作。为此，我们除了关注差分放大器的共模输入范围，还关心放大器的输出电压范围。

在前一例的单位增益结构中，传输曲线的线性特性受到 ICMR 的限制，若采用高增益结构，传输曲线的线性部分与放大器输出电压范围一致。为此，仿真二级放大器的输出范围通常采用图 6-16 所示的电路。如果放大器的增益比较大，选择本电路的增益为10。对输入电压进行直流扫描，当运算放大器正常工作时，输出应该跟随

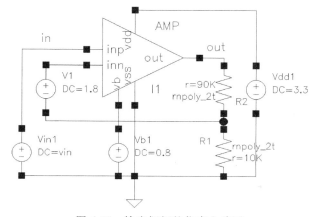

图 6-16　输出摆幅的仿真电路图

输入信号而变化，并且输出相对于输入信号的小信号增益为 10。也就是说，当增益为 10 时，其输出电压为运算放大器的输出电压范围。

6.6.2 仿真波形

仿真波形如图 6-17 所示。

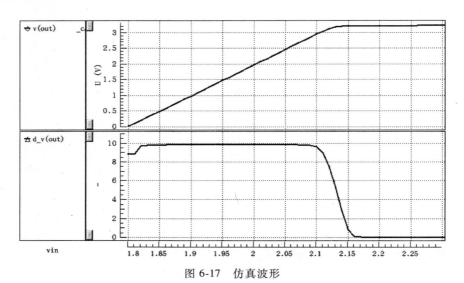

图 6-17　仿真波形

附 Hspice 关键仿真命令：

```
XI1 net1 in net3 net2 0 out AMP
XR1 0 net6 rnpoly_2t_0 m=1 segW=180n segL=54.965u
XR2 out net6 rnpoly_2t_1 m=1 segW=180n segL=59.365u
VVin1 in 0 DC vin
VV1 net1 net6 DC 1.8
VVb1 net3 0 DC 0.8
VVdd1 net2 0 DC 3.3

.lib "/.../spice_model/hm1816m020233rfv12.lib" tt
.lib "/.../spice_model/hm1816m020233rfv12.lib" restypical
.lib "/.../spice_model/hm1816m020233rfv12.lib" captypical
.param vin='1'
.op
.dc vin 1.8 3.3 0.01
.temp 27
.probe DC v(out)
.end
```

6.6.3　互动与思考

读者可以自行调整电路的器件以及偏置电压 V_b 参数，观察输出电压范围的变化趋势。

请读者思考：

1）如果改变 V_b 以及所有 MOS 管尺寸，输出电压范围该如何变化？特别地，如果改变偏置电压以及 M_6、M_7 的 W/L，则输出电压范围该如何变化？

2）输出电压范围与哪些因素有关？如何增大二级放大器的输出电压范围？

3）此处的输出电压范围和人们平时所说的电压摆幅是一回事吗？

4）输出电压范围和输出直流工作点是一回事吗？

5）本节将放大器的反馈系数设为 0.1，即放大系数为 10。请问：为何设置为 10？设置其他值是否可以？

6.7　二级放大器的增益及单位增益带宽

6.7.1　特性描述

开环增益 A_V 及单位增益带宽 GBW 是运算放大器的重要特性。最直接最简单的仿真方法是，在运算放大器的同相和反相输入端都加上相同的直流电平作为共模信号，同时在差分输入端之间施加上一个 $V_{AC} = 1V$ 的交流小信号，作为差模信号，观察输出 V_{OUT}。仿真电路图如图 6-18 所示。

需要注意的是，需要考虑放大器的负载电容，否则单位增益带宽或者放大器的频率特性会变化。在本节中，由于主极点位于第一级放大器的输出处，因此负载电容 C_L 将影响次主极点位置，并最终影响放大器的相位裕度和频率稳定性。

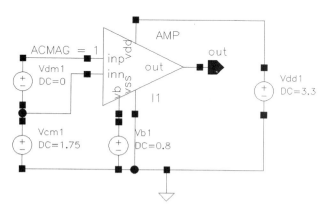

图 6-18　A_V 及 GBW 仿真测试电路图

6.7.2　仿真波形

仿真波形如图 6-19 所示。

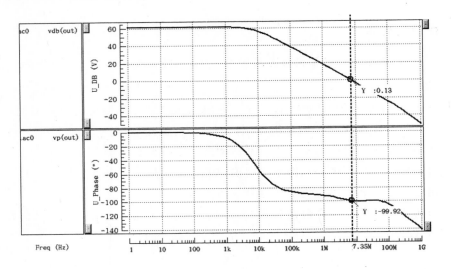

图 6-19　仿真波形

从仿真波形可知：增益 $A_V = 62\text{dB}$，$\text{GBW} \approx 7.35\text{MHz}$。

附 Hspice 关键仿真命令：

```
XI1 net0 net4 net3 net2 0 out AMP
VVcm1 net0 0 DC 1.75
VVb1 net3 0 DC 1
VVdm1 net4 net0 DC 0 AC 1
VVdd1 net2 0 DC 3.3

.lib "/…/spice_model/hm1816m020233rfv12.lib" tt
.lib "/…/spice_model/hm1816m020233rfv12.lib" restypical
.lib "/…/spice_model/hm1816m020233rfv12.lib" captypical
.ac dec 10 1 1G
.temp 27
.probe AC vdb(out) vp(out)
.end
```

6.7.3　互动与思考

读者可以任意调整电路参数，观察增益的频率特性的变化趋势。

请读者思考：

1）如何在不增加功耗的基础上，提高放大器的低频增益？

2）读者可以从本节仿真结果中读出该电路的相位裕度。如果希望提高相位裕度，最简单直接的方式是什么？

3）对于没有构成反馈结构的放大器，不存在稳定性的问题。为何我们还要关注其增益和单位增益带宽？

6.8 二级放大器的共模抑制比

6.8.1 特性描述

差分电路共模抑制比 CMRR 最直接的仿真方法是根据 CMRR 的定义分别仿真出放大器的共模增益和差模增益，再将两者相除即可得到。这里介绍一种更简单，可以直接仿真得到 CMRR 的方法。在图 6-20 所示电路中，两个相同的交流电压源标有 V_{AC}，与接成单位增益结构的运算放大器的两输入端相接，其小信号有如下关系：

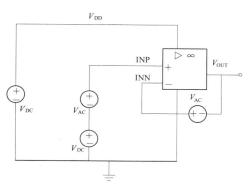

$$V_{OUT} = A_V (V_{INP} - V_{INN}) \pm A_C V_{CM} \qquad (6\text{-}37)$$
$$V_{INN} = V_{OUT} + V_{AC} \qquad (6\text{-}38)$$
$$V_{INP} = V_{AC} \qquad (6\text{-}39)$$
$$V_{CM} = \frac{1}{2}(V_{INP} + V_{INN}) \qquad (6\text{-}40)$$

图 6-20 CMRR 的简易仿真原理图

从而有

$$V_{OUT} = -A_V V_{OUT} \pm A_C V_{AC} \qquad (6\text{-}41)$$

$$\frac{V_{OUT}}{V_{AC}} = \frac{\pm A_C}{-(\pm A_C/2) + 1 + A_V} \approx \frac{\pm A_C}{A_V} = \frac{1}{CMRR} \qquad (6\text{-}42)$$

式（6-42）中，运算放大器的共模增益为 A_C，通常情况下有 $A_C \ll A_V$，并且 $A_V \gg 1$。

若交流信号 $V_{AC} = 1V$，则在对数坐标下，观察输出 V_{OUT}，即可得到 1/CMRR。采用本方法的实际仿真电路图如图 6-21 所示。当然，读者也可以直接仿真出差模增益 A_V 和共模增益 A_C，再求两者之差，并将该结果与本节介绍方法的仿真结果进行比较。

6.8.2 仿真波形

仿真波形如图 6-22 所示。

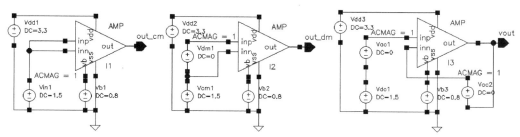

图 6-21 差分放大器 CMRR 的仿真电路图

附 Hspice 关键仿真命令：

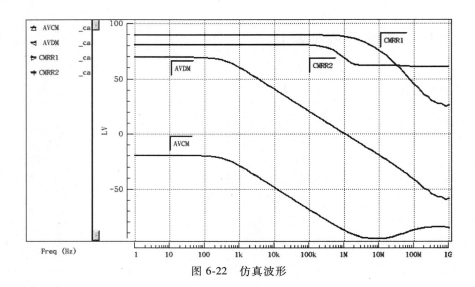

图 6-22　仿真波形

```
XI3 net18 net2 net22 net9 0vout AMP
XI2 net0 net4 net3 net10 0 out_dm AMP
XI1 net16 net16 net11 net12 0 out_cm AMP
VVdd3 net9 0 DC 3.3
VVdd2 net10 0 DC 3.3
VVb3 net22 0 DC 0.8
VVb1 net11 0 DC 0.8
VVcm1 net0 0 DC 1.5
VVin1 net16 0 DC 1.5 AC 1
VVb2 net3 0 DC 0.8
VVdm1 net4 net0 DC 0 AC 1
VVac1 net2 net1 DC 0 AC 1
VVdc1 net1 0 DC 1.5 AC 0
VVac2 net18 vout DC 0 AC 1
VVdd1 net12 0 DC 3.3


.lib "/.../spice_model/hm1816m020233rfv12.lib" tt
.lib "/.../spice_model/hm1816m020233rfv12.lib" restypical
.lib "/.../spice_model/hm1816m020233rfv12.lib" captypical
.ac dec 10 1 1G
.temp 27
.probe AC AVCM=vdb(out_cm) AVDM=vdb(out_dm) vdb(vout)
.probe AC CMRR1=par("vdb(out_dm)-vdb(out_cm)")
.probe AC CMRR2=par("-vdb(vout)")
.end
```

6.8.3 互动与思考

读者可以调整 V_b 以及 $M_1 \sim M_7$ 的宽长比，观察 CMRR 的变化。

请读者思考：

采用直接仿真差模增益和共模增益，并相除的方法得到 CMRR，与本节的简单方法做对比，发现两个方法仿真出来的 CMRR 存在误差。请问误差的来源是什么？

6.9 二级放大器的 PSRR

6.9.1 特性描述

对于图 6-23 所示二级放大器而言，计算电源增益时，其他所有输入信号，包括偏置信号都接到交流地，差分电路的差模输入为 0，因此，图中 A 点和 B 点电压相同，可以短接。

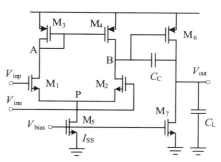

首先计算 V_{DD} 上的小信号噪声对输出电压的影响。绘制图 6-24 所示小信号等效电路。当尾电流 I_{SS} 的小信号输出电阻 r_{o5} 很大时，流过 r_{o5} 的小信号电流几乎为零，则 $v_A = v_B = v_{DD}$。因此有

$$A^+ = \frac{V_{out}}{v_{DD}} \approx \frac{r_{o6} /\!/ r_{o7}}{r_{o6}} \tag{6-43}$$

图 6-23 差分输入单端输出二级放大器电路图

另外，该差分放大器的差模增益为

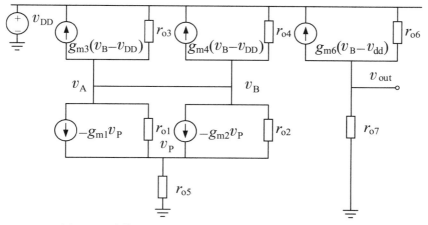

图 6-24 计算正电压增益的二级 OTA 低频小信号等效电路

$$A_V = g_{m1} g_{m6} (r_{o2} /\!/ r_{o4})(r_{o6} /\!/ r_{o7}) \tag{6-44}$$

从而计算出正电源抑制比为

$$PSRR^+ = \frac{A_V}{A^+} = g_{m1} g_{m6} r_{o6} (r_{o2} /\!/ r_{o4}) \tag{6-45}$$

　　同理，绘制图 6-25 所示小信号电路用于计算负电源的噪声对输出的影响。图中，v_b 和 v_i 为尾电流偏置电压和输入电压的共模电平部分，这两个信号均是以 V_{SS} 为参考的输入信号，在绘制小信号等效电路时应该接 v_{SS}。因此，图中 M_5 和 M_7 的跨导电流项均不起作用。

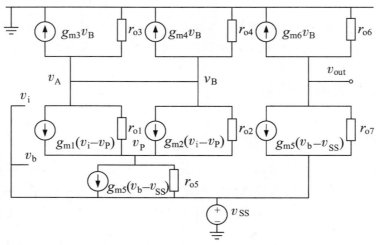

图 6-25　计算负电压增益的二级 OTA 低频小信号等效电路

$$v_B = \frac{v_{SS}}{1 + 2\,g_{m3}r_{o5}g_{m1}r_{o1}} \tag{6-46}$$

$$v_{out} = -g_{m6}(r_{o6}/\!/r_{o7})v_B + \frac{r_{o6}}{r_{o6}+r_{o7}}v_{SS} \tag{6-47}$$

$$A^- = \frac{v_{out}}{v_{SS}} = \frac{r_{o6}}{r_{o6}+r_{o7}} - \frac{g_{m6}(r_{o6}/\!/r_{o7})}{1 + 2\,g_{m3}r_{o5}g_{m1}r_{o1}} \tag{6-48}$$

$$\approx \frac{r_{o6}}{r_{o6}+r_{o7}} - \frac{g_{m6}(r_{o6}/\!/r_{o7})}{2\,g_{m3}r_{o5}g_{m1}r_{o1}} \approx \frac{r_{o6}}{r_{o6}+r_{o7}}$$

$$PSRR^- = \frac{A_V}{A^-} = \frac{g_{m1}g_{m6}(r_{o2}/\!/r_{o4})(r_{o6}/\!/r_{o7})}{\dfrac{r_{o6}}{r_{o6}+r_{o7}}} \tag{6-49}$$

$$= g_{m1}g_{m6}(r_{o2}/\!/r_{o4})r_{o7}$$

　　从上面的计算中得到的结论是，无论正电源还是负电源，其 PSRR 均在 $(g_m r_o)^2$ 数量级，与差模增益是一个数量级。

　　然而，随着频率的增加，$PSRR^+$ 和 $PSRR^-$ 均会恶化。$PSRR^+$ 恶化的原因是密勒补偿电容 C_C 具有前馈效应。当频率升高时，C_C 的阻抗迅速减小，可以看作输出结点与 B 结点短接，即 B 结点的噪声直接传递到输出。而前面的分析可知，V_{DD} 的噪声会直接传递到 B 结点，从而使 $PSRR^+$ 随频率增加而恶化。

　　$PSRR^-$ 恶化的原因可以从 C_C 和 C_{GD7} 两个前馈通道分析。随着频率的增加，这两个前馈通道阻抗也会减小，将 B 结点噪声和 V_{SS} 的噪声传递到输出。从式（6-46）可知，V_{SS} 的噪声传递到 B 结点时有很大的衰减，因此，V_{SS} 的噪声经过 B 结点、C_C 前馈通道到输出的传递将出现在较高频率处，而且有较大衰减。另外，$C_{GD7} \ll C_C$，V_{SS} 的噪声经 C_{GD7} 前馈通道传递到输出，将发生在更高频率处。基于上述两个原因，$PSRR^-$ 随频率的恶化程度远没有 $PSRR^+$ 随频率的恶化程度那么严重。

本节将仿真二级放大器的 PSRR。为了简单起见，仅仅将噪声信号放在电源上，而假定其他所有偏置电压的信号均未受到电源噪声的影响。仿真时，将放大器接成单位增益负反馈的形式，则 $A_V = 1$，从而有

$$PSRR^+ = \frac{A_V}{A^+} = \frac{1}{A^+} = \frac{1}{v_{out}} \tag{6-50}$$

只需在 V_{SS} 或者 V_{DD} 上加一个交流信号，就能容易仿真出 PSRR。$PSRR^+$ 和 $PSRR^-$ 的简易仿真电路图如图 6-26 所示。也可以采用最直接的方法，仿真差模增益以及电源增益，得到电源抑制比，仿真电路图如图 6-27 所示。读者可以观察两种不同仿真方法的结论有多大差异。

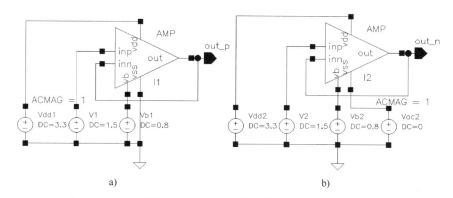

图 6-26　PSRR 简易仿真电路图

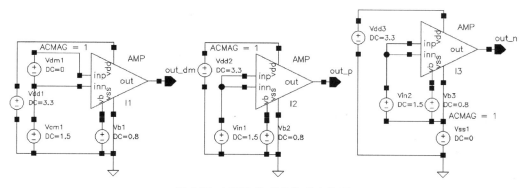

图 6-27　PSRR 的直接仿真电路图

6.9.2　仿真波形

仿真波形如图 6-28 所示。

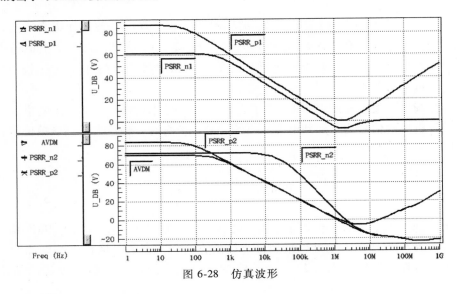

图 6-28 仿真波形

附 Hspice 关键仿真命令（简易仿真）：

XI2 out_n net3 net22 net9 net4 out_n AMP

XI1 out_p net0 net2 net12 0 out_p AMP

VVdd2 net9 0 DC 3.3

VVac1 net12 net1 DC 0 AC 1

VVb3 net22 0 DC 0.8

VVin1 net0 0 DC 1.5

VVb1 net2 0 DC 0.8

VVin2 net3 0 DC 1.5

VVac2 net4 0 DC 0 AC 1

VVdd1 net1 0 DC 3.3

.lib "/…/spice_model/hm1816m020233rfv12.lib" tt

.lib "/…/spice_model/hm1816m020233rfv12.lib" restypical

.lib "/…/spice_model/hm1816m020233rfv12.lib" captypical

.ac dec 10 1 1G

.temp 27

.probe AC PSRR_p1=par("-vdb(out_p)") PSRR_n1=par("-vdb(out_n)")

.end

附 Hspice 关键仿真命令（直接仿真）：

XI3 net8 net8 net22 net9 net1 out_n AMP

XI1 net0 net4 net11 net10 _net0 out_dm AMP

XI2 net16 net16 net2 net12 0 out_p AMP

VVdd3 net9 0 DC 3.3

```
VVdd1 net10 _net0 DC 3.3
VVb3 net22 net1 DC 0.8
VVb1 net11 _net0 DC 0.8
VVcm1 net0 _net0 DC 1.5
VVin1 net16 0 DC 1.5
VVb2 net2 0 DC 0.8
VVdm1 net4 net0 DC 0 AC 1
VVin2 net8 net1 DC 1.5
VVss1 net1 0 DC 0 AC 1
VVdd2 net12 0 DC 3.3 AC 1

.lib "/…/spice_model/hm1816m020233rfv12.lib" tt
.lib "/…/spice_model/hm1816m020233rfv12.lib" restypical
.lib "/…/spice_model/hm1816m020233rfv12.lib" captypical
.ac dec 10 1 1G
.temp 27
.probe AC AVDM=vdb(out_dm) vdb(out_p) vdb(out_n)
.probe AC PSRR_p2=par("vdb(out_dm)-vdb(out_p)")
.probe AC PSRR_n2=par("vdb(out_dm)-vdb(out_n)")
.end
```

6.9.3 互动与思考

读者可以改变二级放大器中所有 MOS 管的宽长比以及 C_C、C_L、V_{bias} 来观察二级放大器的 PSRR 的变化趋势。特别是，当 C_C 和 M_7 宽长比改变时，PSRR 如何变化？

请读者思考：

1）从仿真结果来看，$PSRR^+$ 和 $PSRR^-$ 的低频特性和高频特性有何区别？

2）如何在不改变电路结构的基础上提高二级放大器的 $PSRR^+$ 和 $PSRR^-$？请读者通过仿真验证。

6.10 二级放大器转换速率 SR 和建立时间的仿真

6.10.1 特性描述

图 6-29 所示二级放大器中，当 V_{inp} 有一个大的正向阶跃时，M_1 会流过全部的尾电流，从而通过 M_4 以 I_{SS} 给 C_C 充电，以及通过 M_6 和 M_7 的电流之差给 C_C 和 C_L 充电，让 V_{out} 上升至最终的稳定电平。通常情况下，SR 不受输出级的限制，而由第一级来决定。从而，上升过程的压摆率 SR 为

$$SR = \frac{I_5}{C_C} \tag{6-51}$$

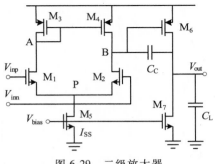

图 6-29　二级放大器

同理，当 V_{inp} 有一个大的负向阶跃时，M_2 会流过全部的尾电流，从而以 I_{SS} 给 C_C 放电。下降过程的 SR 与上升过程的 SR 相同。

本节将仿真二级放大器的 SR，仿真电路图如图 6-30 所示。基于该图，还可以测量电路的大信号建立时间。

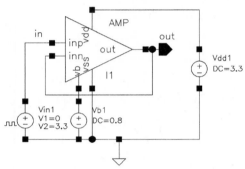

图 6-30　SR 及建立时间的仿真电路图

6.10.2　仿真波形

仿真波形如图 6-31 所示。

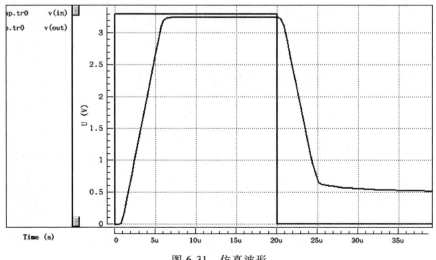

图 6-31　仿真波形

附 Hspice 关键仿真命令:

```
XI1 out in net3 net2 0 out AMP
VVin1 in 0 0 PULSE(0 3.3 0 1p 1p 20u 40u)
VVb1 net3 0 DC 0.8
VVdd1 net2 0 DC 3.3

.lib "/…/spice_model/hm1816m020233rfv12.lib" tt
.lib "/…/spice_model/hm1816m020233rfv12.lib" restypical
.lib "/…/spice_model/hm1816m020233rfv12.lib" captypical
.op
.tran 1n 40u
.temp 27
.probe TRAN v(in) v(out)
.end
```

6.10.3　互动与思考

从仿真结果可知,$\pm SR \approx 0.7 \text{V}/\mu\text{s}$,建立时间为 $7\mu\text{s}$。读者可以改变所有 MOS 管尺寸、尾电流偏置电压、密勒补偿电容 C_C,观察正负压摆率的变化。特别地,改变尾电流大小以及密勒电容 C_C,观察正负压摆率的变化。

请读者思考:

1) SR 与哪些因素有关? 如何提高一个二级放大器的 SR?

2) 为什么说二级放大器的 SR 与第二级无关? 理论依据是什么?

6.11　放大器的功耗仿真

功耗其实无需单独仿真。在做任何仿真时,都会进行直流工作点的仿真,从而其输出文件中会出现电路电流及功耗。

电路仿真的输出文件部分截图如图 6-32 所示。

请读者思考:

如果电路不做任何修改,仅仅降低尾电流的偏置电压,则减

```
#### vsource:
hierarchy
device          0:vvb1        0:vvdd1       0:vvin1
i               0.0000        -89.8687p     0.0000
v               800.0000m     3.3000        0.0000
pwr             0.0000        296.5668p     0.0000
```

图 6-32　仿真输出文件的电流和功耗部分

小了尾电流的电流值,从而降低了放大器的功耗。请问,这会让放大器的哪些性能指标变差?

6.12　谐波总失真表示的非线性失真

6.12.1　特性描述

在第 2 章,我们定性地观察了共源极放大器的线性度问题。由于存在非线性,实际放大

器的传递函数由式（2-24）表示为

$$y(t) = \alpha_1 x(t) + \alpha_2 x^2(t) + a_3 x^3(t) + \cdots$$

为了更科学地量化一个电子系统的非线性，通常采用谐波失真来定义非线性。

对式（2-24）描述的非线性系统，输入一个幅值为 A、频率为 ω_0 的余弦信号，则系统的输出为

$$y(t) = \alpha_1 A\cos(\omega_0 t) + \alpha_2 A^2 \cos^2(\omega_0 t) + \alpha_3 A^3 \cos^3(\omega_0 t) + \cdots \quad (6-52)$$

即

$$y(t) = \alpha_1 A\cos(\omega_0 t) + \frac{\alpha_2 A^2}{2}\left[1 + \cos(2\omega_0 t)\right] + \frac{\alpha_3 A^3}{4}\left[3\cos(\omega_0 t) + \cos(3\omega_0 t)\right] + \cdots \quad (6-53)$$

可见，输出信号不仅含有基频频率成分 $\cos(\omega_0 t)$，还含有 $\cos(2\omega_0 t)$、$\cos(3\omega_0 t)$ 等高阶谐波频率成分。产生新的频率分量是非线性系统的典型特征。

为衡量非线性系统引入的二阶谐波成分的相对强调，引入二阶谐波失真的概念为

$$\text{HD2} = \frac{\text{二阶谐波成分的幅度}}{\text{基波频率成分的幅度}} \quad (6-54)$$

若二阶谐波成分主要来自非线性系统的二价非线性，由式（6-53）可知，该系统的二阶谐波失真为

$$\text{HD2} \approx \frac{\alpha_2}{2\,\alpha_1}A \quad (6-55)$$

同理，可以求出高阶的谐波失真。由此，人们定义了总谐波失真为

$$\text{THD} = \sqrt{\frac{\text{所有谐波成分的总功率}}{\text{基波频率成分的功率}}} \quad (6-56)$$

考虑到各阶谐波成分是彼此正交的，因此所有谐波成分的总功率应等于各谐波成分的功率之和，从而有

$$\text{THD} = \sqrt{\text{HD2}^2 + \text{HD3}^2 + \cdots} \quad (6-57)$$

通过前面的学习可知，二极管负载共源极放大器比电阻负载共源极放大器具有更好的线性度，从而前者具有更小的 THD。本节将仿真两个放大器的 THD。仿真电路图如图 6-33 所示。

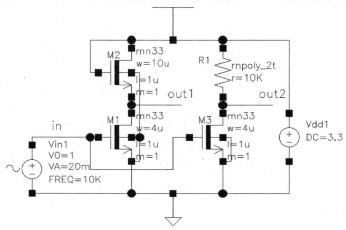

图 6-33　共源极放大器的 THD 仿真电路图

6.12.2　仿真结果

仿真结果如图 6-34 所示。

```
################### fourier analysis begin ###################

fourier components of transient response v(out1)
dc component = 1.7624
harmonic    frequency    fourier     normalized    phase       normalized
no          (hz)         component   component     (deg)       phase (deg)
1           10.0000k     9.9777m     1.0000        -179.6783   0.0000
2           20.0000k     39.9969u    4.0086m       -16.7811    162.8971
3           30.0000k     44.1491u    4.4248m       -166.4716   13.2067
4           40.0000k     25.1605u    2.5217m       -4.6216     175.0567
5           50.0000k     62.4332u    6.2573m       170.8164    350.4946
6           60.0000k     11.5937u    1.1620m       -90.1448    89.5334
7           70.0000k     35.9058u    3.5986m       174.7201    354.3984
8           80.0000k     2.0541u     205.8717u     -162.6176   17.0606
9           90.0000k     1.9776u     198.2036u     -144.3570   35.3213

total harmonic distortion = 977.4546m percent

fourier components of transient response v(out2)
dc component = 3.1329
harmonic    frequency    fourier     normalized    phase       normalized
no          (hz)         component   component     (deg)       phase (deg)
1           10.0000k     26.3522m    1.0000        179.9990    0.0000
2           20.0000k     519.7491u   19.7232m      88.6382     -91.3608
3           30.0000k     3.5556u     134.9257u     165.7299    -14.2691
4           40.0000k     20.5364u    779.3027u     -49.4322    -229.4312
5           50.0000k     128.8034u   4.8878m       -179.6493   -359.6483
6           60.0000k     7.6257u     289.3752u     89.9994     -89.9996
7           70.0000k     106.7212u   4.0498m       -179.8489   -359.8479
8           80.0000k     14.3452u    544.3622u     95.0773     -84.9217
9           90.0000k     161.9807n   6.1468u       141.9632    -38.0359

total harmonic distortion = 2.0744 percent

################### fourier analysis end ###################
```

图 6-34　仿真结果

附 Hspice 关键仿真命令：

```
.SUBCKT rnpoly_2t_0 MINUS PLUS segW=180n segL=5u m=1
…(略)
.ENDS rnpoly_2t_0


m2 VDD VDD out1 0 mn33 L=1u W=10u M=1

m3 out2 in 0 0 mn33 L=1u W=4u M=1

m1 out1 in 0 0 mn33 L=1u W=4u M=1

XR1 out2 VDD rnpoly_2t_0 m=1 segW=180n segL=54.965u

VVin1 in 0 1 SIN(1 20m 10K 0 0 0)

VVdd1 VDD 0 DC 3.3


.lib "…/spice_model/hm1816m020233rfv12.lib" tt
```

```
.lib "/…/spice_model/hm1816m020233rfv12.lib" restypical
.tran 1u 0.5m 1u
.temp 27
.probe TRAN v(in) v(out1) v(out2)
.four 10k v(out1) v(out2)
.end
```

6.12.3 互动与思考

读者可以通过改变 MOS 管的 W、L 以及 R_D 观察两个放大器 THD 的差异以及 THD 的变化趋势。

请读者思考：

1）对于一个结构固定的放大器，是否可以降低 THD？如果可以，应如何降低？请通过仿真验证思路。

2）放大器的非线性失真是设计中产生的？还是在制造过程中由于工艺误差产生的？非线性失真与共模增益、失调电压有关吗？

6.13 运算放大器的失调电压

6.13.1 特性描述

能检测到的最小直流和交流差模电压是差分放大器的重要性能指标。放大器的不匹配效应和温漂都在输出端产生了难以区分的直流差模电压。同样，不匹配的温漂会使非零的"共模输入—差模输出（即 A_{cm-dm}）"和非零的"差模输入—共模输出"增益增大，非零的 A_{cm-dm} 对于放大器的影响尤为突出，因为它将共模输入电压转换为差模输出电压。

在电路分析中，通常将共模输入电压转换为差模输出电压的能力定义为共模增益，并最终决定放大器的共模抑制比 CMRR。失调电压（voltage offset）也与共模增益有关。

在 MOS 管组成的放大器中，如果输入信号加在 MOS 管栅极，因为输入阻抗无穷大，所以不存在输入失调电流，只存在输入失调电压。

实际的运算放大器中，当差模输入信号为零时，由于输入级的差分对不匹配及电路本身的偏差，使得输出不为零，而为一个较小的值，该值为输出失调电压，折算到输入级即为等效输入失调电压。我们平时定义的失调电压通常指的是等效到输入端的失调电压，即 V_{OS}。

根据定义，输入失调电压 V_{OS} 是输入为零的时候，输出电压与放大倍数的比值。可以采用图 6-35 所示的方法，仿真得到等效的输入失调电压。电路接成单位增益负反馈的形式，由于是差分输入，又是单位增益放大器，从而失调电压 V_{OS} 即输出电压与输入电压之差的绝对值。

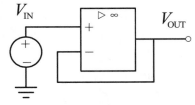

图 6-35　输入失调电压 V_{OS} 的仿真方法

本来的仿真电路图如图 6-36 所示。通常，温度的变化也会引起失调电压的变化。为了更清楚地了解温度变化与失调电压的关系，本节需要对温度进行扫描。

因此，本节所使用的仿真方法得到的失调电压是由三部分组成的：器件的失配、放大器的增益不是无穷大、温度变化。

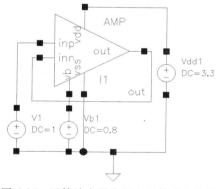

图 6-36 运算放大器失调电压仿真电路图

6.13.2 仿真波形

仿真波形如图 6-37 所示。

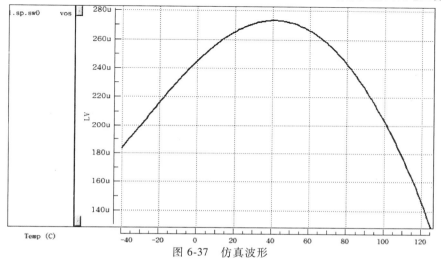

图 6-37 仿真波形

附 Hspice 关键仿真命令：

.SUBCKT rnpoly_2t_0 MINUS PLUS segW=180n segL=5u m=1
…（略）
.ENDS rnpoly_2t_0
.SUBCKT AMP inn inp vb vdd vss out
…（略）
.ENDS AMP

XI1 out net4 net3 net2 0 out AMP
VVb1 net3 0 DC 0.8
VV1 net4 0 DC 1
VVdd1 net2 0 DC 3.3

.lib "…/spice_model/hm1816m020233rfv12.lib" tt
.lib "…/spice_model/hm1816m020233rfv12.lib" restypical
.lib "…/spice_model/hm1816m020233rfv12.lib" captypical

```
.op
.dc temp -40 125 1
.temp 27
.probe DC v(out) vos=par("v(out)-v(net4)")
.end
```

6.13.3　互动与思考

在保证电路对称的情况下，读者可以改变电路的器件参数，观察失调电压随温度变化的差异。

请读者思考：

1) 全差分放大器存在失调电压吗？

2) 差分放大器的失调电压与共模增益之间是否存在联系？

6.14　反馈系统的开环、闭环和环路增益

6.14.1　特性描述

图 6-38 表示的基本反馈系统中，我们通常定义三个不同的增益，分别是开环增益 A_O、闭环增益 A_C 和环路增益 A_L。假定放大器为最简单的单极点系统，则开环增益表示为

$$A_O(s) = \frac{A_0}{1 + \dfrac{s}{\omega_p}} \tag{6-58}$$

式中，A_0 为开环增益的低频增益值；ω_p 为开环增益的 -3dB 带宽。整个反馈系统的闭环传递函数，即闭环增益为

$$A_C(s) = \frac{Y}{X}(s) = \frac{A_O(s)}{1 + \beta A_O(s)} \tag{6-59}$$

式中，$\beta A_0(s)$ 即为该闭环系统的环路增益。显然，低频下 $\beta A_0(s) \gg 1$，则式（6-59）可以化简为

$$A_C(s) \approx \frac{A_O(s)}{\beta A_O(s)} \tag{6-60}$$

显然，当环路增益很大时，闭环增益近似为 $1/\beta$。

此处，我们从另外一个角度来理解式（6-60）。式（6-60）表示，放大器的闭环增益等于开环增益除以环路增益。在伯德图的幅频响应曲线中，幅值是对数坐标（增益的算子为 $20\lg A$）。有

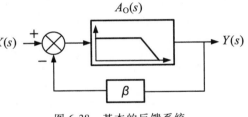

图 6-38　基本的反馈系统

$$20 \lg A_C = 20\lg A_O - 20\lg \left(\beta A_O \right) \tag{6-61}$$

式（6-61）可以理解为，伯德图中的开环增益的低频幅值与环路增益的低频幅值之差，等于闭环增益的低频幅值。

当一个放大器接成反馈放大器后，需要分析该闭环系统是正反馈还是负反馈；如果是负反馈，还要分析系统的相位裕度（Phase Margin，PM）是多少。虽然前人发明了多种分析闭环系统稳定性的方法，但最简单实用的还是根据环路增益的幅频、相频响应曲线（两者合起来也被称之为伯德图，即 Bode 图）找出相位裕度。

绘制图 6-38 所示反馈系统的伯德图如图 6-39 所示。图中绘制了开环传递函数和闭环传递函数的幅频和相频响应曲线。由式（6-61）可知，闭环增益幅值与开环增益幅值的差值是环路增益幅值 βA_O。在伯德图中，闭环增益比开环增益的赋值低 βA_O，闭环传递函数比开环传递函数的带宽高 βA_O 倍。从而，闭环传递函数的低频增益延长线与开环增益的交点，对应的频率就正好是闭环传递函数的带宽。

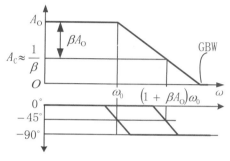

图 6-39　一个坐标系中的三个增益

这就为人们分析环路稳定性提供了捷径。在绘制了开环传递函数和闭环传递函数的伯德图之后，无须修改辐频响应曲线，只需把幅频响应曲线的 x 轴移动到闭环增益低频处，则此时新坐标系中的开环传递函数的幅频响应曲线即为环路增益幅频响应曲线。该伯德图如图 6-40 所示。环路增益过零的频率即为原闭环增益的带宽，图中也标识出了相位裕度 PM。显而易见，在单极点系统中，组成的反馈系统的相位裕度与反馈系数有关。

当 $\beta = 1$ 时，系统组成单位增益负反馈，闭环增益降低到 1，对数坐标系下的闭环传递函数 A_C 的低频段位于 x 轴上，环路增益的过零点频率即为图中的 GBW，此时的相位裕度为最低，但也至少是 90°。当 $\beta = 0$ 时，这是另外一个极端。系统不再构成反馈系统，成了开环系统。此时的环路增益为 0。则环路增益的低频段位于 x 轴上，环路增益的过零点频率即为图中的主极点频率 ω_0 处，此时的相位裕度最高，为 135°。

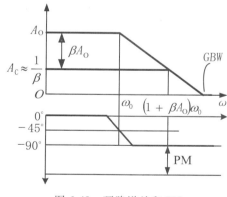

图 6-40　环路增益和 PM

而且，之前已经学过，无论反馈系统的反馈系数 β 为何值，闭环传递函数的低频增益与带宽之积是定值，即由开环传递函数决定的 GBW。

本节在 5.10 节仿真反馈系统的增益带宽的基础上，观察反馈系统的开环增益、闭环增益、环路增益以及相位裕度。为了简单起见，也用宏模型代替运算放大器。仿真电路图如图 6-41 所示。

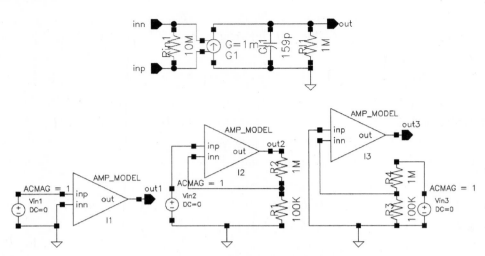

图 6-41　开环增益、闭环增益、环路增益仿真图

6.14.2　仿真波形

仿真波形如图 6-42 所示。

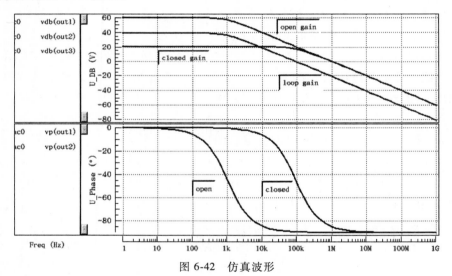

图 6-42　仿真波形

附 Hspice 关键仿真命令：

.SUBCKT AMP_MODEL inn inp out

CCl1 out 0 159p

RRl1 out 0 1Meg

RRin1 inn inp 10Meg

GG1 0 out VCCS inp inn 1m

.ENDS AMP_MODEL

VVin3 net6 0 DC 0 AC 1

```
VVin2 net14 0 DC 0 AC 1
VVin1 net11 0 DC 0 AC 1
XI3 net8 0 out3 AMP_MODEL
XI2 net5 net14 out2 AMP_MODEL
XI1 0 net11 out1 AMP_MODEL
RR4 net6 net8 1Meg
RR3 net8 0 100K
RR1 net5 0 100K
RR2 out2 net5 1Meg

.ac dec 10 1 1G
.temp 27
.probe AC vdb(out1) vdb(out2) vdb(out3)
.probe AC vp(out1) vp(out2)
.end
```

6.14.3　互动与思考

读者可以通过改变运算放大器的增益、带宽以及反馈系数来观察开环增益、闭环增益、环路增益、相位裕度的变化情况。

请读者思考：

1）如果运算放大器有两个低频极点，那么组成的反馈放大器的闭环增益、环路增益与单极点系统有何差异？请读者在开环增益的伯德图基础上做修改。

2）分析一个反馈系统的相位裕度是用环路增益的传递函数。请问闭环增益的传递函数的相频特性有何用途？

第7章

基准电压源和电流源

7.1 基于阈值电压的偏置电流源

7.1.1 特性描述

在模拟集成电路中，存在着大量的电流源应用需求。例如差分放大器需要电流源作为尾电流，折叠式共源共栅放大器需要偏置电流，共源极放大器可以使用电流源作为负载。

将电源电压加在电阻上，即可产生电流。然而，电源电压可能会变化，不同芯片的电阻也存在较大误差，从而，采用上述方法产生的电流无法做到精确恒定。实际电路中无法使用电源加电阻的方式产生精确的电流源。当然，如果产生一个与电源电压、温度、工艺无关的电压，再基于该电压产生电流，是可以产生精确电流源的。然而，要实现一个与电源电压、温度、工艺无关的基准电压并不容易。7.9 节将要介绍的"带隙基准源"，即是这样一个基准电压源。

本节先介绍一种电流源，虽然精度和稳定性较低，但实现简单，也有一定的应用价值。在图 7-1 所示电路中，电阻 R_2 上的电压降为 M_1 的栅源电压 V_{GS1}，因此输出电流为

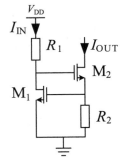

图 7-1　MOS 管阈值电压参考电流源

$$I_{OUT} = \frac{V_{GS1}}{R_2} = \frac{V_{TH} + V_{OD1}}{R_2} = \frac{V_{TH} + \sqrt{\dfrac{2 I_{IN}}{k'_n \left(\dfrac{W}{L}\right)_1}}}{R_2} \qquad (7\text{-}1)$$

如果 M_1 设计较大的器件尺寸，则电流一定的情况下，M_1 的过驱动电压变得较小，可以实现 $V_{TH} \gg V_{OD1}$。虽然 I_{IN} 与 V_{DD} 有关，但 M_1 的过驱动电压 V_{OD1} 可以被忽略，从而输出电流主要取决于 M_1 的阈值电压，实现与 V_{DD} 基本无关的偏置电流。因此，图 7-1 所示电路也被称为基于 MOS 管阈值电压的参考电流源。

另外，如果 I_{OUT} 基本恒定，则 M_2 具有基本恒定的 V_{GS}，从而 M_1 的漏极电压基本恒定。因此，当 V_{DD} 变化时，I_{IN} 将跟随 V_{DD} 的变化而变化。然而，由于由 I_{IN} 决定的 V_{OD1} 相对而言很小，从而基本保证了输出电流的恒定。精确计算可知，输出电流会随输入电压的变化而变化。另外，温度变化也会影响输出电流。

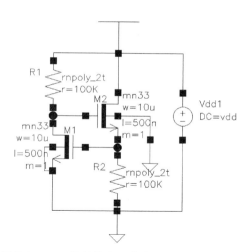

图 7-2 MOS 管阈值电压参考电流源仿真电路图

本节将仿真该电路，观察电源电压变化时输出电流的变化情况。仿真电路图如图 7-2 所示。

7.1.2 仿真波形

仿真波形如图 7-3 所示。

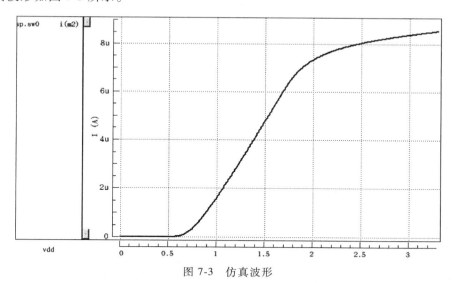

图 7-3 仿真波形

附 Hspice 关键仿真命令：

```
.SUBCKT rnpoly_2t_0 MINUS PLUS segW=180n segL=5u m=1
…（略）
.ENDS rnpoly_2t_0

VVdd1 VDD 0 DC vdd
m1 net7 net4 0 0 mn33 L=500n W=10u M=1
```

```
m2 VDD net7 net4 0 mn33 L=500n W=10u M=1
XR2 0 net4 rnpoly_2t_0 m=1 segW=180n segL=59.965u
XR1 net7 VDD rnpoly_2t_0 m=1 segW=180n segL=59.965u

.lib "/../spice_model/hm1816m020233rfv12.lib" tt
.lib "/../spice_model/hm1816m020233rfv12.lib" restypical
.param vdd='1'
.op
.dc vdd 0 3.3 0.01
.temp 27
.probe DC i(m2)
.end
```

7.1.3　互动与思考

读者可以改变电路中 M_1、M_2、R_1、R_2 等参数，观察输出电流相对于电源电压的灵敏度变化。

请读者思考：

1）输出电流的灵敏度可以定义为其他因素（例如电源电压）变化时，引起输出电流的变化量的百分比。本节电路中，如何降低输出电流相对于电源电压的灵敏度？请读者给出方案并通过仿真进行验证。

2）本节电路中，M_1 的阈值电压恒定吗？不同工艺角、不同温度下，最大的误差达到多少？这引起的输出电流最大相差多少？

3）由式（7-1）可知，M_1 的过驱动电压越低，则输出电流越稳定。请问，如何让 M_1 有尽可能低的过驱动电压吗？

4）R_1 和 R_2 对输出电流的影响分别是什么？设计该电路时，如何选取 R_1 和 R_2 的阻值？

7.2　基于阈值电压的自偏置电流源

7.2.1　特性描述

将前例电流源与有源电流镜结合起来，构成了如图 7-4 所示的电路。根据前例的结论，我们知道 M_1、M_2 和 R_2 组成的电路的输出电流 I_{OUT} 与 V_{DD} 基本无关，通过 M_5 和 M_4 的电流镜结构，保证了 I_{OUT} 与 I_{IN} 基本相等。该电路也称之为基于阈值电压的自偏置电流源。根据前例，有

$$I_{OUT} = \frac{V_{GS1}}{R_2} = \frac{V_{TH}+V_{OD1}}{R_2} = \frac{V_{TH}+\sqrt{\dfrac{2\,I_{IN}}{k'_n\left(\dfrac{W}{L}\right)_1}}}{R_2} \tag{7-2}$$

另外，基于 M_5 和 M_4 的电流镜结构，有

$$I_{OUT} \approx I_{IN} \tag{7-3}$$

从而，无论是否有 $V_{TH} \gg V_{OD1}$，均会产生一个固定的、与 V_{DD} 无关的 I_{OUT}，这个固定的输出电流也是式（7-2）和式（7-3）联立之后有意义的那个解。从而，本节基于阈值电压的自偏置电流源，比 7.1 节基于阈值电压的偏置电流源，相对于电源电压更加不敏感。

本节将仿真基于阈值电压的自偏置电流源，观察 V_{DD} 变化时的输出电流波形，注意观察图 7-4 中的两个输出电流是否有差异。仿真电路图如图 7-5 所示。

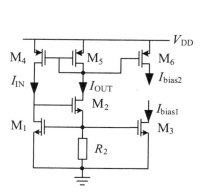

图 7-4 基于阈值电压的自偏置电流源

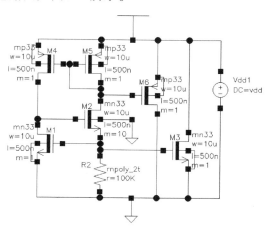

图 7-5 基于阈值电压自偏置电流源仿真电路图

7.2.2 仿真波形

仿真波形如图 7-6 所示。

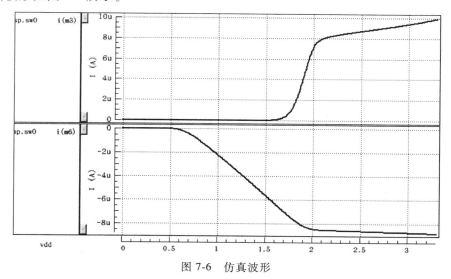

图 7-6 仿真波形

附 Hspice 关键仿真命令：

```
.SUBCKT rnpoly_2t_0 MINUS PLUS segW=180n segL=5u m=1
```

…（略）

```
.ENDS rnpoly_2t_0

m4 net13 net12 VDD VDD mp33 L=500n W=10u M=1
m5 net12 net12 VDD VDD mp33 L=500n W=10u M=1
m6 0 net12 VDD VDD mp33 L=500n W=10u M=1
m3 VDD net9 0 0 mn33 L=500n W=10u M=1
m1 net13 net9 0 0 mn33 L=500n W=10u M=1
m2 net12 net13 net9 0 mn33 L=500n W=10u M=10
VVdd1 VDD 0 DC vdd
XR2 0 net9 rnpoly_2t_0 m=1 segW=180n segL=59.965u

.lib "···/spice_model/hm1816m020233rfv12.lib" tt
.lib "···/spice_model/hm1816m020233rfv12.lib" restypical
.param vdd='1'
.op
.dc vdd 0 3.3 0.01
.temp 27
.probe DC i(m3) i(m6)
.end
```

7.2.3　互动与思考

读者可以改变电路中 M_1、M_2、M_4、M_5、R_2 的参数，观察输出电流相对于电源电压的灵敏度变化。

请读者思考：

1）本节电路与 7.1 节基于阈值电压的偏置电流源，哪种电路的输出电流相对于电源电压的敏感度更低？请读者通过仿真验证自己的结论。

2）本节电路是否存在镜像电流两条支路均为 0 的工作状态？如果存在，如何避免电路停留在该状态？

3）图 7-4 中，I_{bias2} 可以很好地作为镜像电流源输出，那么 I_{bias1} 呢？

7.3　简易自偏置电流源

7.3.1　特性描述

与电源电压无关的偏置电流源有广泛用途，也有多种实现方式。图 7-7 给出了一种最简单的自偏置电流源实现方法。图中，M_1 和 M_2 的栅极电压相同，从而有

$$V_{GS1} = V_{GS2} + I_{D2}R_S \qquad (7-4)$$

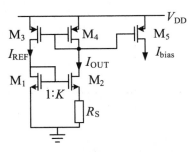

图 7-7　与电源无关的
自偏置电流源

在图中，M_1 和 M_2 的器件尺寸之比刻意设计为 $1:K$，其中 K 为一个大于 1 的整数。

由于 M_3 和 M_4 构成电流镜，若忽略 M_3 和 M_4 的沟长调制效应，则 $I_{REF} = I_{OUT}$。因此有

$$\sqrt{\frac{2I_{OUT}}{\mu_n C_{ox}(W/L)_N}} + V_{TH1} = \sqrt{\frac{2I_{OUT}}{\mu_n C_{ox}K(W/K)_N}} + V_{TH2} + I_{OUT}R_S \quad (7-5)$$

忽略 M_2 的衬底偏置效应，则 M_1 和 M_2 的阈值电压相同，因此

$$\sqrt{\frac{2I_{OUT}}{\mu_n C_{ox}(W/L)_N}}\left(1 - \frac{1}{\sqrt{K}}\right) = I_{OUT}R_S \quad (7-6)$$

$$I_{OUT} = \frac{2}{\mu_n C_{ox}(W/L)_N} \cdot \frac{1}{R_S^2}\left(1 - \frac{1}{\sqrt{K}}\right)^2 \quad (7-7)$$

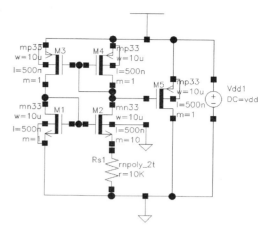

图 7-8　自偏置电流源仿真电路图

由式（7-7）可知，输出电流与电源电压无关，仅与器件尺寸和 R_S 有关。

本节将仿真自偏置电流源，仿真电路图如图 7-8 所示。对 V_{DD} 进行直流扫描，观察输出电流的响应曲线。

7.3.2　仿真波形

仿真波形如图 7-9 所示。

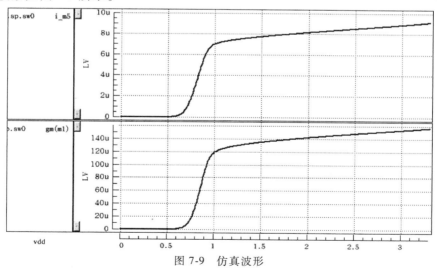

图 7-9　仿真波形

附 Hspice 关键仿真命令：

```
.SUBCKT rnpoly_2t_0 MINUS PLUS segW=180n segL=5u m=1
…(略)
.ENDS rnpoly_2t_0

m3 net13 net12 VDD VDD mp33 L=500n W=10u M=1
```

```
m4 net12 net12 VDD VDD mp33 L=500n W=10u M=1
m5 0 net12 VDD VDD mp33 L=500n W=10u M=1
m1 net13 net13 0 0 mn33 L=500n W=10u M=1
m2 net12 net13 net1 0 mn33 L=500n W=10u M=10
VVdd1 VDD 0 DC vdd
XRs1 0 net1 rnpoly_2t_0 m=1 segW=180n segL=54.965u

.lib "/…/spice_model/hm1816m020233rfv12.lib" tt
.lib "/…/spice_model/hm1816m020233rfv12.lib" restypical
.param vdd='1'
.op
.dc vdd 0 3.3 0.01
.temp 27
.probe DC i_m5=par("-i(m5)") gm(m1)
.end
```

7.3.3　互动与思考

读者可以自行改变电路中所有器件参数（注意始终让 M_2 是 M_1 的 K 倍，让 M_3 和 M_4 的尺寸也相同），观察输出电流随电源电压的变化曲线。

请读者思考：

1）如何能尽可能保证输出电流不随电源电压变化而变化？能否实现输出电流恒定不变？导致输出电流不恒定的因素有哪些？

2）如何设计自偏置电路中的 R_S？设计的原则是什么？

3）如果实际制作出的 R_S 与理论值的误差为 10%，那么输出电流误差多少？

7.4　自偏置电流源的启动问题

7.4.1　特性描述

前例中，由式（7-6）推导出式（7-7）时，其实漏掉另外一个解，即 $I_{OUT}=0$。为了让电路得到唯一的由式（7-7）表示的解，还需让电路离开所有 MOS 管均不导通（即 $I_{OUT}=0$）的状态，这也称为这类自偏置电路的"启动问题"。

最简单的解决方案如图 7-10 所示。通过增加一个二极管连接的 M_6，则在电源和地之间形成了 $V_{DD} \rightarrow M_4 \rightarrow M_6 \rightarrow M_1 \rightarrow GND$ 的通路。这个通道上，三个 MOS 管均是二极管的连接方式。只要电源电压超过三个 MOS 管的阈值电压，则电路必然导通，离开电流为零的状态，实现电路正常启动。

启动电路能正常工作还有另外一个原则，即当电路正常启动之后，启动电路要么不工作，要么不对电流源主电路造成影响。在图 7-10 所示电路中，正常工作后，M_6 必须关闭，否则电路不能正常工作，即 $V_{GS6} < V_{TH6}$，$V_{GS6} = V_{DD} - |V_{GS3}| - V_{GS1}$，因此要求

$$V_{DD} - |V_{GS3}| - V_{GS1} < V_{TH6} \tag{7-8}$$

即

$$|V_{GS3}| + V_{GS1} > V_{DD} - V_{TH6} \tag{7-9}$$

　　显然，式（7-9）成立的前提是 M_1 和 M_3 的栅源电压比较大。在电路设计时，在本条支路电流一定的情况下，减小宽长比，可以增大其栅源电压。

　　本节将自偏置电流源电路进行瞬态仿真，观察 V_{DD} 从 0 上升至电路标称电源电压过程中的输出电流响应。仿真电路图如图 7-11 所示。

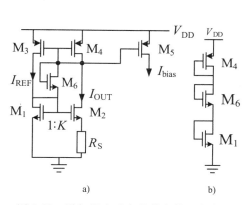

图 7-10　增加了启动电路的自偏置电流源

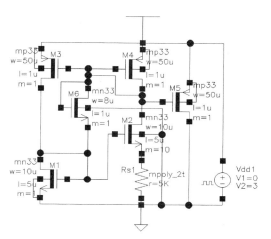

图 7-11　增加了启动电路的自偏置电流源仿真电路图

7.4.2　仿真波形

　　仿真波形如图 7-12 所示。

　　附 Hspice 关键仿真命令：

```
.SUBCKT rnpoly_2t_0 MINUS PLUS segW=180n segL=5u m=1
…（略）
.ENDS rnpoly_2t_0
m3 net13 net8 VDD VDD mp33 L=1u W=50u M=1
m4 net8 net8 VDD VDD mp33 L=1u W=50u M=1
m5 0 net8 VDD VDD mp33 L=1u W=50u M=1
m1 net13 net13 0 0 mn33 L=5u W=10u M=1
m6 net8 net8 net13 0 mn33 L=1u W=8u M=1
m2 net8 net13 net1 0 mn33 L=5u W=10u M=10
VVdd1 VDD 0 vdd PULSE(0 3 0 10n 10n 500n 1u)
XRs1 0 net1 rnpoly_2t_0 m=1 segW=180n segL=54.965u
.lib "/…/spice_model/hm1816m020233rfv12.lib" tt
.lib "/…/spice_model/hm1816m020233rfv12.lib" restypical
.param vdd='3.3'
.op
```

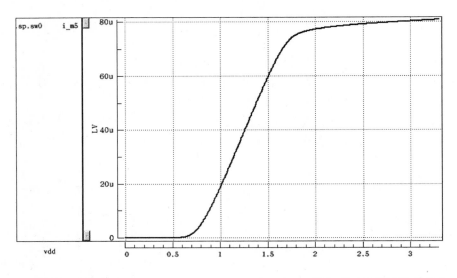

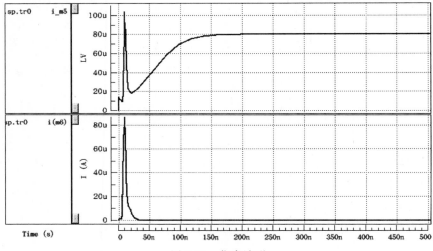

图 7-12 仿真波形

```
.dc vdd 0 3.3 0.01
.probe DC i_m5=par("-i(m5)")
.tran 1n 1u
.temp 27
.probe TRAN i(m6) i_m5=par("-i(m5)")
.end
```

7.4.3 互动与思考

读者可以通过改变器件参数（注意始终让 M_2 和 M_1 的 K 倍，让 M_3 和 M_4 的尺寸相同）来观察瞬态响应的变化情况。

请读者思考：

1）电路正常启动后，M_6 工作在什么状态？

2）在 4 个 MOS 管尺寸不变的情况下，改变 R_S 能改变输出电流大小。请问，R_S 如何变化，能更有效地保证电路正常工作而将 M_6 断开？

3）如何设计 4 个 MOS 管的尺寸，使 V_{DD} 在更广的范围均能让电路正常工作？

7.5 基于 V_{BE} 的自偏置电流源

7.5.1 特性描述

在 7.3 节的电路中增加一个晶体管 VT_1，构成如图 7-13 所示的电路。该电路中，M_4 和 M_5 尺寸相同并构成镜像电流源结构，忽略其沟长调制效应，则 $I_{IN} = I_{OUT}$，从而 M_1 和 M_2（M_1 和 M_2 的尺寸也要求相同）的栅源电压相同，从而 M_1 和 M_2 的源极电压相同，即 R_1 的电压降与 VT_1 的 $|V_{BE}|$ 相同，因此有

$$I_{OUT} = \frac{|V_{BE1}|}{R_1} \tag{7-10}$$

VT_1 的 $|V_{BE1}|$ 等效为二极管的导通压降，通常为在 $0.6 \sim 0.7V$ 范围内的固定值。该电路的输出电流与电源电压无关，被称之为基于 V_{BE} 的自偏置电流源。该电流源可以通过镜像方式，提供多路电流输出，图中是将 M_5 的电流镜像到 M_6 输出。

与之前学习过的自偏置电流源类似，本电路也存在着"启动问题"，解决方式可以参照之前介绍的方案。

本节将仿真基于 V_{BE} 的自偏置电流源电路，仿真电路图如图 7-14 所示（仿真电路和仿真命令中，晶体管 VT 用 Q 表示）。

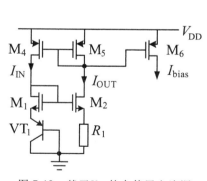

图 7-13 基于 V_{BE} 的自偏置电流源

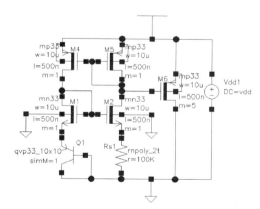

图 7-14 基于 V_{BE} 的自偏置电流源仿真电路图

7.5.2 仿真波形

仿真波形如图 7-15 所示。

附 Hspice 关键仿真命令：

```
.SUBCKT rnpoly_2t_0 MINUS PLUS segW=180n segL=5u m=1
```

…（略）

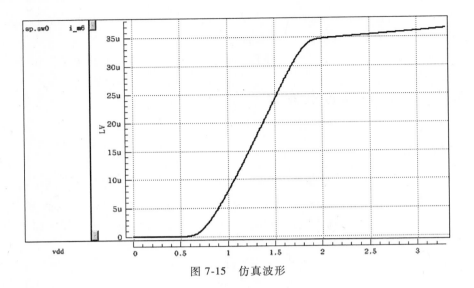

图 7-15　仿真波形

```
.ENDS rnpoly_2t_0

VVdd1 VDD 0 DC vdd
m1 net13 net13 net0 0 mn33 L=500n W=10u M=1
m2 net12 net13 net1 0 mn33 L=500n W=10u M=1
m4 net13 net12 VDD VDD mp33 L=500n W=10u M=1
m5 net12 net12 VDD VDD mp33 L=500n W=10u M=1
m6 0 net12 VDD VDD mp33 L=500n W=10u M=5
XRs1 0 net1 rnpoly_2t_0 m=1 segW=180n segL=59.965u
QQ1 0 0 net0 qvp33_10x10 m=1

.lib "/.../spice_model/hm1816m020233rfv12.lib" tt
.lib "/.../spice_model/hm1816m020233rfv12.lib" restypical
.lib "/.../spice_model/hm1816m020233rfv12.lib" biptypical
.param vdd='3.3'
.op
.dc vdd 0 3.3 0.01
.temp 27
.probe DC i_m6=par("-i(m6)")
.end
```

7.5.3　互动与思考

读者可以调整器件参数，观察当电源电压变化时输出电流的变化情况。

请读者思考：

1）本电路中，是否可以在电路结构不变的情况下，降低电源电压对输出电流的敏感度？你的措施是什么？

2）相对于 7.2 节基于阈值电压的电流源，哪个电路的电源敏感度更低？

3）选择不同尺寸的晶体管，输出电流是否会变化？从面积考虑会选择尺寸较小的晶体管，这会带来其他不利因素吗？

4）该电路存在启动问题吗？是否可以使用前例一样的电路方案来避免启动问题？

5）可以将本节电路中的 PNP 型晶体管替换为 NPN 型吗？

7.6　恒定跨导的偏置电路

7.6.1　特性描述

跨导在模拟电路中是一个很重要的参数，我们通常希望跨导不受电源电压和温度变化的影响。图 7-16 所示电路是我们之前学过的自偏置电流源，其偏置电流为

$$I_{\text{OUT}} = \frac{2}{\mu_{\text{n}} C_{\text{ox}} (W/L)_{\text{N}}} \cdot \frac{1}{R_{\text{S}}^2} \left(1 - \frac{1}{\sqrt{K}} \right)^2 \tag{7-11}$$

因此，M_1 的跨导为

$$g_{\text{m1}} = \sqrt{2 \mu_{\text{n}} C_{\text{ox}} (W/L)_{\text{N}} I_{\text{D1}}} = \frac{2}{R_{\text{S}}} \left(1 - \frac{1}{\sqrt{K}} \right) \tag{7-12}$$

可见，该跨导是一个与电源电压、MOS 管尺寸无关的量，仅与电阻 R_{S} 有关。

然而，上述电路存在三个问题。

1）由于 R_{S} 与温度有关，最终的跨导也与温度有关。而且，R_{S} 存在较大的工艺偏差，也会对输出跨导带来影响。可以采用开关电容等效的电阻来代替此处的 R_{S}，有助于提高跨导精度。

2）此处忽略了 M_4 和 M_3 的沟长调制效应才会有两条支路的电流相同。否则，也会带来误差。改进的方法是选用更长的 L，或者选用 Cascode 电流镜。

3）在分析电路时假定了 M_1 和 M_2 的阈值电压相同。在常见的 P 衬 N 阱工艺中，所有的衬底均接最低的 GND 电平。因此，由于衬底偏置效应，M_2 与 M_1 的阈值电压并不相等，从而带来电路输出跨导的误差。改进的方法是将 R_{S} 接在电源和 PMOS 管之间，并将相连的 PMOS 管的衬底接到源极电平。具体实现电路如图 7-17 所示。

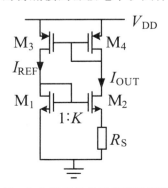

图 7-16　与电源无关的恒定跨导偏置电路

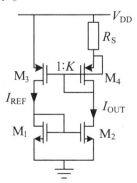

图 7-17　消除衬底偏置效应的恒定跨导偏置电路

本节将仿真电源电压变化时的输出跨导，仿真电路图如图 7-18 所示。

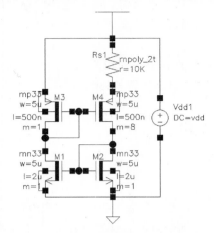

图 7-18　恒定跨导偏置电路仿真电路图

7.6.2　仿真波形

仿真波形如图 7-19 所示。

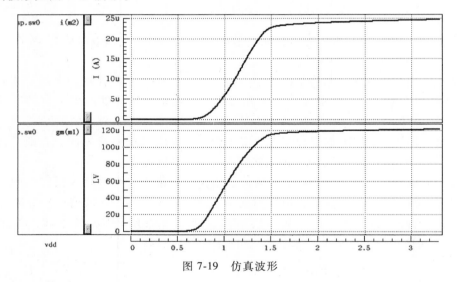

图 7-19　仿真波形

附 Hspice 关键仿真命令：

```
.SUBCKT rnpoly_2t_0 MINUS PLUS segW=180n segL=5u m=1
…(略)
.ENDS rnpoly_2t_0

VVdd1 VDD 0 DC vdd
m1 net13 net0 0 0 mn33 L=2u W=5u M=1
m2 net0 net0 0 0 mn33 L=2u W=5u M=1
```

```
m3 net13 net13 VDD VDD mp33 L=500n W=5u M=1
m4 net0 net13 net3 net3 mp33 L=500n W=5u M=8
XRs1 net3 VDD rnpoly_2t_0 m=1 segW=180n segL=54.965u
.lib "/../spice_model/hm1816m020233rfv12.lib" tt
.lib "/../spice_model/hm1816m020233rfv12.lib" restypical
.param vdd='3.3'
.op
.dc vdd 0 3.3 0.01
.temp 27
.probe DC i(m2) gm(m1)
.end
```

7.6.3　互动与思考

读者可以改变电路的任何一个参数，对电源电压进行扫描，观察输出跨导的变化情况。

请读者思考：

1）在不考虑温度对电路器件的影响下，如何尽可能地保持跨导恒定？请读者给出方法并通过仿真验证。

2）本节给出的电路并没有对外输出，请问如何使用本节设计的恒定跨导？

7.7　PN 结的温度特性

7.7.1　特性描述

根据器件的物理知识可知，NPN 型双极型晶体管的基极发射极电压 V_{BE}（即器件的 PN 结电压）与温度成反比，即 V_{BE} 的温度系数为负。

例如，当 $V_{BE}=750\text{mV}$，$T=300\text{K}$ 时，有

$$\frac{\partial V_{BE}}{\partial T} \approx -1.5\text{mV/K} \qquad (7\text{-}13)$$

此处不做推导，并假定 V_{BE} 的温度系数是一个定值。其实，V_{BE} 的温度系数本身与温度有关，即温度系数是变量。因为变化不大，因此通常将其看作恒定值。

本节通过仿真观察双极型晶体管 V_{BE} 的温度特性。因为标准 CMOS 工艺中无法实现 NPN 管，只有 PNP 管，此处应该仿真观察 PNP 管 V_{BE} 的温度特性，仿真电路图如图 7-20 所示。

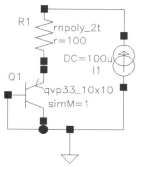

图 7-20　双极型晶体管的 V_{BE}
温度特性仿真电路图

7.7.2　仿真波形

仿真波形如图 7-21 所示。

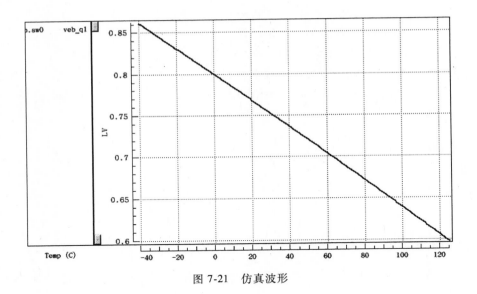

图 7-21　仿真波形

附 Hspice 关键仿真命令：

```
.SUBCKT rnpoly_2t_0 MINUS PLUS segW=180n segL=5u m=1
…(略)
.ENDS rnpoly_2t_0

II1 0 net4 DC 100u
XR1 net7 net4 rnpoly_2t_0 m=1 segW=20u segL=54.155u
QQ1 0 0 net7 qvp33_10x10 m=1
.lib "/.../spice_model/hm1816m020233rfv12.lib" tt
.lib "/.../spice_model/hm1816m020233rfv12.lib" restypical
.lib "/.../spice_model/hm1816m020233rfv12.lib" biptypical
.op
.dc temp -40 125 1
.temp 27
.probe DC veb_q1=v(net7)
.end
```

7.7.3　互动与思考

读者可以根据仿真波形，读（计算）出双极型晶体管V_{BE}的温度系数。

请读者思考：

1）晶体管V_{BE}的温度系数与哪些因素有关？请读者改变仿真设置来验证自己的结论。

2）不同尺寸的 PN 结，在相同的工作温度下，是否具有相同的温度系数？请读者换用同工艺下的其他双极型晶体管模型进行仿真，然后对比结果。

3）NPN 型晶体管和 PNP 型晶体管的V_{BE}是否具有相同的温度系数？

7.8 ΔV_{BE} 的温度特性

7.8.1 特性描述

双极型晶体管的基极发射极结电压 V_{BE} 可以表示为

$$V_{\mathrm{BE}} = V_{\mathrm{T}} \ln\left(\frac{I_{\mathrm{C}}}{I_{\mathrm{S}}}\right) \tag{7-14}$$

式中，V_{T} 为热电压；I_{C} 为晶体管集电极电流；I_{S} 为晶体管饱和电流，是一个与发射结面积有关的电流量。

图 7-22 所示电路中，将晶体管的基极（B）和集电极（C）相连，则对外表现出二极管的特性。如果忽略晶体管基极电流，并且让两个晶体管相同尺寸（发射结面积）相同（$I_{\mathrm{S1}} = I_{\mathrm{S2}}$），同时，我们让这两个晶体管流过不同的电流分别为 nI_0 和 I_0，则

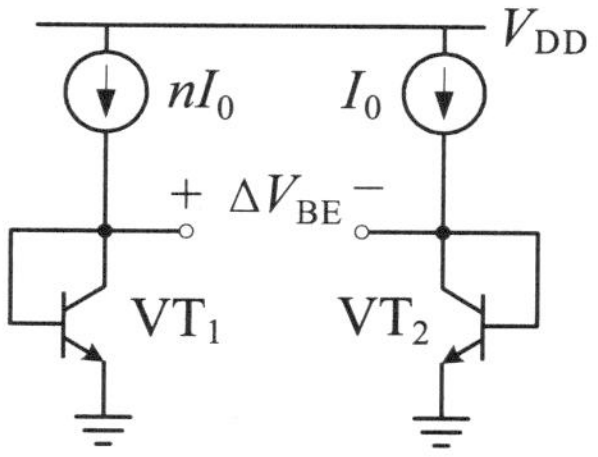

$$\Delta V_{\mathrm{BE}} = V_{\mathrm{BE1}} - V_{\mathrm{BE2}} \tag{7-15}$$

$$\Delta V_{\mathrm{BE}} = V_{\mathrm{T}} \ln\frac{nI_0}{I_{\mathrm{S1}}} - V_{\mathrm{T}} \ln\frac{I_0}{I_{\mathrm{S2}}} = V_{\mathrm{T}} \ln n \tag{7-16}$$

图 7-22 ΔV_{BE} 产生电路

由式（7-16）可知，如果两个双极型晶体管工作在不相等的电流密度下，则其 V_{BE} 的差值 ΔV_{BE} 与绝对温度成正比。因为热电压 V_{T} 具有正的温度系数，则 ΔV_{BE} 具有同样的正温度系数。

本节将通过仿真，观察 ΔV_{BE} 的温度特性，还可以通过计算得到 ΔV_{BE} 的温度系数。仿真电路图如图 7-23 所示。

7.8.2 仿真波形

仿真波形如图 7-24 所示。

附 Hspice 关键仿真命令：

```
II2 0 e2 DC 100u
II1 0 e1 DC 200u
QQ1 0 0 e1 qvp33_10x10 m=1
QQ2 0 0 e2 qvp33_10x10 m=1

.lib "/../spice_model/hm1816m020233rfv12.lib" tt
.lib "/../spice_model/hm1816m020233rfv12.lib" biptypical
.op
.dc temp -40 125 1
.temp 27
.probe DC v(e1,e2)
.end
```

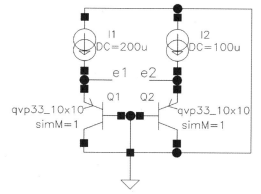

图 7-23 双极型晶体管的 ΔV_{BE} 温度特性仿真电路图

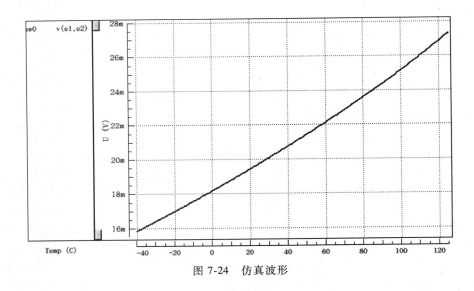

图 7-24　仿真波形

7.8.3　互动与思考

请读者根据仿真波形，读（计算）出双极型晶体管 ΔV_{BE} 的温度系数。读者可以改变电路中的电流比例 n、I_0，以及双极型晶体管的尺寸（选择该工艺下其他尺寸的晶体管模型），观察温度扫描时的 ΔV_{BE} 曲线变化情况。

请读者思考：

1）ΔV_{BE} 的温度系数与哪些量有关？其温度系数的线性度如何？有无可能提高其温度系数？

2）如果是多个晶体管并联（例如多个尺寸相同的 VT_1 并联，或者多个尺寸相同的 VT_2 并联），那么其输出电压差 ΔV_{BE} 的温度系数会如何变化？

7.9　带隙基准源电路构成

7.9.1　特性描述

7.8 节和 7.9 节的仿真中，我们分别得到了一个具有负温度系数的电压以及一个具有正温度系数的电压。试想一下，如果两个电压具有绝对值相同的正负温度系数，并将两者相加，则得到一个与温度无关的电压。图 7-25 给出了原理示意图，图中，正温度系数（PTC）的电压与负温度系数（NTC）的电压相加，如果两个温度系数的绝对值相同，则合成的电压恰好为零温度系数。

从 7.7 节和 7.8 节的仿真中，我们得到了室温下的 V_{BE} 和 V_T 的温度系数分别大致为 $-1.5\mathrm{mV/K}$ 和 $+0.087\mathrm{mV/K}$。要实现图 7-25 的零温度系数电压，还需

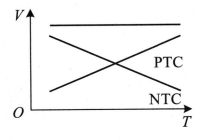

图 7-25　零温度系数电压构成示意图

将热电压V_T放大。我们希望实现$V_{REF}=\alpha_1 V_{BE}+\alpha_2 V_T \ln n$，令$\alpha_1=1$，则$\alpha_2 \ln n \approx 17.2$时，$V_{REF}$具有零温度系数。此时有

$$V_{REF} \approx V_{BE}+17.2 V_T \approx 1.25V \tag{7-17}$$

这是一个与温度无关的固定电压，因为该值与硅的带隙电压有关，我们称之为带隙基准源。

带隙基准电压的电路实现原理如图7-26所示。如果图中为理想运算放大器，忽略M_1和M_2的沟长调制效应，则两条支路的电流$I_1=I_2$。根据负反馈原理，运算放大器两个输入点电压相等。因此，R_1的电压降为

$$V_{R1}=V_{EB1}-V_{EB2}=V_T \ln n \tag{7-18}$$

从而，$I_2=V_{R1}/R_1$，$V_{OUT}=V_{EB2}+(R_1+R_2)I_2$，因此有

$$V_{OUT}=V_{EB2}+\frac{(R_1+R_2)}{R_1}V_T \ln n \tag{7-19}$$

显然，式（7-19）中，令$\frac{(R_1+R_2)}{R_1}\ln n \approx 17.2$，即可实现零温度系数的输出电压。在电路实际设计中，选择n时务必考虑到其具体物理实现方式：VT_1和VT_2需要保持严格对称，最容易实现的方式是$1:8$，实现图7-27的版图布局方式。

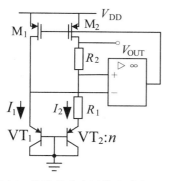

图7-26 带隙基准电压的电路实现原理

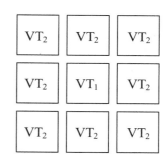

图7-27 带隙电压产生电路中的晶体管版图布局

电路设计者只需设置合适的R_1和R_2，并保证$\frac{(R_1+R_2)}{R_1}\ln 8 \approx 17.2$即可。无论对于正的或负的温度系数的电压值，我们推导出与温度无关的电压都是依赖于双极型器件的指数特性。所以必须在CMOS工艺中找到具有这种特性结构的器件，否则标准CMOS工艺无法实现。在P衬N阱工艺中，PNP型晶体管可以按图7-28所示结构实现。

N阱中的P^+区（与PMOS的源漏区相同）作为发射区，N阱本身作为基区，P型衬底作为PNP型晶体管的集电区。在标准CMOS工艺中，P衬N阱工艺要求P型衬底接最低电位，因此该方法实现的PNP型晶体管的C极必须接最低电位，即通常接地。

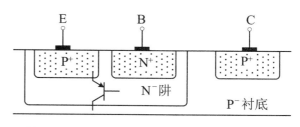

图7-28 CMOS工艺中PNP双极型晶体管的实现

本节将仿真一个带隙基准源电路的理论电路，对该电路进行温度扫描，观察输出电压的温度特性。为了仅仅说明带隙的工作原理，此处的运算放大器可以采用5.9节给出的运算放大器宏模型。仿真电路图如图7-29所示，图中M_1和M_2尺寸相同，晶体管个数之比为$1:8$。

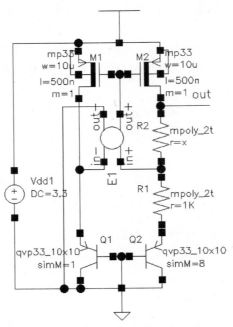

图 7-29　带隙基准源电路仿真电路图

7.9.2　仿真波形

仿真波形如图7-30所示。

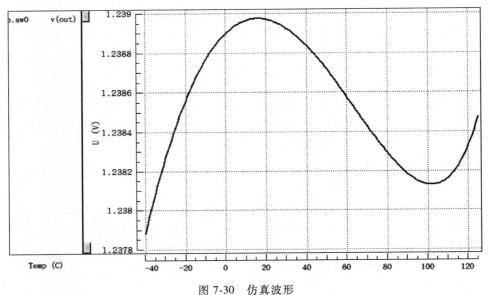

图 7-30　仿真波形

附 Hspice 关键仿真命令：

```
.SUBCKT rnpoly_2t_0 MINUS PLUS segW=180n segL=5u m=1
…（略）
.ENDS rnpoly_2t_0
.SUBCKT rnpoly_2t_1 MINUS PLUS segW=180n segL=5u m=1
…（略）
.ENDS rnpoly_2t_1
.SUBCKT amp_model _net0 _net1 _net2 _net3
…（略,具体内容参见 5.10 节）
.ENDS amp_model

m1 net3 net4 VDD VDD mp33 L=500n W=10u M=1
m2 out net4 VDD VDD mp33 L=500n W=10u M=1
VVdd1 VDD 0 DC 3.3
XR2 net1 out rnpoly_2t_0 m=1 segW=180n
+segL="(((2.44373e-07* ((x/28)-0))-0)/7.41)+0"
XR1 net11 net1 rnpoly_2t_1 m=1 segW=180n segL=54.965u
XE1 net1 net3 net4 0 amp_model
QQ1 0 0 net3 qvp33_10x10 m=1
QQ2 0 0 net11 qvp33_10x10 m=8

.model diode d level=1 IS=1e-16
.lib "/.../spice_model/hm1816m020233rfv12.lib" tt
.lib "/.../spice_model/hm1816m020233rfv12.lib" restypical
.lib "/.../spice_model/hm1816m020233rfv12.lib" biptypical
.param x='47.4k'
.op
.dc temp -40 125 1 * sweep x 47k 48k 0.2k
.temp 27
.probe DC v(out)
.end
```

7.9.3　互动与思考

有哪些因素会改变输出电压的温度特性？请读者通过仿真验证。

请读者思考：

1）正常电路设计时，会让温度扫描曲线的近似抛物线的顶点落在 40℃附近。请问如何调整电路，使顶点能向高温处移动？向低温处移动的方法又是什么？请通过仿真验证。

2）将电路中的所有电阻等比例缩小或者放大会对带隙电路整体性能带来什么影响？

3）如果放大器不够理想，比如增益不够大，输入阻抗不是无穷大，输出阻抗不为零等，对该带隙基准的输出电压会有何影响？请读者通过改变宏模型的相关参数，仿真观察结果的相应变化。

7.10 Widlar 电流源

7.10.1 特性描述

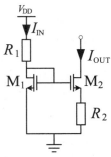

Widlar 在 1976 年发明了一种电流源，如图 7-31 所示。

若所有 MOS 管均工作在饱和区，并忽略沟长调制效应，则

$$V_{GS1} = V_{GS2} + I_{OUT}R_2 \qquad (7\text{-}20)$$

忽略衬底偏置效应，两边同时减去阈值电压，则

$$V_{OD1} = V_{OD2} + I_{OUT}R_2 \qquad (7\text{-}21)$$

对于 M$_2$ 管而言，当工作在饱和区时，有

图 7-31　Widlar 电流源

$$V_{OD2} = \sqrt{\dfrac{2\,I_{OUT}}{k'_n\left(\dfrac{W}{L}\right)_2}} \qquad (7\text{-}22)$$

$$V_{OD1} = \sqrt{\dfrac{2\,I_{OUT}}{k'_n\left(\dfrac{W}{L}\right)_2}} + I_{OUT}R_2 \qquad (7\text{-}23)$$

$$\sqrt{I_{OUT}} = \dfrac{\sqrt{\dfrac{2}{k'_n\left(\dfrac{W}{L}\right)_2}+4\,R_2 V_{OD1}} - \sqrt{\dfrac{2}{k'_n\left(\dfrac{W}{L}\right)_2}}}{2\,R_2} \qquad (7\text{-}24)$$

式（7-24）只保留了合理的正值结果，负值此处略去了。从该式可见，输出电流与 M$_1$ 过驱动电压以及各器件尺寸有关。相对其他电流源而言，Widlar 电流镜更适合提供小输出电流。

本节仿真 Widlar 电流源的直流特性，对 V_{DD} 进行直流扫描，观察输出电流的响应曲线，仿真电路图如图 7-32 所示。

7.10.2 仿真波形

仿真波形如图 7-33 所示。

附 Hspice 关键仿真命令：

```
VVdd1 VDD 0 DC vdd
m1 net0 net0 0 0 mn33 L=1u W=50u M=1
m2 VDD net0 net1 net1 mn33 L=1u W=
50u M=1
RR1 VDD net0 1Meg
RR2 net1 0 10Meg
```

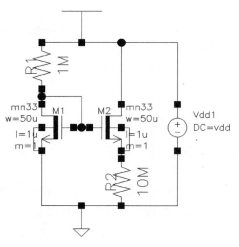

图 7-32　Widlar 电流源仿真电路图

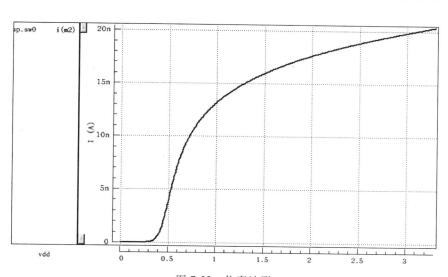

图 7-33 仿真波形

```
.lib "/.../spice_model/hm1816m020233rfv12.lib" tt
.param vdd='3.3'
.op
.dc vdd 0 3.3 0.01
.temp 27
.probe DC i(m2)
.end
```

7.10.3 互动与思考

读者可以自行改变电路器件参数，观察输出电流波形的变化趋势。

请读者思考：

1) 当电源电压变化时，Widlar 电流源变化大吗？是否有办法可以降低 Widlar 电流源的电源电压灵敏度？

2) Widlar 电流源有何优点和缺点？

3) 为什么说 Widlar 电流镜只适合产生比较小的电流？

7.11　Wilson 电流镜

7.11.1　特性描述

Wilson 在 1968 年发明了一种电流镜，通常称之为 Wilson 电流镜，如图 7-34 所示。

Wilson 电流镜采用了负反馈的原理，使输出电流恒定，其工作原理是：若输出点电压 V_{OUT} 上升，则 I_{OUT} 上升，V_Y 上升，I_{DS3} 有上升趋

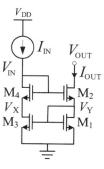

图 7-34　Wilson
电流镜

势，即 M_4 有电流增大趋势，然而电流又被 I_{IN} 限制不能变，则唯有让 V_{IN} 下降，才能保证 M_4 电流不会增大。V_{IN} 下降，则 I_{OUT} 下降，从而让 I_{OUT} 稳定在一个恒定值。M_4 在负反馈机制中起到关键作用，保证了输出电流的恒定，从而实现了输出电流是输入电流的镜像。

该电流镜的缺点确定是输出结点电压被限制在较高的值，输出电压的最小值为

$$V_{OUT,min} \approx V_{TH} + V_{OD1} + V_{OD2} \qquad (7\text{-}25)$$

本节将仿真 Wilson 电流镜，观察输出电压 V_{OUT} 变化时，输出电流如何响应。仿真电路图如图 7-35 所示。

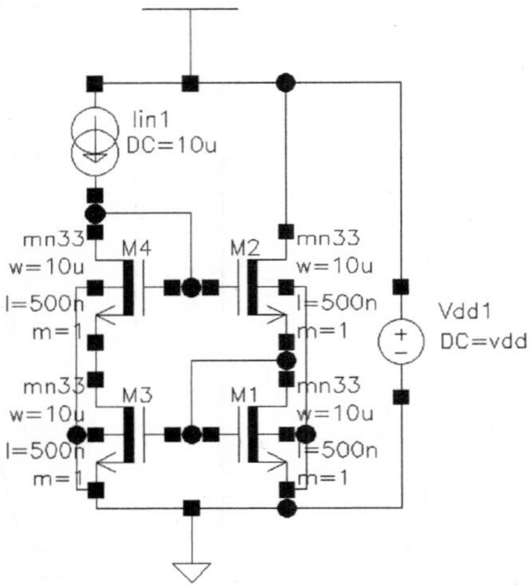

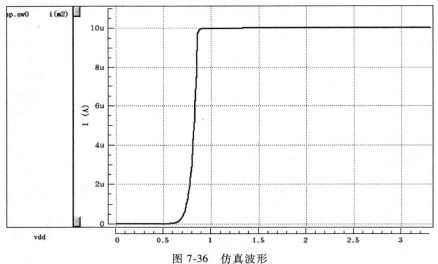

图 7-35　Wilson 电流镜仿真电路图

7.11.2　仿真波形

仿真波形如图 7-36 所示。

图 7-36　仿真波形

附 Hspice 关键仿真命令：

```
VVdd1 VDD 0 DC vdd

IIin1 VDD net6 DC 10u

m1 net9 net9 0 0 mn33 L=500n W=10u M=1

m2 VDD net6 net9 0 mn33 L=500n W=10u M=1

m3 net16 net9 0 0 mn33 L=500n W=10u M=1

m4 net6 net6 net16 0 mn33 L=500n W=10u M=1


.lib "/.../spice_model/hm1816m020233rfv12.lib" tt

.param vdd='3.3'
```

```
.op
.dc vdd 0 3.3 0.01
.temp 27
.probe DC i(m2)
.end
```

7.11.3 互动与思考

读者可以自行改变电路器件参数，观察输出电流波形的变化趋势。

请读者思考：

1）当电源电压变化时，Wilson 电流镜的输出电流会变化吗？

2）Wilson 电流镜有何优点和缺点？

3）Wilson 电流镜和 Cascode 电流镜，两者孰好孰坏？为什么？

4）电源电压不能过低，否则输入支路的 MOS 管无法工作在饱和区。请问该电路的电源电压最低值是多少？

7.12 Yongda 电流源

7.12.1 特性描述

纯粹借助 CMOS 器件，也可以构造出高精度的基准电流源。图 7-37 是蔡湧达设计的基准源，也称 Yongda 电流源。图中，R_1 的电压降为 M_1 的 V_{GS1} 与 M_2 的 V_{GS2} 之差。从而，流过 R_1 的电流为

$$I_1 = \frac{|V_{GS1}| - |V_{GS2}|}{R_1} \qquad (7\text{-}26)$$

图中，M_1 和 M_2 是同一工艺下两种不同阈值电压的 MOS 管，而且 M_5 和 M_6 的尺寸之比为 2：1，M_3 和 M_2 的尺寸之比为 1：1。假定流过 M_6 和 M_3 的电流为 I_1，则流过 M_5 的电流为 $2I_1$，流过 M_2 的电流为 I_1，显然，流过 M_1 的电流也为 I_1。此处忽略了沟长调制效应。将式（7-26）中的 V_{GS} 换成饱和区电流公式，则有

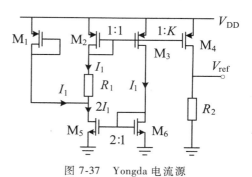

图 7-37 Yongda 电流源

$$I_1 = \frac{1}{R_1}\left[|V_{TH1}| - |V_{TH2}| + 2 I_1 \left(\sqrt{\frac{1}{\left(\mu C_{ox}\frac{W}{L}\right)_1}} - \sqrt{\frac{1}{\left(\mu C_{ox}\frac{W}{L}\right)_2}} \right) \right] \qquad (7\text{-}27)$$

如果通过电路的尺寸优化设计，保证 $\dfrac{\left(\dfrac{W}{L}\right)_1}{\left(\dfrac{W}{L}\right)_2} = \dfrac{(\mu C_{ox})_2}{(\mu C_{ox})_1}$，则得到

$$I_1 = \frac{1}{R_1}(\,|V_{TH1}| - |V_{TH2}|\,) \quad\quad (7\text{-}28)$$

从而，流过 M_2 的电流被镜像到 M_4，从而得到输出的电压为

$$V_{ref} = K\frac{R_2}{R_1}(\,|V_{TH1}| - |V_{TH2}|\,) \quad\quad (7\text{-}29)$$

显然，因为 M_1 和 M_2 的阈值电压相对恒定，而且具有几乎相同的温度特性，另外，R_2 和 R_1 选择温度系数相同的同一类型电阻，则 V_{ref} 具有温度和电源电压独立性。除了可以用标准 CMOS 工艺实现的优点之外，该电路输出基准电压值可以由 $K\dfrac{R_2}{R_1}$ 轻易控制，甚至实现较低的基准电压。该电路的局限在于对制造工艺有特别要求，要求该工艺下必须具有两种不同阈值电压的 MOS 管。

如果输出电压的精度未达到设计要求，则可以用镜像精度更高的 Cascode 电流镜来替代原电路中的基本电流镜。

本节将仿真 Yongda 电流源，仿真电路图如图 7-38 所示。

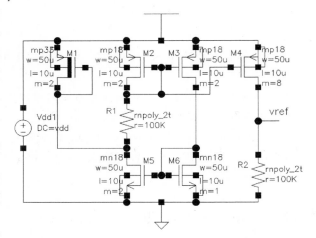

图 7-38　Yongda 电流源仿真电路图

7.12.2　仿真波形

仿真波形如图 7-39 所示。

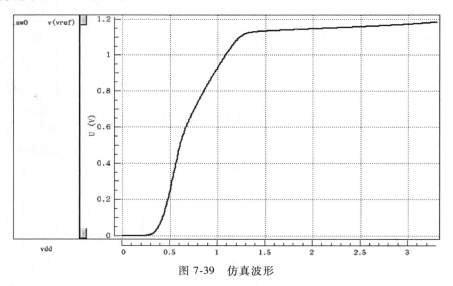

图 7-39　仿真波形

附 Hspice 关键仿真命令：

.SUBCKT rnpoly_2t_0 MINUS PLUS segW=180n segL=5u m=1

```
…（略）
.ENDS rnpoly_2t_0

VVdd1 VDD 0 DC vdd
m1 net0 net0 VDD VDD mp33 L=10u W=50u M=2
m2 net23 net23 VDD VDD mp18 L=10u W=50u M=2
m3 net10 net23 VDD VDD mp18 L=10u W=50u M=2
m4 vref net23 VDD VDD mp18 L=10u W=50u M=8
m5 net0 net10 0 0 mn18 L=10u W=50u M=2
m6 net10 net10 0 0 mn18 L=10u W=50u M=1
XR2 0 vref rnpoly_2t_0 m=1 segW=180n segL=59.965u
XR1 net0 net23 rnpoly_2t_0 m=1 segW=180n segL=59.965u

.lib "/../spice_model/hm1816m020233rfv12.lib" tt
.lib "/../spice_model/hm1816m020233rfv12.lib" restypical
.param vdd='3.3'
.op
.dc vdd 0 3.3 0.01
.temp 27
.probe DC v(vref)
.end
```

7.12.3 互动与思考

读者可以自行改变电路器件参数，观察输出电流波形的变化趋势。

请读者思考：

1）本节电路中存在两个基本电流镜，其镜像精度对整个电路的输出有多大影响？

2）有何措施降低输出电流的电源电压和温度灵敏度？

3）可以用 Cascode 电流镜代替本节电路中的基本电流镜吗？如何替代？

4）如果某工艺中没有阈值电压不同的同类型 MOS 管，本节电路还能实现吗？

5）如果某工艺只有两种不同阈值电压的 NMOS 管，可以基于本节电路原理来实现类似的基准电流源电流吗？

7.13 另外一种带启动电路的自偏置电流源

7.13.1 特性描述

所有的自偏置电路都有两个工作状态，我们应该避免自偏置电路进入电流为零的状态。

图 7-40 所示的经典自偏置电路中，左侧是其启动电路。若自偏置电路电流为零，则 M_1 的栅极电压不足以使 M_1 和 M_2 导通，同样也不足以使 M_5 导通。M_6、M_3、M_4 的栅极电压位于

V_{DD}和$V_{DD} - |V_{THP}|$之间，不足以使M_6导通。M_7的栅极、漏极电压很高，而源极电压很低，是导通的。从而将M_3、M_4的栅极电压拉低，结果是M_3和M_4导通，M_3、M_4导通后，M_1、M_2的栅极电压抬升，M_1和M_2也导通，从而进入了自偏置电路的平衡状态。可见，M_5、M_6和M_7完成了启动的功能。

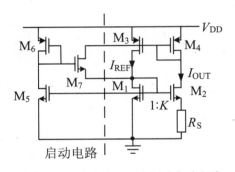

那么，正常工作后，M_5、M_6和M_7对电路有什么影响呢？如果正常工作后，M_7继续导通，则无法停留在$I_{OUT} \approx I_{REF}$的自偏置稳定状态。因此一定要让M_7不导通。实现的方法是尽可能降低M_7的栅极电压。

图 7-40　经典自偏置电流源及启动电路

显然，若M_6的W/L很小，则需要很大的过驱动电压，才能保证M_5、M_6的电流相同。经验值是：M_6的L选择为M_5的5倍，能实现在正常工作时M_7不导通。

图 7-41 为本节电路的仿真电路图。对V_{DD}进行直流扫描，观察I_{OUT}的响应情况。为了验证启动过程，给V_{DD}加分段线性电压源（PWL），在时域内扫描I_{OUT}。

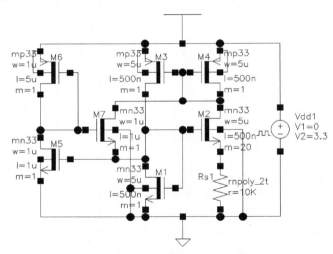

图 7-41　带启动电路的自偏置电流源仿真电路图

7.13.2　仿真波形

仿真波形如图 7-42 所示。

附 Hspice 关键仿真命令：

```
.SUBCKT rnpoly_2t_0 MINUS PLUS segW=180n segL=5u m=1
…（略）
.ENDS rnpoly_2t_0

VVdd1 VDD 0 vdd PULSE(0 3.3 0 10n 10n 100n 200n)
m1 net2 net2 0 0 mn33 L=500n W=5u M=1
m2 net3 net2 net0 0 mn33 L=500n W=5u M=20
```

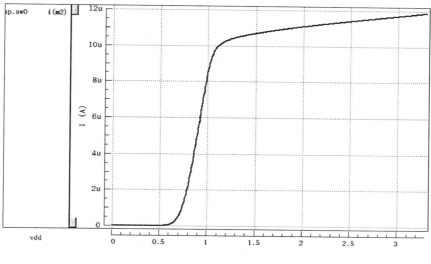

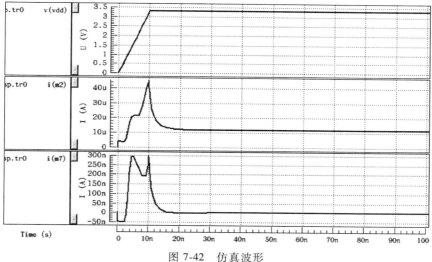

图 7-42　仿真波形

```
m3 net2 net3 VDD VDD mp33 L=500n W=5u M=1
m4 net3 net3 VDD VDD mp33 L=500n W=5u M=1
m5 net7 net2 0 0 mn33 L=1u W=1u M=1
m6 net7 net7 VDD VDD mp33 L=5u W=1u M=1
m7 net3 net7 net2 0 mn33 L=1u W=1u M=1
XRs1 0 net0 rnpoly_2t_0 m=1 segW=180n segL=54.965u

.lib "/.../spice_model/hm1816m020233rfv12.lib" tt
.lib "/.../spice_model/hm1816m020233rfv12.lib" restypical
.param vdd='3.3'
.op
.dc vdd 0 3.3 0.01
```

```
.tran 1n 200n
.temp 27
.probe DC i(m2)
.probe TRAN v(vdd) i(m2) i(m7)
.end
```

7.13.3 互动与思考

读者可以自行改变电路器件参数，观察输出电流波形的变化趋势。

请读者思考：

1）M_6 的 W/L 设计太大或者太小会有什么问题？

2）M_7 的尺寸大小会对电路产生什么影响？

第8章

带隙基准源设计举例

8.1 带隙基准源设计实例

8.1.1 特性描述

图 8-1 为带隙基准源电路图。当带隙基准源电路被使能时，该电路正常工作，为其他电路模块提供稳定、高精度的基准电压 V_{REF}，并为其他电路提供与绝对温度成正比（Proportional To Absolute Temperature，PTAT）特性的偏置电流 I_{BIAS}。

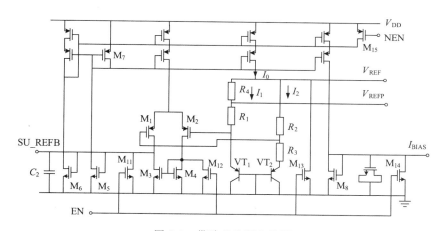

图 8-1　带隙基准源电路图

图 8-1 所示电路中的输入输出信号描述如下：

V_{DD}：整个模块的输入电压，即电源输入。

EN、NEN：使能电路输出的控制信号，控制着本电路工作与否。NEN 与 EN 互为反向信号。

SU_REFB：SU_REF 模块给该基准模块的启动信号。

I_{BIAS}：基准模块给其他模块电路提供的 PTAT 电流。

V_{REF}：输出约 1.23V 的带隙基准电压。

图中的 C_2 是第一级与第二级放大器之间的补偿电容，保证了稳定性；同时它还是电路软启动电容。

EN 高电平时，NEN 为低电平，则使能管工作，整个电路中的偏置电流源被关断，有源负载截止而呈现非常高的阻抗。为了防止晶体管 VT_2 和 VT_1 的 BE 结能量储存，M_{13} 保证 V_{REF} 完全为 0，M_{14} 保证 I_{BIAS} 电流完全为 0，电路完全关断。EN 为高电平时，使能管截止，电路正常工作。

该电路中利用电容 C_2 进行软启动。系统刚上电，基准启动模块通过信号线 SU_REFB 对电容 C_2 充电，直到 C_2 上的电压使 M_6 和 M_5 导通，基准模块的电流偏置建立起来；从而使运算放大器工作，基准开始启动，当基准电压达到一定值（一般为 1.0V 左右）时，启动模块被关闭，没有电流从启动模块输出，此时电容 C_2 作为频率补偿电容；经过一段时间（28μs 左右），这个闭合回路将达到稳定，基准建立起来，最终值为 1.23V。

本节的带隙基准源电路是一个典型、经典的带隙基准源电路结构。带隙基准的工作原理是根据硅材料的带隙电压与供电电压和温度无关的特性，利用 ΔV_{BE} 的正温度系数与双极型晶体管 V_{BE} 的负温度系数相互抵消，实现低温漂、高精度的基准电压。双极型晶体管提供发射结偏压 V_{BE}；由两个晶体管之间的 ΔV_{BE} 产生 V_T，通过电阻网络将 V_T 放大为 α 倍；最后将两个电压相加，即 $V_{REF} = V_{BE} + \alpha V_T$，适当选择放大倍数 α，使两个电压的温度漂移相互抵消，从而可以得到在某一温度下为零温度系数的电压基准。下面详细推导这个原理。

一般二极管上电流和电压的关系为

$$I = I_S(e^{qV_{BE}/kT} - 1) \tag{8-1}$$

当 $V_{VE} \gg \dfrac{kT}{q}$ 时，$I \approx I_S e^{qV_{BE}/kT}$，从而有

$$V_{BE} = V_T \ln\left(\frac{I}{I_S}\right) \tag{8-2}$$

式中，$V_T = \dfrac{kT}{q}$ 为热电压，k 是玻尔兹曼常数，q 是电荷量。

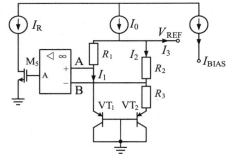

图 8-2 是本节带隙基准的等效架构电路。R_3、VT_2 和 VT_1 构成带隙电压产生器，放大器 AMP 和 M_5 为反馈电路，保证 A 点和 B 点电位相等。

图 8-2　带隙基准源核心模块等效结构图

由运算放大器的性质，得

$$V_{RR3} = V_{EB1} - V_{EB2} = V_T \ln\left(\frac{I_1}{I_{S1}}\right) - V_T \ln\left(\frac{I_2}{I_{S2}}\right) = V_T \ln\left(\frac{I_1 A_{E2}}{I_2 A_{E1}}\right) \tag{8-3}$$

式中，A_{E2}、A_{E1} 是 VT_2、VT_1 管的发射区面积，它们的比值为 $N:1$。由于 $V_A = V_B$，则 $I_2 R_2 = I_1 R_1$，代入式（8-3）得

$$V_{R3} = V_T \ln\left(N \frac{R_2}{R_1}\right) \tag{8-4}$$

于是

$$I_2 = \frac{V_{R3}}{R_3} = \frac{V_T}{R_3} \ln\left(N \frac{R_2}{R_1}\right) \tag{8-5}$$

$$I_1 = I_2 \frac{R_2}{R_1} = \frac{R_2}{R_1 R_3} V_T \ln\left(N \frac{R_2}{R_1} \right) \tag{8-6}$$

故 V_{REF} 为

$$V_{REF} = V_{EB9} + V_{R1} = V_{EB9} + \frac{R_2}{R_1} V_T \ln\left(N \frac{R_2}{R_1} \right) \tag{8-7}$$

从式（8-7）中可得到基准电压只与 PN 结的正向压降、电阻的比值以及 VT_2 和 VT_1 的发射区面积比有关，因此在实际的工艺制作中将会有很高的精度。当基准建立之后，基准电压与输入电压无关。第一项 V_{EB} 具有负的温度系数，在室温时大约为 $-2mV/℃$，第二项 V_T 具有正的温度系数，在室温时大约为 $+0.087mV/℃$，通过设定合适的工作点，便可以使两项之和在某一温度下达到零温度系数，从而得到具有较好温度特性的电压基准。

图 8-2 中，I_{BIAS} 是基准提供给其他模块的电流，与 I_0 成比例，而 I_0 为

$$I_0 = I_1 + I_2 = \left(1 + \frac{R_2}{R_1} \right) \frac{1}{R_3} V_T \ln\left(N \frac{R_2}{R_1} \right) \tag{8-8}$$

下面分析电路参数的设计方法。由式（8-7）知，当工艺确定后，微电流工作状态下，V_{EB} 及其温度系数可以确定；N 一般选取 4、6、8、10，从版图布局来考虑 $N=8$ 最理想。如果要减小版图面积，也可考虑 $N=4$，但容易带来设计误差。

下面我们来推导一下电阻 R_1、R_2、R_3 的取法，为了满足零温度系数，对式（8-7）两边求导，考虑了 V_{EB} 和 V_T 的温度系数，近似得

$$\frac{R_2}{R_3} \ln\left(N \frac{R_2}{R_1} \right) \approx \frac{2}{0.087} \approx 23 \tag{8-9}$$

代入式（8-8）得

$$I_0 = \left(1 + \frac{R_2}{R_1} \right) \frac{1}{R_3} V_T \frac{23 R_3}{R_2} = 23 V_T \left(\frac{1}{R_1} + \frac{1}{R_2} \right) \tag{8-10}$$

由式（8-10）可知，如果要减小功耗即选择较小的 I_0，需要选择较大的 R_1 和 R_2。但电路设计者还希望 (R_1+R_2) 较小，从而减小版图面积。显然，功耗和面积需要折中考虑，比如可以选取 $R_2 = R_1$，则 I_0 较小而 (R_1+R_2) 较大。一般来说，选取 $R_2 = 2R_1$ 左右较合适。如果 $N=8$，则根据式（8-9）可得

$$R_2 \approx 8.3 R_3 \tag{8-11}$$

从而有

$$R_1 \approx 4.15 R_3 \tag{8-12}$$

$$I_0 \approx 8.3 \frac{V_T}{R_3} \tag{8-13}$$

设计时，需要根据静态电流的要求确定电阻值。

根据 MOS 管的宽长比特点，偏置电路之间的电流关系设计为：$I_A = \frac{2}{3} I_0$，$I_{BIAS} = \frac{1}{6} I_0$，$I_C = \frac{1}{6} I_0$，$I_E = \frac{1}{12} I_0$。

电路中的静态电流 I_{QREF} 大小为

$$I_{QREF} = I_0 + I_A + I_{BIAS} + I_C + I_E \approx 2.1 I_0 \tag{8-14}$$

经过上述设计，可以得出电路的基本参数。辅以仿真，微调部分器件参数，可以得到尽可能理想的带隙输出特性。带隙输出电压的温度特性，以及随电源电压的变化特性，是评价带隙输出电压的最基本仿真。本节仿真的电路图如图8-3所示。

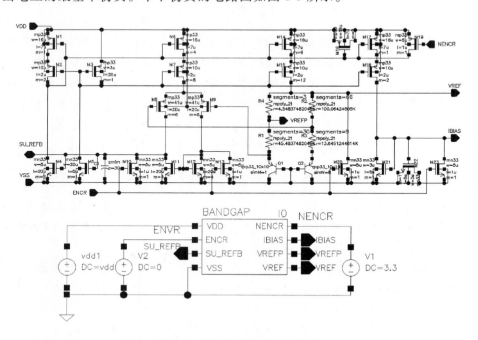

图 8-3　带隙基准源仿真电路图

8.1.2　仿真波形

仿真波形如图8-4所示。

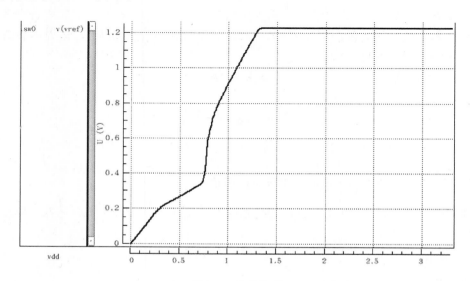

图 8-4　仿真波形

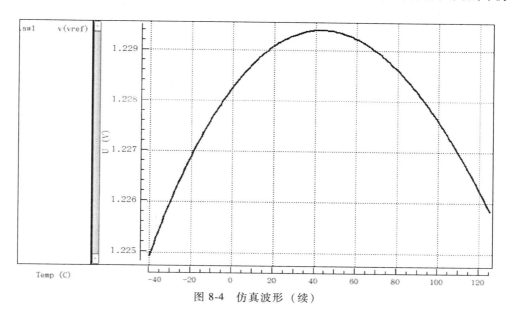

图 8-4 仿真波形（续）

附 Hspice 关键仿真命令：

.SUBCKT rnpoly_2t_0 MINUS PLUS segW=180n segL=5u m=1

…（略）

.ENDS rnpoly_2t_0

.SUBCKT rnpoly_2t_1 MINUS PLUS segW=180n segL=5u m=1

…（略）

.ENDS rnpoly_2t_1

.SUBCKT rnpoly_2t_2 MINUS PLUS segW=180n segL=5u m=1

…（略）

.ENDS rnpoly_2t_2

.SUBCKT rnpoly_2t_3 MINUS PLUS segW=180n segL=5u m=1

…（略）

.ENDS rnpoly_2t_3

.SUBCKT BANDGAP ENCR NENCR VDD VSS IBIAS VREF VREFP SU_REFB

m19 net1 NENCR VDD VDD mp33 L=1u W=5u M=1

m18 IBIAS net74 net75 VDD mp33 L=2u W=10u M=2

m17 net75 net1 VDD VDD mp33 L=7u W=16u M=1

m16 VDD net1 VDD VDD mp33 L=7u W=16u M=2

m15 VREF net74 net0 VDD mp33 L=2u W=10u M=12

m14 net0 net1 VDD VDD mp33 L=7u W=16u M=6

m1 net11 net1 VDD VDD mp33 L=7u W=16u M=1

m2 net1 net74 net11 VDD mp33 L=2u W=10u M=2

m8 SU_REFB net7 net39 VDD mp33 L=20u W=41u M=8

m3 net74 net74 VDD VDD mp33 L=20u W=3u M=1

```
m6 net25 net1 VDD VDD mp33 L=7u W=16u M=4
m9 net37 net3 net39 VDD mp33 L=20u W=41u M=8
m7 net39 net74 net25 VDD mp33 L=2u W=10u M=8
m23 IBIAS ENCR VSS VSS mn33 L=1u W=5u M=1
m22 VSS IBIAS VSS VSS mn33 L=5u W=3u M=1
m21 IBIAS IBIAS VSS VSS mn33 L=5u W=3u M=1
m20 VREF ENCR VSS VSS mn33 L=1u W=5u M=1
m11 SU_REFB net37 VSS VSS mn33 L=20u W=5u M=4
m10 SU_REFB ENCR VSS VSS mn33 L=1u W=5u M=1
m5 net74 SU_REFB VSS VSS mn33 L=5u W=20u M=1
m4 net1 SU_REFB VSS VSS mn33 L=20u W=5u M=2
m13 net37 ENCR VSS VSS mn33 L=1u W=5u M=1
m12 net37 net37 VSS VSS mn33 L=20u W=5u M=4
XC1 SU_REFB VSS cmim m=1 w=60u l=500u
XR3 net8 net7 rnpoly_2t_0 m=1segW=180n segL=50u
XR4 VREFP VREF rnpoly_2t_1 m=1segW=180n segL=50u
XR2 net7 VREF rnpoly_2t_2 m=1segW=180n segL=50u
XR1 net3 VREFP rnpoly_2t_3 m=1segW=180n segL=50u
QQ2 VSS VSS net8 qvp33_10x10 m=8
QQ1 VSS VSS net3 qvp33_10x10 m=1
.ENDS BANDGAP


VV2 ENVR 0 DC 0
VV1 NENCR 0 DC 3.3
Vvdd1 net0 0 DC vdd
XI0 ENVR NENCR net0 0 IBIAS VREF VREFP SU_REFB BANDGAP

.lib "/.../spice_model/hm1816m020233rfv12.lib" tt
.lib "/.../spice_model/hm1816m020233rfv12.lib" restypical
.lib "/.../spice_model/hm1816m020233rfv12.lib" captypical
.lib "/.../spice_model/hm1816m020233rfv12.lib" biptypical
.param vdd='3.3'
.op
.dc vdd 0 3.3 0.01
.temp 27
.probe DCv(vref)
.dc temp-40 125 1
.probe DCv(vref) v(vrefp)
.end
```

8.1.3　互动与思考

读者可以仅将所有电阻等比例放大或缩小，观察输出特性是否有变化；仅减小放大器的增益，比如简单减小放大器的尾电流，观察输出特性是否有变化。

请读者思考：

1）如果期望温度特性曲线的拐点在50℃，如何调整电路参数？

2）电路中从R_2、R_3的电阻中分压作为输出，与采用将R_1的电阻分压作为输出，有区别吗？

3）图8-1中C_2以及M_8右侧的MOS电容，分别起什么作用？应该如何取值？

4）如果M_1和M_2组成的放大器的输入正好接反，电路还能正常工作吗？请自行分析电路构成的是正反馈还是负反馈。

8.2　带隙基准源软启动电路设计实例

8.2.1　特性描述

带隙电路通常具有两个工作点，需要软启动电路来消除电流为零的工作点，从而让电路进入正常的工作状态。图8-5是为上例设计的具有自偏置功能的带隙基准启动电路。图中，EN为使能控制信号，高电平有效；V_{REF}为带隙基准电压；SU_REFB为启动信号，给REF模块提供软启动电流；NREF为带隙基准电压的"非"信号，当带隙基准电压大于1V时，NREF输出即为低电平。

软启动等效架构图如图8-6所示。I_1、I_2为电路提供较稳定的偏置电流，带隙电压V_{REF}通过非门得到NREF，控制M_1的工作状态。芯片刚上电时，基准源电路没有启动，V_{REF}为低电平，经过"非"后NREF输出高电平，M_1饱和导通，I_2给REF模块的电容C_2充电，当电容上的电压达到0.7V后，REF模块开始工作，V_{REF}电压升高，达到1V左右时NREF变为低电平，使M_1截止，停止对电容C_2充电，软启动完成。

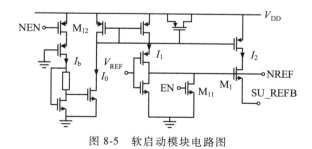

图8-5　软启动模块电路图　　　　图8-6　软启动电路等效结构图

软启动电路的仿真电路图如图8-7所示。本节采用的是瞬态仿真，观察软启动阶段的NREF和SU_ REFB两个信号。

8.2.2　仿真波形

仿真波形如图8-8所示。

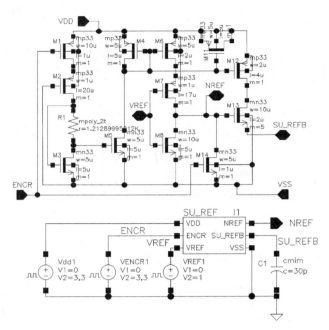

图 8-7　软启动仿真电路图

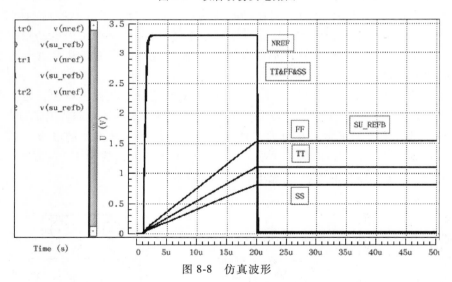

图 8-8　仿真波形

附 Hspice 关键仿真命令：

```
.SUBCKT rnpoly_2t_0 MINUS PLUS segW=180n segL=5u m=1
XR0 PLUS MINUS rnpoly_2t w=" segW" l=" segL"
.ENDS rnpoly_2t_0
.SUBCKT SU_REF ENCR VDD VSS NREF SU_REFB VREF
m12 net51 net25 VDD VDD mp33 L=4u W=2u M=1
m11 VDD net25 VDD VDD mp33 L=5u W=5u M=1
m7 NREF VREF net16 VDD mp33 L=17u W=1u M=1
```

```
m6 net16 net25 VDD VDD mp33 L=2u W=5u M=1
m4 net25 net25 VDD VDD mp33 L=5u W=5u M=1
m2 net0 VSS net6 VDD mp33 L=20u W=1u M=1
m1 net6 ENCR VDD VDD mp33 L=1u W=10u M=1
m14 NREF ENCR VSS VSS mn33 L=1u W=5u M=1
m13 net51 NREF SU_REFB VSS mn33 L=2u W=10u M=5
m8 NREF VREF VSS VSS mn33 L=5u W=10u M=1
m5 net25 net31 VSS VSS mn33 L=5u W=5u M=1
m3 net31 net0 VSS VSS mn33 L=5u W=5u M=1
XR1 net31 net0 rnpoly_2t_0 m=1segW=180n segL=40u
.ENDS SU_REF


VVdd1 net0 0 0PULSE(0 3.3 1u 10n 10n 100u 200u)
VVREF1 VREF 0 0PULSE(0 1 20u 10n 10n 50u 100u)
VVENCR1 ENCR 0 0PULSE(0 3.3 50u 10u 10u 100u 200u)
XI1 ENCR net0 0 NREF SU_REFB VREF SU_REF
XC1 SU_REFB 0cmim m=1 w=60u l=500u


.lib "/.../spice_model/hm1816m020233rfv12.lib" tt
.lib "/.../spice_model/hm1816m020233rfv12.lib" restypical
.lib "/.../spice_model/hm1816m020233rfv12.lib" captypical
.op
.tran 1u 50u 0
.temp 27
.probe TRANv(nref) v(su_refb)


.alter corner_ff
.del lib "/.../spice_model/hm1816m020233rfv12.lib" tt
.del lib "/.../spice_model/hm1816m020233rfv12.lib" restypical
.del lib "/.../spice_model/hm1816m020233rfv12.lib" captypical
.lib "/.../spice_model/hm1816m020233rfv12.lib" ff
.lib "/.../spice_model/hm1816m020233rfv12.lib" resfast
.lib "/.../spice_model/hm1816m020233rfv12.lib" capfast
.alter corner_ss
.del lib "/.../spice_model/hm1816m020233rfv12.lib" ff
.del lib "/.../spice_model/hm1816m020233rfv12.lib" resfast
.del lib "/.../spice_model/hm1816m020233rfv12.lib" capfast
.lib "/.../spice_model/hm1816m020233rfv12.lib" ss
.lib "/.../spice_model/hm1816m020233rfv12.lib" resslow
```

```
.lib "/.../spice_model/hm1816m020233rfv12.lib" capslow
.end
```

8.2.3　互动与思考

读者可以自行改变 C_2 的值，观察启动时间是否有变化；改变 I_2 的值，观察启动时间是否有变化。

请读者思考：

1）C_2 对启动时间有何影响？

2）改变构成反向器的 NMOS 管和 PMOS 管尺寸或者并联个数，将对启动特性带来什么样的变化？

3）图 8-6 中唯一的电阻有何作用？改变该电阻值，对启动特性有何影响？

8.3　带隙基准源在工艺角下的电源调整率

8.3.1　特性描述

理想的基准电压要求与电源电压无关，与工艺角无关。但实际电路中由于运算放大器的增益不够大，当输入电源电压变化时，会引起输出基准电压的变化。我们用电源调整率来描述该直流特性，定义为输出电压的变化量与电源电压变化量之比，单位可以用 mV/V 来表示。

8.1 节仿真过电源电压在全电压范围变化时的输出电压。由于电源电压高过某个值之后带隙电路才能正常工作，我们在计算电源调整率时通常从带隙输出电压基本稳定之后开始计算。一般地，即输出电压稳定后的输出电压与输入电压关系曲线（近似直线）的斜率。

本节将进一步仿真带隙输出电压与电源电压之间的关系，在固定温度下，观察不同工艺角（TT、SS、FF）对输出电压的影响。仿真电路图如图 8-9 所示。

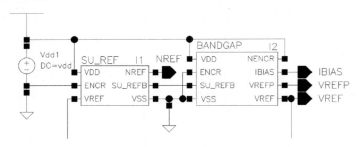

图 8-9　带隙输入输出关系曲线仿真电路图

8.3.2　仿真波形

仿真波形如图 8-10 所示。

附 Hspice 关键仿真命令：

```
.SUBCKT rnpoly_2t_0 MINUS PLUS segW=180n segL=5u m=1
```

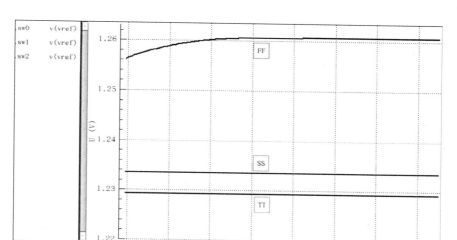

图 8-10 仿真波形

…(略)

```
.ENDS rnpoly_2t_0
.SUBCKT rnpoly_2t_1 MINUS PLUS segW=180n segL=5u m=1
```

…(略)

```
.ENDS rnpoly_2t_1
.SUBCKT rnpoly_2t_2 MINUS PLUS segW=180n segL=5u m=1
```

…(略)

```
.ENDS rnpoly_2t_2
.SUBCKT rnpoly_2t_3 MINUS PLUS segW=180n segL=5u m=1
```

…(略)

```
.ENDS rnpoly_2t_3
.SUBCKT BANDGAP ENCR NENCR VDD VSS IBIAS VREF VREFP SU_REFB
m19 net1 NENCR VDD VDD mp33 L=1u W=5u M=1
m18 IBIAS net74 net75 VDD mp33 L=2u W=10u M=2
m17 net75 net1 VDD VDD mp33 L=7u W=16u M=1
m16 VDD net1 VDD VDD mp33 L=7u W=16u M=2
m15 VREF net74 net0 VDD mp33 L=2u W=10u M=12
m14 net0 net1 VDD VDD mp33 L=7u W=16u M=6
m1 net11 net1 VDD VDD mp33 L=7u W=16u M=1
m2 net1 net74 net11 VDD mp33 L=2u W=10u M=2
m8 SU_REFB net7 net39 VDD mp33 L=20u W=41u M=8
m3 net74net74 VDD VDD mp33 L=20u W=3u M=1
m6 net25 net1 VDD VDD mp33 L=7u W=16u M=4
m9 net37 net3 net39 VDD mp33 L=20u W=41u M=8
m7 net39 net74 net25 VDD mp33 L=2u W=10u M=8
```

```
m23 IBIAS ENCR VSS VSS mn33 L=1u W=5u M=1
m22 VSS IBIAS VSS VSS mn33 L=5u W=3u M=1
m21 IBIAS IBIAS VSS VSS mn33 L=5u W=3u M=1
m20 VREF ENCR VSS VSS mn33 L=1u W=5u M=1
m11 SU_REFB net37 VSS VSS mn33 L=20u W=5u M=4
m10 SU_REFB ENCR VSS VSS mn33 L=1u W=5u M=1
m5 net74 SU_REFB VSS VSS mn33 L=5u W=20u M=1
m4 net1 SU_REFB VSS VSS mn33 L=20u W=5u M=2
m13 net37 ENCR VSS VSS mn33 L=1u W=5u M=1
m12 net37 net37 VSS VSS mn33 L=20u W=5u M=4
XC1 SU_REFB VSS cmim m=1 w=60u l=500u
XR3 net8 net7 rnpoly_2t_0 m=1segW=180n segL=50u
XR4 VREFP VREF rnpoly_2t_1 m=1segW=180n segL=50u
XR2 net7 VREF rnpoly_2t_2 m=1segW=180n segL=50u
XR1 net3 VREFP rnpoly_2t_3 m=1 segW=180n segL=50u
QQ2 VSS VSS net8 qvp33_10x10 m=8
QQ1 VSS VSS net3 qvp33_10x10 m=1
.ENDS BANDGAP
.SUBCKT rnpoly_2t_5 MINUS PLUS segW=180n segL=5u m=1
XR0 PLUS MINUS rnpoly_2t w="segW" l="segL"
.ENDS rnpoly_2t_5
.SUBCKT SU_REF ENCR VDD VSS NREF SU_REFB VREF
m12 net51 net25 VDD VDD mp33 L=4u W=2u M=1
m11 VDD net25 VDD VDD mp33 L=5u W=5u M=1
m7 NREF VREF net16 VDD mp33 L=17u W=1u M=1
m6 net16 net25 VDD VDD mp33 L=2u W=5u M=1
m4 net25 net25 VDD VDD mp33 L=5u W=5u M=1
m2 net0 VSS net6 VDD mp33 L=20u W=1u M=1
m1 net6 ENCR VDD VDD mp33 L=1u W=10u M=1
m14 NREF ENCR VSS VSS mn33 L=1u W=5u M=1
m13 net51 NREF SU_REFB VSS mn33 L=2u W=10u M=5
m8 NREF VREF VSS VSS mn33 L=5u W=10u M=1
m5 net25 net31 VSS VSS mn33 L=5u W=5u M=1
m3 net31 net0 VSS VSS mn33 L=5u W=5u M=1
XR1 net31 net0 rnpoly_2t_5 m=1segW=180n segL=40u
.ENDS SU_REF


VVdd1 VDD 0 DCvdd
XI2 0 VDD VDD 0 IBIAS VREF VREFP net14 BANDGAP
```

```
XI1 0 VDD 0 NREF net14 VREF SU_REF

.lib "/.../spice_model/hm1816m020233rfv12.lib" tt
.lib "/.../spice_model/hm1816m020233rfv12.lib" restypical
.lib "/.../spice_model/hm1816m020233rfv12.lib" captypical
.lib "/.../spice_model/hm1816m020233rfv12.lib" biptypical
.param vdd='3.3'
.op
.dc vdd 0 3.3 0.01
.temp 27
.probe DC v(vref)


.alter corner_ff
.del lib "/.../spice_model/hm1816m020233rfv12.lib" tt
.del lib "/.../spice_model/hm1816m020233rfv12.lib" restypical
.del lib "/.../spice_model/hm1816m020233rfv12.lib" captypical
.del lib "/.../spice_model/hm1816m020233rfv12.lib" biptypical
.lib "/.../spice_model/hm1816m020233rfv12.lib" ff
.lib "/.../spice_model/hm1816m020233rfv12.lib" resfast
.lib "/.../spice_model/hm1816m020233rfv12.lib" capfast
.lib "/.../spice_model/hm1816m020233rfv12.lib" bipfast
.alter corner_ss
.del lib "/.../spice_model/hm1816m020233rfv12.lib" ff
.del lib "/.../spice_model/hm1816m020233rfv12.lib" resfast
.del lib "/.../spice_model/hm1816m020233rfv12.lib" capfast
.del lib "/.../spice_model/hm1816m020233rfv12.lib" bipfast
.lib "/.../spice_model/hm1816m020233rfv12.lib" ss
.lib "/.../spice_model/hm1816m020233rfv12.lib" resslow
.lib "/.../spice_model/hm1816m020233rfv12.lib" capslow
.lib "/.../spice_model/hm1816m020233rfv12.lib" bipslow
.end
```

8.3.3　互动与思考

读者可以自行改变温度，观察其电源调整率特性是否变化。

请读者思考：

1）电源抑制比和电源调整率是一个概念吗？差异在哪里？

2）为降低电源调整率，可以从哪些设计角度进行考虑？

3）从本节来看，工艺角和电源电压哪个对基准电压的影响更大？

8.4　带隙基准源在温度变化时的电源调整率

8.4.1　特性描述

温度变化时，基准输出电压显然会变化。通过调整式（8-7）中的三个电阻值以及晶体管比例数（该比例通常是固定的，本节电路取 1∶8，既能实现一定的比值，也便于版图布局规划上的对称分布），可以改变输出基准电压的温度系数。

本节将仿真多个不同温度下的输出电压与输入电压关系曲线。仿真电路图如 8.3 节的图 8-9 所示。

8.4.2　仿真波形

仿真波形如图 8-11 所示。

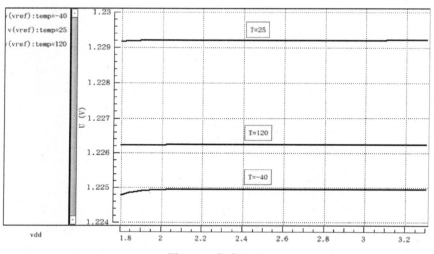

图 8-11　仿真波形

附 Hspice 关键仿真命令：

```
VVdd1 VDD 0 DC vdd
XI2 0 VDD VDD 0 IBIAS VREF VREFP net14 BANDGAP
XI1 0 VDD 0 NREF net14 VREF SU_REF

.lib "/.../spice_model/hm1816m020233rfv12.lib" tt
.lib "/.../spice_model/hm1816m020233rfv12.lib" restypical
.lib "/.../spice_model/hm1816m020233rfv12.lib" captypical
.lib "/.../spice_model/hm1816m020233rfv12.lib" biptypical
.param vdd='3.3'
.temp 27
.op
```

```
.dc vdd 1.8 3.3 0.01 sweep temp poi 3 25 -40 120
.probe DC v(vref)
.end
```

8.4.3 互动与思考

读者可以修改仿真设置，对温度、工艺角进行多组合仿真，完成表 8-1，全面评价基准电压输出精度，并从中找出输出基准电压的最大变化量。

表 8-1 V_{CC} 在 1.8~3.3V 之间变化时，基准电压变化量

$(\Delta V_{ref} = V_{refmax} - V_{refmin})$　　　　　　　　　　　（单位：V）

温度　　　　工艺角	TT	SS	FF	FS	SF
−40℃					
25℃					
125℃					

请读者思考：

1）为什么温度为 25℃时输出电压较高，而−40℃和 125℃下的输出电压均较低而且差异不大？

2）从本节仿真结果来看，温度和电源电压哪个对基准输出电压的影响更大？

8.5 带隙基准源的静态电流

8.5.1 特性描述

衡量带隙基准源电路的功耗，只需看该电路的静态电流。然而，多个因素会影响电路的静态电流，比如，电源电压、温度、工艺角等。

基于图 8-9 所示的仿真电路图，在不同工艺角下，对电源电压进行直流扫描，观察流过电源电压的电流。

8.5.2 仿真波形

仿真波形如图 8-12 所示。

附 Hspice 关键仿真命令：

```
VVdd1 VDD 0 DC vdd
XI2 0 VDD VDD 0 IBIAS VREF VREFP net14 BANDGAP
XI1 0 VDD 0 NREF net14 VREF SU_REF

.lib "/.../spice_model/hm1816m020233rfv12.lib" tt
.lib "/.../spice_model/hm1816m020233rfv12.lib" restypical
.lib "/.../spice_model/hm1816m020233rfv12.lib" captypical
```

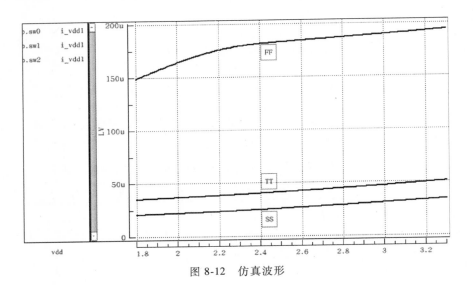

图 8-12　仿真波形

```
.lib "/.../spice_model/hm1816m020233rfv12.lib" biptypical
.param vdd='3.3'
.op
.dc vdd 1.8 3.3 0.01
.temp 27
.probe DC i_vdd1=par("-i(vvdd1)")

.alter corner_ff
…(略)
.alter corner_ss
…(略)
.end
```

8.5.3　互动与思考

读者可以修改仿真设置，全面仿真各种情况下的静态电流，完成表 8-2，找出该电路的最大、最小电流。

表 8-2　基准电压源的静态电流与输入电压之间关系数据表　　　（单位：μA）

温度 ＼ 工艺角	TT		SS		FF		FS		SF	
	I_{Qmax}	I_{Qmin}	I_{Qmax}	I_{Qmin}	I_{Qmax}	I_{Qmin}	I_{Qmax}	I_{Qmin}	I_{Qmax}	I_{Qmin}
−40℃										
25℃										
125℃										

请读者思考：

什么情况下的静态电流是最大的？

8.6 带隙基准源的温度特性

8.6.1 特性描述

在前面几例已经仿真了多个单点温度的基础上，本节将在全温度范围仿真带隙基准源电路的输出电压。本节仿真需关注不同电源电压、不同工艺角。仿真电路参见图8-9。

8.6.2 仿真波形

仿真波形如图8-13所示。

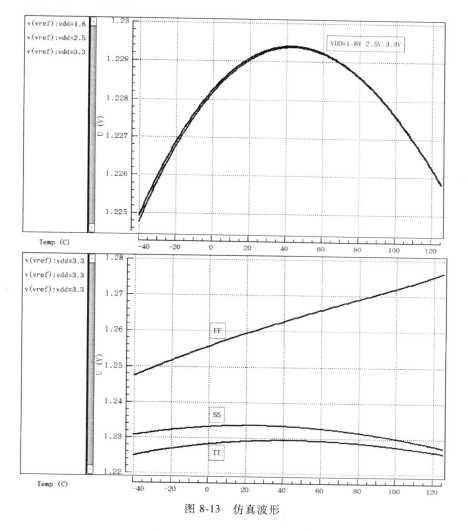

图 8-13　仿真波形

附 Hspice 关键仿真命令：

```
VVdd1 VDD 0 DC vdd
XI2 0 VDD VDD 0 IBIAS VREF VREFP net14 BANDGAP
```

```
XI1 0 VDD 0 NREF net14 VREF SU_REF

.lib "/.../spice_model/hm1816m020233rfv12.lib" tt
.lib "/.../spice_model/hm1816m020233rfv12.lib" restypical
.lib "/.../spice_model/hm1816m020233rfv12.lib" captypical
.lib "/.../spice_model/hm1816m020233rfv12.lib" biptypical
.param vdd='3.3'
.op
.temp 27
.dc temp -40 125 1 sweep vdd poi 3 1.8 2.5 3.3
.probe DC v(vref)

.alter corner_ff
…(略)
.alter corner_ss
…(略)
.end
```

8.6.3　互动与思考

读者可以进行完整组合仿真,填写表8-3。

表 8-3　温度在−40~125℃之间变化,基准电压变化量

$$(\Delta V_{ref} = V_{refmax} - V_{refmin})$$　　　　　　　　　　（单位:V）

V_{CC}　　工艺角	TT	SS	FF	FS	SF
1.5					
2					
3.3					

请读者思考:

什么情况下输出电压的变化量最大?最大量是多少?

8.7　带隙基准源输出偏置电流的温度特性

8.7.1　特性描述

带隙基准源电路图(即前文的图8-1,为阅读方便,此处重列为图8-14)中,I_{BIAS}是基准提供给其他模块的电流,与I_0成比例,而I_0为

$$I_0 = I_1 + I_2 = \left(1 + \frac{R_2}{R_1}\right)\frac{1}{R_3}V_T\ln\left(N\frac{R_2}{R_1}\right) \tag{8-15}$$

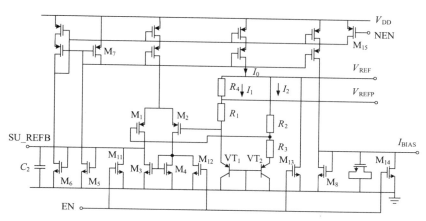

图 8-14 带隙基准源电路图

V_T 由两个晶体管之间的 ΔV_{BE} 产生，具有正温度系数。另外，不同类型的电阻具有不同的温度系数，可以使输出偏置电流与绝对温度成正比（PTAT）。本节仿真在各种不同情况下的 PTAT 电流温度特性。仿真电路图如图 8-15 所示。

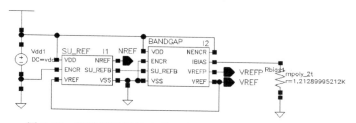

图 8-15 带隙基准源输出偏置电流的温度特性仿真电路图

8.7.2 仿真波形

仿真波形如图 8-16 所示。

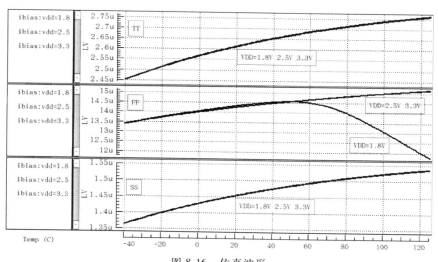

图 8-16 仿真波形

附 Hspice 关键仿真命令：

```
VVdd1 VDD 0 DC vdd
XI2 0 VDD VDD 0 net2 VREF VREFP net14 BANDGAP
XI1 0 VDD 0 NREF net14 VREF SU_REF
XRbias1 0 net2 rnpoly_2t_7 m=1 segW=180n segL=40u

.lib "/.../spice_model/hm1816m020233rfv12.lib" tt
.lib "/.../spice_model/hm1816m020233rfv12.lib" restypical
.lib "/.../spice_model/hm1816m020233rfv12.lib" captypical
.lib "/.../spice_model/hm1816m020233rfv12.lib" biptypical
.param vdd='3.3'
.op
.temp 27
.dc temp -40 125 1 sweep vdd poi 3 1.8 2.5 3.3
.probe DC ibias=par("isub(xrbias1.plus)")

.alter corner_ff
…（略）
.alter corner_ss
…（略）
.end
```

8.7.3 互动与思考

读者可以自行按照图 8-4 中的仿真组合，完成 PTAT 电流的温度特性扫描仿真。

表 8-4 PTAT 电流在不同的电压和模型下的仿真数据　　　　　（单位：μA）

V_{cc} ＼ 工艺角	TT		SS		FF		FS		SF	
	最大值	最小值	最大值	最小值	最大值	最小值	最大值	最小值	最大值	最小值
1.5V										
2V										
3.3V										

请读者思考：

PTAT 电流受什么因素的影响是最大的？

8.8 带隙基准源交流特性仿真

8.8.1 特性描述

在 8.1 节讲述带隙基准源的组成原理时，我们要求差分放大器的两个输入端电压相等或者基本相等。那么，是如何保证的呢？基准源电路图可参考 8.1 节的图 8-1 和 8.7 节的图 8-14。原来放大器的输出送到 M_5，并通过 M_5 的共源板放大后，以电流形式传至带隙核心电路。即放大器的输出最终反馈到了放大器的差分输入端。在负反馈电路中，我们往往需要关注其稳定性问题。分析稳定性，最常用的方法是仿真其环路增益的幅频响应和相频响应曲线，根据巴克豪森准则来判断。

本电路中的第一级放大器是一个有源电流镜负载的差分放大器（组成元器件包括 M_3、M_4、M_1、M_2 以及尾电流），具有两个极点和一个零点；第二级放大器（M_5 组成的共源极放大器）具有一个极点。为了仿真环路增益的频率响应，可在第一级放大器和第二级放大器之间将环路断开。交流信号通过一个小电阻耦合到第二级放大器的输入端。环路断开的第一种方式是接一个电感 L，利用电感传递直流信号阻断交流信号的特性，将第一级放大器的输出直流量传递到第二级放大器，交流信号则不会传递到第二级放大器。环路断开的第二种方式是确定好第一级放大器的输出电压的直流电平，断开后将第二级输入的直流电平直接设置为该值，然后在直流电平上加上 $V_{AC} = 1V$ 的交流信号。图 8-17 所示的仿真电路采用了第二种方法。仿真时，应注意不同工艺角下的频率响应特性的差异。

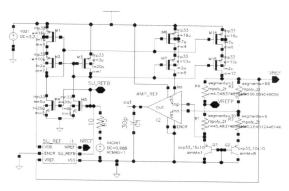

图 8-17　带隙基准源电路频率特性仿真电路图

8.8.2　仿真波形

仿真波形如图 8-18 所示。

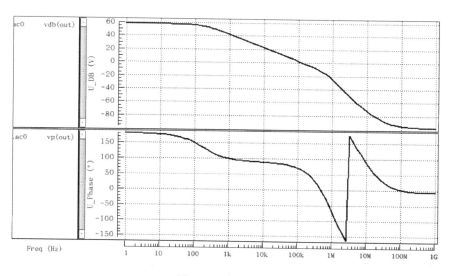

图 8-18　仿真波形

附 Hspice 关键仿真命令：

```
XI2 0 net5 net9 net1 VDD 0 out AMP_REF
XI1 0 VDD 0 NREF SU_REFB VREF SU_REF
m15 VREF net74 net0 VDD mp33 L=2u W=10u M=12
m14 net0 net2 VDD VDD mp33 L=7u W=16u M=6
m1 net11 net2 VDD VDD mp33 L=7u W=16u M=1
m2 net2 net74 net11 VDD mp33 L=2u W=10u M=2
m3 net74 net74 VDD VDD mp33 L=20u W=3u M=1
m6 net25 net2 VDD VDD mp33 L=7u W=16u M=4
m7 net1 net74 net25 VDD mp33 L=2u W=10u M=8
m5 net74 SU_REFB 0 0 mn33 L=5u W=20u M=1
m4 net2 SU_REFB 0 0 mn33 L=20u W=5u M=2
XR4 VREFP VREF rnpoly_2t_3 m=1 segW=180n segL=50u
XR3 net3 net5 rnpoly_2t_4 m=1 segW=180n segL=50u
XR2 net5 VREF rnpoly_2t_5 m=1 segW=180n segL=50u
XR1 net9 VREFP rnpoly_2t_6 m=1 segW=180n segL=50u
QQ2 0 0 net3 qvp33_10x10 m=8
QQ1 0 0 net9 qvp33_10x10 m=1
VVACIN1 net13 0 DC 0.988 AC 1
VVdd1 VDD 0 DC 3.3
RR5 net13 SU_REFB 10
CC1 0 out 30p


.lib "/.../spice_model/hm1816m020233rfv12.lib" tt
.lib "/.../spice_model/hm1816m020233rfv12.lib" restypical
.lib "/.../spice_model/hm1816m020233rfv12.lib" captypical
.lib "/.../spice_model/hm1816m020233rfv12.lib" biptypical
.ac dec 10 1 1G
.temp 27
.probe AC vdb(out) vp(out)
.end
```

8.8.3　互动与思考

本节仿真了典型电源电压和典型温度下的频率响应特性曲线，从曲线中可以读出环路增益的相位裕度，以此来判断环路稳定性。为保证电路的鲁棒性，还需仿真不同电源电压、不同温度下的频率响应特性。读者可以自行仿真，并完成表8-5。

表 8-5　基准内部放大器的增益（GAIN）和相位裕度（PM）数据表

V_{cc} 温度	工艺角	TT		SS		FF		FS		SF	
		GAIN/dB	PM/(°)	GAIN/dB	PM/(°)	GAIN/dB	PM/(°)	GAIN/dB	PM/(°)	GAIN/dB	PM/(°)
1.5V	−40℃										
	25℃										
	125℃										
2.0V	−40℃										
	25℃										
	125℃										
3.3V	−40℃										
	25℃										
	125℃										

请问，本节设计的带隙基准源稳定性如何？

8.9　带隙基准源的电源抑制比

8.9.1　特性描述

相对于运算放大器而言，基准源的电源抑制比（PSRR）的定义稍有差异。基准源的 PSRR 定义为，在所有频率范围内，输出电压变化量（即纹波）与电源电压变化量（纹波）的比值，也可定义为从输入电源端到输出端的小信号增益。对于基准源电路而言，其电源电压即为输入电压。因此，电源抑制比常用分贝（dB）表示为

$$PSRR = 20\lg \frac{\Delta V_{\mathrm{O}}}{\Delta V_{\mathrm{I}}} \tag{8-16}$$

通过电源抑制比，可以评估基准源电路抑制电源线引入噪声的能力。电源抑制比的仿真比较简单，只需在电源线（V_{DD} 和 GND）上分别使用交流电源即可。

仿真 PSRR+的电路图如图 8-19 所示。图中，为了保证输出电压稳定，在输出端增加了一个额外的大电阻和旁路电容（例如取 10nF）。在进行交流分析时，可以改变电源电压、工艺角以及温度。

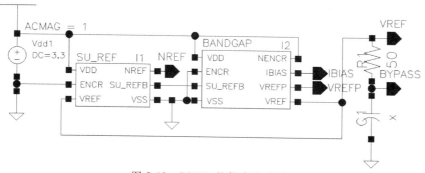

图 8-19　PSRR+的仿真电路图

259

8.9.2 仿真波形

仿真波形如图 8-20 所示。

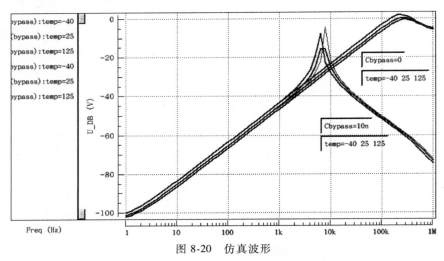

图 8-20 仿真波形

附 Hspice 关键仿真命令:

```
VVdd1 VDD 0 DC 3.3 AC 1
XI2 0 VDD VDD 0 IBIAS VREF VREFP net14 BANDGAP
XI1 0 VDD 0 NREF net14 VREF SU_REF
RR1 VREF BYPASS 50
CC1 BYPASS 0x
```

```
.lib "/.../spice_model/hm1816m020233rfv12.lib" tt
.lib "/.../spice_model/hm1816m020233rfv12.lib" restypical
.lib "/.../spice_model/hm1816m020233rfv12.lib" captypical
.lib "/.../spice_model/hm1816m020233rfv12.lib" biptypical
.param vdd='3.3'
.param x='10n'
.temp 27
.ac dec 10 1 1MEG sweep temp poi 3 -40 25 125
.probe AC vdb(bypass)
.alter
.param x='0'
.end
```

8.9.3 互动与思考

请读者思考:

1) 带隙基准的电源抑制比与哪些因素有关? 如何提高本节电路的低频电源抑制比?

2）为什么增加旁路电容能改善高频的电源抑制比？实际电路设计中，旁路电容如何添加？

8.10 带隙基准源的启动时间

8.10.1 特性描述

7.4 节、7.13 节、8.2 节解决了带隙基准源电路的软启动问题。下面我们来研究总的启动时间。图 8-5 中，在电路使能信号 EN 和 NEN 均有效的前提下，软启动电路依靠高电平的 V_{REF} 信号来开启 M1 管，从而给图 8-1 的 C_2 充电，以此保证带隙核心电路离开电流为 0 的稳定状态。然而，为提高电源抑制比和减小噪声，V_{REF} 端口通常都需要驱动旁路电容 C_{BYPASS}，在启动阶段，给 C_{BYPASS} 充电的电流很小，而且 V_{REF} 端的输出电阻很大，因而该 RC 网络中 C 的电压建立过程较为缓慢，即带隙基准源的启动时间很长。

如果令 $C_{BYPASS} = 0$，将有效缩短启动时间。然而，这带来了 V_{REF} 过冲、低 PSRR 等问题。

本节将要仿真整个带隙基准源的启动时间，仿真电路图如图 8-21 所示。图中，我们让电源电压在某一时刻从 0 变到 V_{CC}。为了简化，我们直接让带隙核心电路和软启动电容的使能信号一直有效。实际电路中，使能信号产生电路可能也需要带隙电路正常工作后提供的输出偏置电流 I_{BIAS}。为了便于比较旁路电容的作用，可以仿真旁路电容为 0 和 10nF 时两种情况的启动时间。

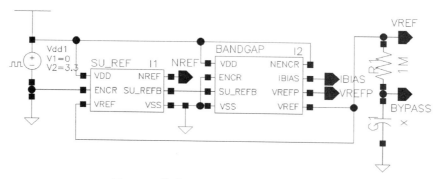

图 8-21 带隙基准源启动时间仿真电路图

8.10.2 仿真波形

仿真波形如图 8-22 所示。

附 Hspice 关键仿真命令：

```
VVdd1 VDD 0 0 PULSE(0 3.3 0 10n 10n 0.1 0.2)
XI2 0 VDD VDD 0 IBIAS VREF VREFP net14 BANDGAP
XI1 0 VDD 0 NREF net14 VREF SU_REF
RR1 VREF BYPASS 1Meg
CC1 BYPASS 0x
```

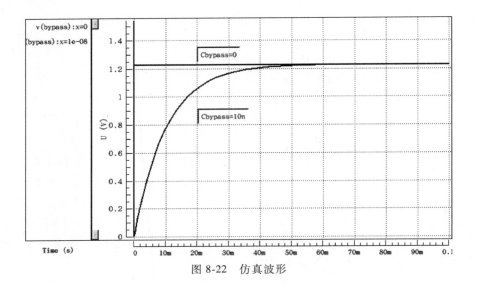

图 8-22　仿真波形

```
.lib "/.../spice_model/hm1816m020233rfv12.lib" tt
.lib "/.../spice_model/hm1816m020233rfv12.lib" restypical
.lib "/.../spice_model/hm1816m020233rfv12.lib" captypical
.lib "/.../spice_model/hm1816m020233rfv12.lib" biptypical
.param x='10n'

.tran 1n 100m 0  sweep x poi 2 0 10n
.temp 27
.probe TRAN v(bypass)
.end
```

8.10.3　互动与思考

读者可以改变温度、工艺角和电源电压，观察旁路电容分别为 0 和 10nF 时的启动时间是否有变化。

请读者思考：

当旁路电容为 10nF 时，为何能缩短启动时间？

8.11　带隙基准源的快速启动电路

8.11.1　特性描述

8.10 节仿真结果表明，带隙电路的启动过程中有两个电容需要充电，因而启动时间较慢，大致在毫秒数量级。增大电容的充电电流，即可缩短启动时间。

快速启动电路如图 8-23 所示，其简化等效电路如图 8-24 所示。

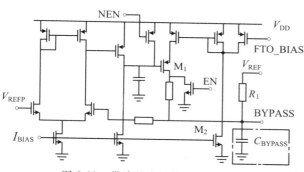

图 8-23　带隙基准源快速启动电路

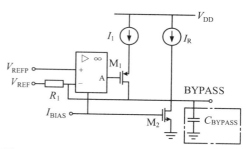

图 8-24　带隙基准源快速启动电路简化示意图

快速启动的原理如下：

1）系统上电后，V_{REF} 和 V_{REFP} 很快启动并达到稳定值，而电容 C_{BYPASS} 上的初始电压为零，则图中比较器 COMP_FTO 输出低电平，致使 M_1 饱和导通，电流源 I_1 给电容 C_{BYPASS} 恒流充电，BYPASS 电压快速上升。

2）当 BYPASS 电压升高到 V_{REFP} 时，比较器输出高电平，M_1 截止，I_1 停止对电容 C_{BYPASS} 充电。

3）随后由 V_{REF} 通过 R_1 继续给电容充电，直到 BYPASS 电压等于 V_{REF}。

显然，如果没有此处设计的快速启动电路，则 BYPASS 结点的电压由 V_{REF}，通过大电阻给 C_{BYPASS} 充电，速度要慢许多。

带隙基准源电路快速强调电路的仿真电路图如图 8-25 所示，观察 BYPASS 端电压的变化情况。

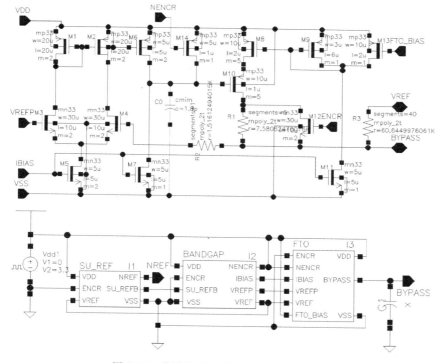

图 8-25　带隙基准源启动时间仿真电路图

8.11.2 仿真波形

仿真波形如图 8-26 所示。

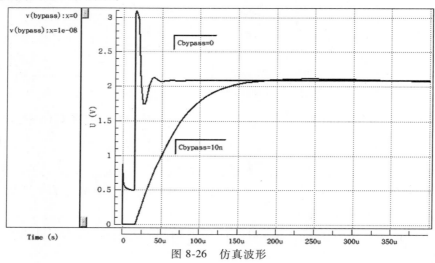

图 8-26　仿真波形

附 Hspice 关键仿真命令：

```
.SUBCKT FTO ENCR FTO_BIAS IBIAS NENCR VDD VREFP VSS BYPASS VREF
m12 net60 ENCR BYPASS VSS mn33 L=10u W=30u M=2
m11 net38 IBIAS VSS VSS mn33 L=5u W=5u M=1
m7 net42 IBIAS VSS VSS mn33 L=5u W=5u M=1
m5 net2 IBIAS VSS VSS mn33 L=5u W=5u M=2
m4 VDD net62 net2 VSS mn33 L=10u W=30u M=2
m3 net0 VREFP net2 VSS mn33 L=10u W=30u M=2
m14 net42 NENCR VDD VDD mp33 L=1u W=5u M=1
m13 net38 FTO_BIAS VDD VDD mp33 L=2u W=10u M=1
m1 net0 net0 VDD VDD mp33 L=20u W=20u M=2
m2 VDD net0 VDD VDD mp33 L=20u W=20u M=2
m6 net42 VDD VDD VDD mp33 L=5u W=5u M=2
m8 net43 net38 VDD VDD mp33 L=2u W=10u M=5
m9 net38 net38 VDD VDD mp33 L=6u W=3u M=1
m10 net60 net42 net43 VDD mp33 L=1u W=10u M=5
XC0 net42 VSS cmim m=1 w=60u l=30u
XR3 BYPASS VREF rnpoly_2t_7 m=1segW=180n segL=50u
XR2 BYPASS net62 rnpoly_2t_8 m=1segW=180n segL=50u
XR1 BYPASS net60 rnpoly_2t_9 m=1segW=180n segL=50u
.ENDS FTO


VVdd1 VDD 0 0 PULSE(0 3.3 0 10n 10n 0.1 0.2)
```

```
XI2 0 VDD VDD 0 net10 net0 net8 net14 BANDGAP
XI1 0 VDD 0 NREF net14 net0 SU_REF
XI3 0 VDD net10 VDD VDD net8 0 BYPASS net0 FTO
CC1 BYPASS 0 x


.lib "/.../spice_model/hm1816m020233rfv12.lib" tt
.lib "/.../spice_model/hm1816m020233rfv12.lib" restypical
.lib "/.../spice_model/hm1816m020233rfv12.lib" captypical
.lib "/.../spice_model/hm1816m020233rfv12.lib" biptypical
.param x='10n'


.tran 1n 400u 0   sweep x poi 2 0 10n
.temp 27
.probe TRAN v(bypass)
.end
```

8.11.3 互动与思考

读者可以将本节仿真结果与 8.10 节仿真结果进行比较，观察在有无快速启动电路时 BYPASS 端电压建立速度。

另外，读者也可以通过设置不同的工艺角、不同的电源电压和不同的温度，观察快速启动电路的启动时间是否有变化。

华大九天Aether平台简约操作指南

A.1 华大九天数模混合设计解决方案简介

华大九天的模拟/数模混合信号设计平台（Aether），是电路图输入工具（SE）、SPICE仿真工具（ALPS）、波形查看工具（iWave）、版图编辑工具（SDL和LE）、版图验证工具（Argus）及寄生参数提取工具（RCExplorer）无缝集成，为用户提供一站式的完整解决方案，系统整体构成如图A-1所示。Aether基于OpenAccess的标准数据格式，支持业界标准的iPDK，可与客户原有设计数据平滑转换。ALPS是True SPICE级仿真器。Argus支持foundry的设计规则，并通过特有的功能帮助用户在定制化规则验证，错误定位与分析阶段提高验证质量和效率。RCExplorer不仅能够实现后仿网表的提取，还可提供DSPF分析，点到点电阻、电压、电流密度分析，功率器件可靠性分析等应用，帮助用户全面分析寄生效应对设计的影响。

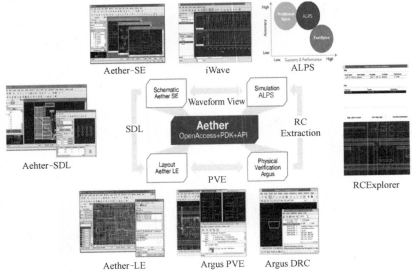

图 A-1 华大九天的模拟/数模混合信号设计平台（Aether）构成

A.2 EDA平台安装

第一步：解压安装包

% tar zxvf ams-ds_<version>_<platform> . tgz

第二步：设置安装包环境

B-shell 的用户进入解压后的目标，打开 setup. bash，如图 A-2 所示。修改 "LM_LICENSE_FILE" 和 "EMPYREAN_HOME" 的内容即可。其中，LICENSE_PORT 替换为 license 服务器的端口号；LICENSE_HOST 替换为 license 服务器名称；INSTALL_PATH 替换为安装包解压后生成的目录。

```
#
# Empyrean setup file for "bash"
#
# NOTE: INSTALL_PATH is the name of installation;
#       LICENSE_HOST is the license server's hostname (or IP address);
#       LICENSE_PORT is a port number between 1024 and 65535
#
export LM_LICENSE_FILE=<LICENSE_PORT>@<LICENSE_HOST>

export EMPYREAN_HOME=<INSTALL_PATH>
export RCEXPLORER_HOME=$EMPYREAN_HOME/tools/rcexplorer
export PATH=$EMPYREAN_HOME/bin:$RCEXPLORER_HOME/bin:$PATH

export PANDA_HOME=$EMPYREAN_HOME/tools/aether
export PANDA_OA_HOME=$EMPYREAN_HOME/openaccess

export ARGUS_HOME=$EMPYREAN_HOME/tools/argus
export AEOLUS_HOME=$EMPYREAN_HOME/tools/aeolus
export IWAVE_HOME=$EMPYREAN_HOME/tools/iwave
export SKIPPER_HOME=$EMPYREAN_HOME/tools/skipper
```

图 A-2　B-shell 的用户设置 bash 文件

B-shell 的用户进入解压后的目标，打开 setup. csh，如图 A-3 所示。修改 "LM_LICENSE_FILE" 和 "EMPYREAN_HOME" 的内容即可。其中，LICENSE_PORT 替换为 license 服务器的端口号；LICENSE_HOST 替换为 license 服务器名称；INSTALL_PATH 替换为安装包解压后生成的目录。

```
#
# Empyrean setup file for "csh"
#
# NOTE: INSTALL_PATH is the name of installation;
#       LICENSE_HOST is the license server's hostname (or IP address);
#       LICENSE_PORT is a port number between 1024 and 65535
#
setenv LM_LICENSE_FILE <LICENSE_PORT>@<LICENSE_HOST>

setenv EMPYREAN_HOME <INSTALL_PATH>
setenv RCEXPLORER_HOME $EMPYREAN_HOME/tools/rcexplorer

set path= ( $EMPYREAN_HOME/bin $RCEXPLORER_HOME/bin $path )
setenv PANDA_HOME $EMPYREAN_HOME/tools/aether
setenv PANDA_OA_HOME $EMPYREAN_HOME/openaccess

setenv ARGUS_HOME $EMPYREAN_HOME/tools/argus
setenv AEOLUS_HOME $EMPYREAN_HOME/tools/aeolus
setenv IWAVE_HOME $EMPYREAN_HOME/tools/iwave
setenv SKIPPER_HOME $EMPYREAN_HOME/tools/skipper
```

图 A-3　B-shell 的用户设置 csh 文件

第三步：启动 license

（1）License 制作

用户提供 license 服务器的 12 位 MAC 地址。MAC 地址可通过下面的命令查找：

% /sbin/ifconfig eth0（For Linux platform）

（2）License 设置

修改 license 文件中的<hostname>为服务器名称，如图 A-4 所示，在 empyrean 后面填写如下内容：

<empyrean_install_path>/tools/flexlm/platform/OS/bin/empyrean

```
SERVER <hostname> XXXXXXXXXXXX 59001
VENDOR empyrean <aether_install_path>/tools/flexlm/platform/linux26-x86_64/bin/empyrean
USE_SERVER
FEATURE DM empyrean 1.0 30-jun-2012 2 SIGN="19A6 2D40 DACE E7A8 F225 \
        193E 4A06 016E 4894 1873 720A 8E5B AE68 CAC9 59FF 08F8 DDB0 \
        78CB AA71 81B0 1B80 ECFC D20E 8323 7E08 564E 472F C35A FBA9 \
        703A"
FEATURE LE empyrean 1.0 30-jun-2012 2 SIGN="0F5C 08F4 2CD1 852E B722 \
        AA2F 3D93 FB4E BE0B 1C01 5AF6 1FB5 8242 88DE 659E 03E0 1F55 \
        C734 DDFB A7D8 847E 24D9 2E2C B2FD 5E84 EA86 2FCC 7B9F 7D55 \
        6CFD"
FEATURE LEL2 empyrean 1.0 30-jun-2012 2 SIGN="1548 7C54 52E3 43AE \
        386F 819D 7941 CC48 97A6 4F5A F466 B021 EBC6 0502 54D0 0FAC \
        B4C1 58B3 FE05 7AB6 5D79 F947 4337 7BB3 D957 CA36 505C 9332 \
        9E1E D269"
FEATURE SE empyrean 1.0 30-jun-2012 2 SIGN="1245 86D0 1209 EC31 D17B \
        5B2C 9F37 9040 59FE 3A14 34D4 36E7 6A6A 91E3 C73C 0038 5207 \
        474F C93B C7B1 64BC F3E3 2407 9186 3F73 B298 EE71 DF15 7C29 \
        D136"
```

图 A-4　License 设置方法

（3）启动 license

使用工具包中的 flexlm 工具启动 license：

% <empyrean_inst_path>/tools/flexlm/platform/linux26-x86_64/bin/lmgrd-c

<license_file>-log <license_log_file>

A.3　电路图设计（Aether）平台操作

A.3.1　Aether 的启动

Aether Design Manager（DM）是一个集成控制平台，它同时也是 Aether 工具的入口。通过 Aether 设计管理器来创建、添加、复制、删除等方式组织设计项目库和 cellviews。使用命令行输入：aether &（&：表示后台运行），则弹出 Aether 的第一个窗口，如图 A-5 所示。

A.3.2　建立新的设计库

在 Aether Design Manager 中，单击菜单 File → NewLibrary，创建一个新设计库 ChargePump，如图 A-6 所示，并将其 Attach 至工艺库 reference_pdk。

通过选择 Aether Design Manager 中的菜单 Tool→Library Path Editor 来查看和编辑所有库在硬盘上相应的路径，如图 A-7 所示。

在图 A-7 所示的界面中，可以通过 Edit 菜单选项来对库进行增删和修改等操作。同样，也可以通过对 aether 启动目录下的 lib.defs 文件进行手工编辑来实现。

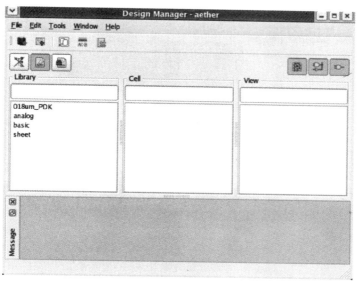

图 A-5　DM 集成控制平台界面

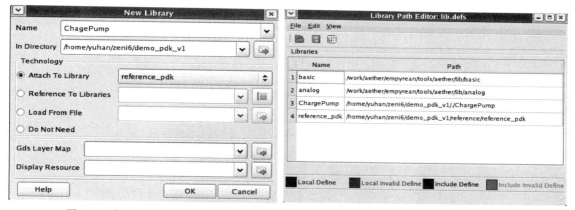

图 A-6　在 Aether 中建立新库　　　　　　　　　图 A-7　库路径编辑器

A.3.3　创建电路原理图

在 Design Manager 中，单击 File→New Cell/View，在弹出的对话框中输入如图 A-8 所示的信息。

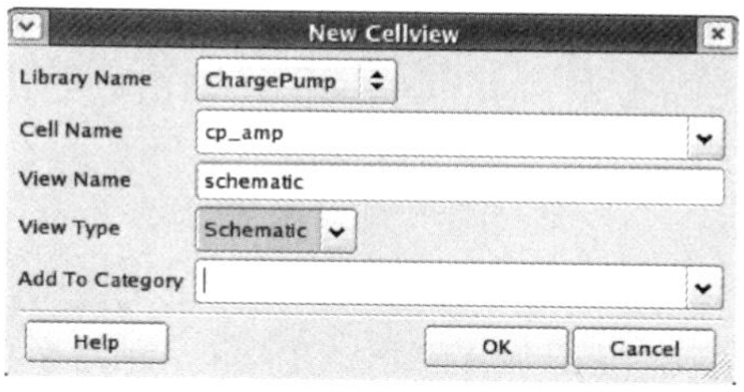

在图 A-8 所示对话框中输入信息并单击 OK 按钮，Aether 的电路图编辑器 Schematic Editor 自动弹出，用户可以开始在其中进行原理图的编辑。通过 Create → Instance 命令或快捷键 I 调出 Create Instance 窗口，单击其中的 键进行浏览，如图 A-9 所示。

图 A-8　新建单元的对话框

在 Schematic Editor 中选择单个或多个器件后，在右侧的 Property Panel 中可对其属性进行编辑，另一个实现同样目的的方法是利用菜单 Edit→Property 或快捷键 Q 调出的 Property 窗口。

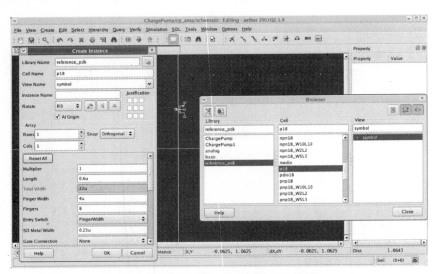

图 A-9　电路图编辑器中插入一个器件

接下来的任务是给原理图添加连线 Wire 和输入输出 Pin，可以通过菜单 Create→Wire/Pin 或者快捷键 W/P 实现，将全部电路结点和 Pin 进行连接，完成放大器电路原理图的编辑。图 A-10 显示了在电路图编辑器中完成的一个电路原理图。

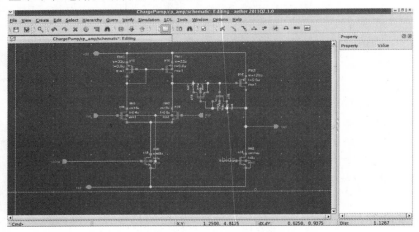

图 A-10　电路原理图编辑窗口

完成原理图绘制后，执行 File→Check and Save 来对电路进行 ERC 检查并保存，会有一个 Check & Save Report 窗口弹出以便用户查看是否有 ERC 错误。

A.3.4　创建电路符号图

用户可在 Design Manager 像创建 Schematic 那样新建 Symbol，但更便捷的方式是在 Schematic Editor 中通过菜单 Create→Symbol View 来自动产生其 Symbol 设置窗口，如图 A-11 所示。其中自动检测到原理图所有的 Pin 并按其输入输出属性安排到 Symbol 边框的四周：input pin 位于左侧，output pin 位于右侧，inout pin 位于上方，用户可根据需要进行调整。自动生成的 Symbol 界面如图 A-12 所示。

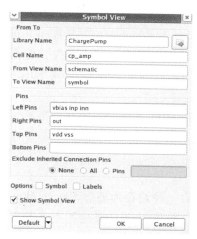

图 A-11 自动从 Schematic 产生 Symbol 的设置窗口

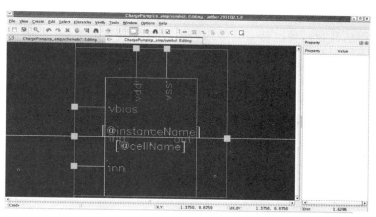

图 A-12 自动产生的 Symbol 界面

我们可以将原 Symbol View 中绿色矩形边框删去，随后使用 Create→Line 命令来绘制三角形的边框，以更直观地表述该单元是一个放大器。注意更外层的红色框是该 Symbol 的选择提示框，也就是以后用户在上层电路中选择该 Symbol 的有效范围。完成这一步以后也要执行 Check and Save 对 Symbol 进行检查和保存，现在这个放大器就可以作为一个单元子电路在其他电路图中被例化了。图 A-13 是修改之后的 Symbol。

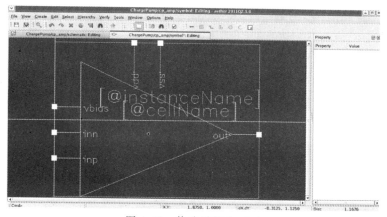

图 A-13 修改后的 Symbol

注意到图 A-13 中 ［@ instanceName］ 和 ［@ cellName］ 这两个参数，标识的是这个子单元在上层电路图中被例化时，它的例化名和单元名所显示的位置。

A.4 仿真界面介绍

A.4.1 Aether 仿真过程简介

在使用 Aether SE 完成电路的原理图设计后，需要使用仿真器对原理图的功能和性能进行验证。华大九天的 SPICE 仿真器 Alps 可以使用电路的 SPICE 网表进行仿真。

使用 Alps 仿真器可以选择命令行方式和 Mixed-Signal Design Environment（MDE）方式中的任意一种。命令行方式需要从电路图导出 Hspice/Spectre 网表，增添 model 文件、仿真分析语句、控制语句、option 语句等。MDE 则可以提供图形界面，在此界面内完成 SPICE 仿真相关的所有设置，从而大大简化了仿真设置的复杂程度。

MDE 完成仿真后，波形查看工具 iWave 会自动弹出，可以和 MDE 之间完成电压、电流信号的交互（cross probe），并可完成多种复杂的波形后处理操作（测量、计算、FFT、眼图等）。

A.4.2　Aether MDE 启动方法

一般来说，在 Aether 中启动 MDE 可以有以下两种途径。第一种途径为通过 Design Manager 界面。在 Design Manager 中，通过菜单 Tools→MDE 可以打开该界面，在这种方式打开 MDE 后，还需要进行仿真电路的指定。

更常用的方法是第二种途径：通过目前的 Aether Schematic Editor 窗口，直接使用菜单 Tools→MDE 打开界面，这样，打开的 MDE 直接默认为针对该 Schematic Editor 窗口描述的电路进行仿真，如图 A-14 所示。启动后的仿真器基本界面如图 A-15 所示。

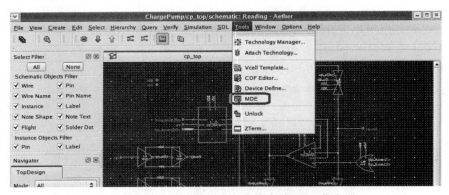

图 A-14　在电路图编辑窗口直接启动 MDE 仿真器

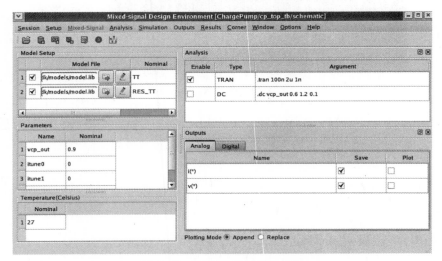

图 A-15　MDE 仿真器基本界面

A.4.3 Aether MDE 基本仿真介绍

设定电路仿真参数（也就是电路中的一些用于仿真的变量）的方式有以下三种方式。

第一种方式是单击图 A-16 中的快捷图标，直接启动设置窗口。

第二种方式是通过选择菜单 Setup→Parameters→Add Parameter，完成激活。菜单如图 A-17 所示。

第三种方式，在 Parameters 设置栏中的空白区域，单击鼠标右键，在弹出的下拉菜单中选择 Add Parameter，如图 A-18 所示。

在 MSD 中设置电路的仿真类型，也有三种方式，均显示在图 A-19 中。

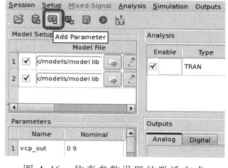

图 A-16 仿真参数设置的激活方式

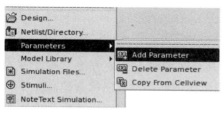

图 A-17 第二种仿真参数设置激活方式

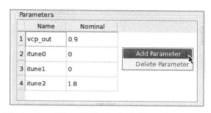

图 A-18 第三种仿真参数设置激活方式

第一种方式：通过选择 Analysis→Add Analysis，激活命令；第二种方式：通过单击快捷图标，激活命令；第三种方式：在 Analysis 设置栏中的空白区域，单击鼠标右键，激活 Add Analysis 命令。

添加仿真类型后，也可通过菜单或鼠标双击已添仿真类型的方法，对仿真类型进行修改。

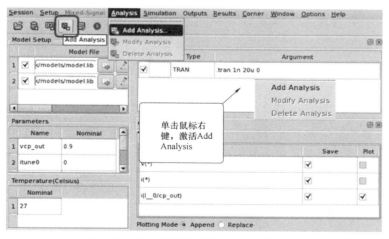

图 A-19 设置电路的仿真类型的三种方式

仿真类型中有以下几种常用的供选择：TRAN：瞬态仿真；DC：静态工作点扫描；AC：频域特性曲线仿真；OP：静态工作点仿真；NOISE：静态噪声仿真。图 A-20 以 TRAN 和 DC

类型为例进行了展示。

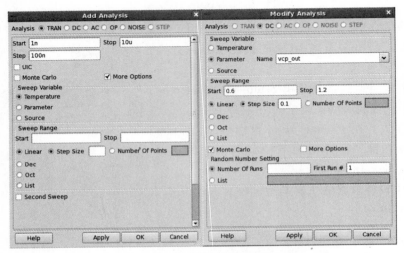

图 A-20   仿真类型选择和修改

图 A-21 介绍了设置仿真基本输出（电压或电流信号的输出）的方法。通过图 A-21b 所示菜单，在电路图中选择关心的电压或者电流，则选中的电压或者电流会被高亮显示。也可以选择保存所有的电压和电流，小规模电路是可以的，但电路规模大了会导致仿真文件巨大无比。使用 Delete Output 可以删除选中的输出信号。

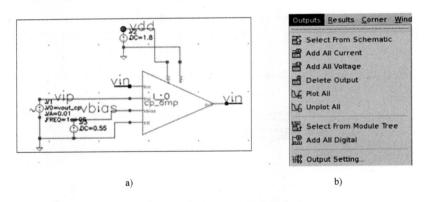

a)   b)

图 A-21   设置仿真基本输出的方法

除了直接看某个电压和电流信号外，使用者还可以设置仿真表达式输出。流程大致是：选择 Output Setting 弹出表达式对话框；单击 New Expression；利用 Calculator 输入表达式，可从电路图选择某个信号；单击 Add 增加表达式。

A. 4. 4   Aether MDE 高级仿真功能介绍

Aether MDE 还具有多个高级功能，比如可以选择多种不同的仿真器，还可以多线程仿真以提高仿真速度。图 A-22 中显示了这两个高级功能。

仿真器默认 Alps，Alps 适合于模拟电路仿真；如要进行数模混合电路仿真，应切换为 Alps-MS，此时 MDE 的 Mixed-Signal 菜单将激活可选。

MDE 仿真环境下，也支持包含其他网表，在图 A-23 中选择 Simulation Files 菜单，出现了如图 A-24 所示窗口，可以在本仿真中调用其他网表。

图 A-22　仿真器和多线程选择窗口

图 A-23　仿真文件选择菜单

MDE 还支持将电路原理图中的 Note Text 添入仿真文件中，添加方式如图 A-25 所示。Note Text 是用户在电路原理图编辑时加入的一些注释文本，通常用于对电路进行说明。有些用户习惯于将一些仿真控制或 option 语句以 Note Text 的方式直接写到 Schematic 中。图 A-26中，就有一句注释文本。

图 A-24　仿真文件选择窗口

图 A-25　在仿真中加入电路原理图中的注释文本

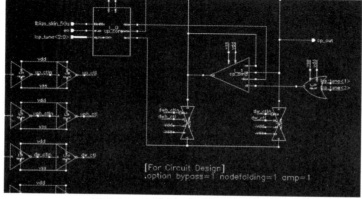

图 A-26　电路原理图中的注释文本

　　高级仿真功能还包括对仿真进行一些特殊设置，即在仿真中加入"Options"设置，图A-27 中就是激活该设置的方法以及几个可选项设置的案例，包括：仿真精度设置、求解 DC 的算法设置、输出数据有关设置、其他杂项设置（将直接添加在 Alps 命令行或网表中一并仿真）。

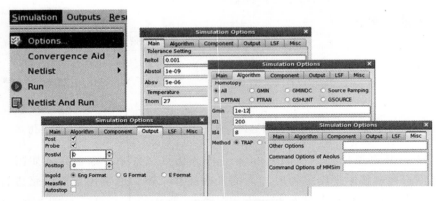

图 A-27　仿真可选项设置方法

　　在对电路仿真中，有时需要设置某结点初始电压值，方法如图 A-28 所示。单击菜单 Simulation→Convergence Aid→IC，激活命令；在弹出的 Select Initialization Condition 对话框中，填入电压值；再在对应的电路图中，通过鼠标点选，完成信号的选择；最后返回到 Select Initialization Condition 对话框中，单击 OK 按钮完成设置。

图 A-28　初始电压值设置窗口

A.4.5　Aether MDE 仿真流程

　　如图 A-29 所示，可通过菜单 Simulation→Netlist And Run，或单击图中快捷图标，先输出网表，再进行仿真；也可以通过菜单 Simulation→Run，或单击图中快捷图标，不重新生产网表而直接进行仿真。

　　仿真启动的同时，将弹出如图 A-30 所示的 Zterm 窗口，显示

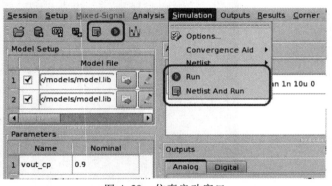

图 A-29　仿真启动窗口

仿真中的日志信息，即 log 文件。在 Zterm 中，可以利用 Interrupt（All）放弃仿真，也可以利用 Stop 中断仿真。中断仿真后，还可以利用 Continue 命令继续仿真。

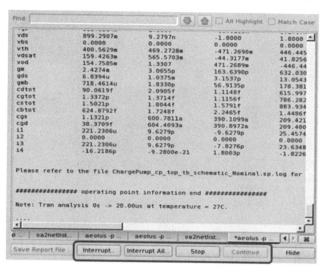

图 A-30　仿真中的 Zterm 窗口

A.5　Aether MDE 波形查看方法

仿真成功结束或放弃后，iWave 窗口将自动弹出，并将自动调出 MDE Outputs 中设置的 Plot 信号，如图 A-31 所示。仿真进行过程中，也可单击 MDE 的快捷图标打开 iWave 窗口，查看仿真过程中的波形。

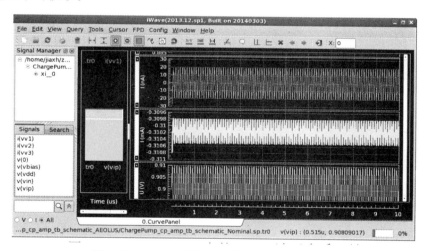

图 A-31　Aether MDE 中的 iWave 波形查看工具

工程人员还可以直接从电路图中选择相关结点查看波形。如图 A-32 所示，激活命令菜单中的 Direct Plot → Main Form，出现 Cross Probe 对话框。若在电路图选择保存过某个信号（包括以下三种：电压信号单击 wire（net）、电流信号单击符号中的 pin、使用 Calculator 表达式书写的后处理信号），该信号的波形则会在 iWave 窗口中显示出来。

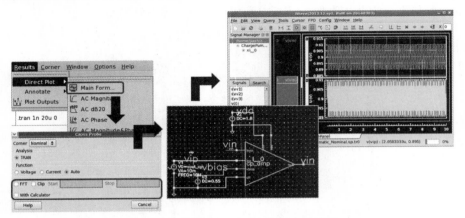

图 A-32　采用 Cross Probe 方式查看波形

A.6　Aether 版图设计环境 Argus 介绍

因为本书未涉及版图设计，本节略去。感兴趣的读者可以到华大九天官网寻求 Aether 版图设计流程。

参 考 文 献

［1］ 毕查德·拉扎维. 模拟 CMOS 集成电路设计 ［M］. 陈贵灿，程军，张瑞智，等译. 西安：西安交通大学出版社，2014.

［2］ Phillip E Allen，Douglas R Holberg. CMOS 模拟集成电路设计 ［M］. 冯军，李智群，译. 2 版. 北京：电子工业出版社，2011.

［3］ R Jacob Baker. CMOS 集成电路设计手册：模拟电路篇 ［M］. 张雅丽，朱万经，张徐亮，译. 3 版. 北京：人民邮电出版社，2014.

［4］ Paul R Gray，等. 模拟集成电路的分析与设计 ［M］. 张晓林，等译. ［M］. 4 版. 北京：高等教育出版社，2005.

［5］ 池保勇. 模拟集成电路与系统 ［M］. 北京：清华大学出版社，2009.

［6］ Willy M C Sansen. 模拟集成电路设计精粹 ［M］. 陈莹梅，译. 北京：清华大学出版社，2008.

［7］ David A Johns，Ken Martin. 模拟集成电路设计 ［M］. 曾朝阳，赵阳，方顺，等译. 北京：机械工业出版社，2005.